"十三五"职业教育机械类专业系列教材

机械工业出版社精品教材

金属切削机床

第3版

主编 晏初宏 吴国华

参编 李 洋 郭 武 谭赞贤

　　 曹 伟 晏 龙 李真西

主审 谢凤岐 刘吉普

机械工业出版社

CHINA MACHINE PRESS

《金属切削机床》是原机械工业部组织编写的职业教育机械类专业系列教材，自出版以来深获机械工业职业教育界的好评，是机械工业出版社精品教材。

全书共9章，围绕金属切削机床的运动原理、机械结构分析等核心知识，主要介绍了金属切削机床的基本知识、车床、铣床、钻床和镗床、刨床和拉床、磨床、齿轮加工机床、数控机床，以及机床的安装验收及维护等内容。正文后附有《金属切削机床习题集》，方便教学和自学。

本书带有较浓厚的科普性质，通过较为翔实的资料、丰富的图片和深入浅出的文字描述，比较系统地介绍了金属切削机床的发生情景和发展的现状，并展望了金属切削机床的发展前景，具有较强的知识性、科学性、趣味性和可读性。

本书为职业教育院校学生教材，也可作为成人教育教材或工厂企业员工的自学教材，还可供关心机械工业发展，热爱机械工业的广大读者阅读或机械工程技术人员参考，为便于教学，本书配有相关教学资源，选择本书作为教材的教师可登录 www.cmpedu.com 网站，注册、免费下载。

图书在版编目（CIP）数据

金属切削机床/晏初宏，吴国华主编. —3 版. —北京：机械工业出版社，2019.5（2021.7 重印）

ISBN 978-7-111-62349-6

Ⅰ.①金… Ⅱ.①晏… ②吴… Ⅲ.①金属切削-机床-职业教育-教材 Ⅳ.①TG502

中国版本图书馆 CIP 数据核字（2019）第 055667 号

机械工业出版社（北京市百万庄大街 22 号　邮政编码 100037）

策划编辑：汪光灿　责任编辑：汪光灿　张亚捷

责任校对：郑　婕　封面设计：张　静

责任印制：单爱军

北京虎彩文化传播有限公司印刷

2021 年 7 月第 3 版第 2 次印刷

184mm×260mm · 21.75 印张 · 535 千字

1901—2900 册

标准书号：ISBN 978-7-111-62349-6

定价：59.80 元

电话服务　　　　　　　　　网络服务

客服电话：010-88361066　机 工 官 网：www.cmpbook.com

　　　　　010-88379833　机 工 官 博：weibo.com/cmp1952

　　　　　010-68326294　金 书 网：www.golden-book.com

封底无防伪标均为盗版　机工教育服务网：www.cmpedu.com

第3版前言

机械制造业是国民经济的基础产业，它为国民经济各部门的发展提供所需的机器、仪器、工具等机械装备。据统计，美国 68% 的社会财富来源于制造业，日本国民总产值的 49% 是由制造业提供的，我国的制造业在工业总产值中也占有 40% 多的比例。可以说，没有发达的制造业，就不可能有国家的真正繁荣和富强。因此，机械制造业的发展规模和水平是反映国民经济实力和科学技术水平的重要标志之一，而金属切削机床的发展水平更是机械制造业是否发达的首要标志，是反映机械制造技术水平高低的根本。

目前我国是全球金属切削机床消费第一大国、生产国和进口国，并正在由制造大国向制造强国发展。经过多年的发展，我国已形成了颇具规模且相对完整的金属切削机床工具产业制造体系，具有一定的综合制造和配套能力，并成功跻身世界金属切削机床生产大国之列。中国政府已将金属切削机床行业提高到了战略性位置，把发展大型、精密、高速数控设备和功能部件列为国家重要的振兴目标之一，这也将促进金属切削机床行业的快速发展。

正如本书第 2 版前言所说，随着职业技术教育的发展，社会上越来越迫切需要金属切削机床这方面的教材。为了适应社会经济发展、科技进步和生产实际对教学内容提出的新要求，更加突出职业教育特色，紧密联系生产实际，体现创新意识和实践能力为重点的教育教学思想，本书在第 2 版的基础上进行了修订。修订后的《金属切削机床》基本保留了本书第 2 版的总体框架，重新编写了绪论和第 1 章、第 8 章，删除了原书的第 8 章 "自动车床"、第 10 章 "分级变速主传动系统设计"、第 11 章 "机床主要部件结构分析"、第 12 章 "机床的改装"、第 13 章 "组合机床"，调整了有些章节的顺序，增加了常用金属切削机床的工艺特点和适用范围，改正了有关术语，如 "挂轮" 改正为 "交换齿轮" 等。同时，在课时、教学内容和要求方面给予老师更多的空间，删除了有些章节的 "*" 号，使老师能 "因课时、因材施教"，而根据课时灵活选择章节、灵活处理教材的内容。

本书的修订工作主要由湖南应用技术学院晏初宏教授主持完成，他编写了绪论和第 1 章、第 8 章以及第 2 章至第 7 章常用金属切削机床的工艺特点和适用范围，修订了第 2 章。湖南应用技术学院的李洋、郭武、谭赞贤、李真西老师分别负责第 3、4、5、6 章的修订工作，中国航天科工二院二部结构总体室高级工程师曹伟、中航工业成都飞机工业（集团）有限责任公司晏龙分别负责第 7、9 章的修订工作。本书保留了吴国华、陈汝芳（习题集）所编写的部分原版内容。全书由晏初宏教授负责统稿和定稿工作。

湖南应用技术学院刘吉普教授审阅了全书的修订稿，他对全书提出了许多宝贵的建议和修改意见，在此表示衷心的感谢。

由于编者水平有限，书中的缺点和错误在所难免，恳请读者给予批评指正。

编　者

第2版前言

随着职业技术教育的发展，社会上迫切需要这方面的教材。本书第 1 版是根据 1993 年机械工业部中等专业学校机械制造专业教学指导委员会主持制订的"金属切削机床"课程教学大纲编写的，1996 年由机械工业出版社出版。为了使本教材能更适应当前教学的需求，对原书进行了修订再版。

修订后的这本教材与原书相比，进一步加强了实用性，削弱了设计部分的内容。如在第十四章机床的安装验收及维护中增加了"通用机床常见故障及排除"一节。删除了原第十三章组合机床中的第三节组合机床总体设计的内容，并将第十章分级变速主传动系统设计作为各校自主选用部分。另外，考虑到数控机床在机械制造业中的应用日趋广泛，在第 2 版中增加了数控机床的内容。

第 2 版教材中在某些章节前加上了"＊"，以示这些内容可根据本校或本地区实际情况进行选用。

编　者

本书是根据 1993 年机械工业部中等专业学校机械制造专业教学指导委员会主持制订的"金属切削机床"课程教学大纲编写的，可作为招收初中毕业生的机械制造专业教材，也可供有关工程技术人员做参考。

本书在内容编排及处理上注意到以下三点：

1. 着重培养学生具有对机床进行选择、使用调整及维护的能力，同时应使学生具备机床设计方面的基本知识，具有设计简单专用机床的能力。

2. 在重点内容讲清、讲透的基础上，兼顾面上，以点带面。这样既使学生对于某一型号的机床有较完整的认识，同时又对同类机床有较全面的了解。

3. 文字上力求深入浅出，通顺易懂，图文并茂，以便于学生阅读理解。

全书共分十四章，其中第一章为机床传动基础知识，以使学生为后续章节内容学习打下基础；第二章至第八章为通用机床，重点介绍了卧式车床、万能升降台铣床、摇臂钻床、卧式铣镗床、万能外圆磨床、龙门刨床、滚齿机及单轴转塔自动车床等典型机床的性能、传动、主要部件结构及机床的调整，以培养学生具有认识、分析机床以及对常用机床进行调整的能力；第九章为数字程序控制机床，通过对数控机床的组成、分类、工作原理、典型机构及程序编制的简介，使学生对数控机床及编程有一初步认识；第十章至第十三章介绍了机床分级变速系统、机床主要部件结构、机床改装及组合机床等内容，以培养学生具有设计简单专用机床及改装一般机床的初步能力；第十四章为机床的安装验收及维护，主要介绍了机床安装的基本方法、机床的精度标准、检验方法以及机床的保养、维修，以培养学生具有解决生产现场中有关技术问题的能力。

参加本书编写的人员有沈阳市机电工业学校吴国华（绪论、第一、二、三、四、十章）、浙江机械工业学校蒋建礼（第五、六、七章）、大连工业学校田鸣（第八、九、十一、十二、十三、十四章）。本书主编为吴国华，主审为山东机械工业学校谢凤岐高级讲师。参加本书审稿会议的还有北京市机械工业学校林丛滋、芜湖机械学校陈云明、无锡机械制造学校顾京、长春市机械工业学校李兆松、广西机械工业学校莫秀群等。本书在编写过程中，还得到有关学校、工厂及研究所的大力支持和热忱帮助，在此一并表示衷心感谢。

由于编写时间仓促和编者水平有限，书中难免有错误及不妥之处，敬盼读者批评指正。

编　者

目 录

绪论

0.1 金属切削机床在国民经济中的地位

金属切削机床（Metal cutting machine tools）是用切削的方法将金属毛坯加工成机器零件的机器，它是制造机器的机器，所以又称为"工作母机"或"工具机"（Machine tools），习惯上简称为机床。在我国的各个工农业生产部门、科研单位和国防生产中，制造和使用着大量的各式各样的机器、仪器和工具。机器的种类虽然很多，但任何一部庞大复杂的机器都是由各种轴类、盘类、齿轮类、箱体类、机架类等零件组成的，而这些零件的绝大多数都是由机床加工而成。在一般机械制造厂的主要技术装备中，机床占设备总台数的 60%~80%，其中包括金属切削机床、锻压机床和木工机床等。

在现代机械制造工业中加工机器零件的方法有多种，如铸造、锻造、焊接、切削加工和各种特种加工等，但切削加工是将金属毛坯加工成具有一定形状、尺寸和表面质量的零件的主要加工方法，尤其是在加工精密零件时，目前主要是依靠切削加工来达到所需的加工精度和表面质量的要求。所以，金属切削机床是加工机器零件的主要设备，它所担负的工作量在一般的机械制造厂中占机器制造总工作量的 40%~60%。因此，机床的技术水平直接影响到机械制造工业的产品质量和劳动生产率。

机械制造工业肩负着为国民经济各部门提供现代化技术装备的任务，而机床工业则是机械制造工业的重要组成部分，是为机械制造工业提供先进加工技术和现代化技术装备的"工作母机"工业。一个国家机床工业的技术水平，是衡量这个国家的工业生产能力和科学技术水平的重要标志之一。因此，机床工业在国民经济中占有极为重要的地位，机床的"工作母机"属性决定了它与国民经济各部门之间的关系。机床工业为各种类型的机械制造厂提供先进的制造技术与优质高效的工艺装备，即为工业、农业、交通运输业、石油化工、矿山冶金、电子、科研、兵器和航空航天等部门提供各种机器、仪器和工具，从而促进机械制造工业的生产能力和工艺水平的提高。显然，机床工业对国民经济各部门的发展、对社会进步起着重大的作用。

我国正在重点发展的能源、交通、原材料、通信和航空航天等工业，其现代化技术水平无不直接或间接依赖于机床工业。机床工业对这些工业的作用有：

1）机床产品水平的提高，可以提高其他机电产品的性能和质量。例如：飞机叶片加工机床改进以后，使叶片轮廓误差由 $30\mu m$ 减少到 $12\mu m$，表面粗糙度值由 $Ra0.5\mu m$ 减小到 $Ra0.2\mu m$，因而使喷气发动机压缩机的效率从 89% 提高到 94%。齿轮加工机床及其检测设备水平提高以后，使航空发动机齿轮传动的齿面接触区的位置精度误差由 8μm 减少到 2.5μm，则使齿轮单位重量能传递的转矩增加一倍；齿形误差由 10μm 降低到 2μm，则噪声可减少 5~7dB。这些零件质量的提高，使得航空发动机能够满足重量轻、功率大的要求。

相反，低水平的机床产品则会延缓新技术的推广应用。例如：20 世纪 60 年代初国外已发现了激光陀螺理论，但由于其平面反射镜的材料是超硬玻璃，且要求加工的平面度误差要小于 0.03μm，其表面粗糙度值为 Ra0.006μm，才能使其反射率达到 99.8% 的要求，而当时的加工设备无法达到这个要求，因此这一新技术未能推广应用。直到 20 世纪 80 年代初超精密加工技术及其设备的研发成功，激光陀螺技术才开始用于航空航天事业。

2）机床产品的技术进步，可以提高机械制造工业的生产效率、经济效率和社会效率。例如，某机床厂为铁道部门研发的 165 型数控式车轮车床，其生产效率比原有的机床提高 2 倍。不仅效率高，而且由于该型机床配有轮对磨耗测量装置，能自动测量出轮对直径及磨耗深度，并自动计算出加工数据，因此可实现轮对的经济切削，从而大幅度延长加工轮对的机床使用寿命。另外，使用数控仿形切削可使轮对的加工圆度误差由原来的 0.3mm 减少到 0.06mm，因而降低了车轮的振动，适用于火车重载高速运行。同时，因为该型机床的研发成功，不需要用外汇从国外进口同类型机床，使得每台机床的价格可以节约外汇 100 万美元。

3）采用高技术的机床产品，可以提高企业适应市场的能力，解决生产关键。例如，某缝纫机厂在 20 世纪 80 年代中期添置了 4 台加工中心，因而使该厂的产品品种开发翻了一番，适应市场的能力显著提高。

0.2 机床的起源和发展

人类的生产活动是最基本的实践活动，劳动创造了世界，一切工具都是人手的延长。机床的诞生也是这样（最初的加工对象是木料），在古代人类从劳动实践中逐步认识到，如果要钻一个孔，可使刀具转动，同时使刀具向孔深处推进。也就是说，最原始的钻床是依靠双手的往复运动，在工件上钻孔。如图 0-1 所示的钻具，就是我国古代发明的舞钻，它利用了飞轮的惯性原理。在原始加工阶段，人既是机床的原动力，又是机床的操纵者。图 0-2 所示是我国古代钻床的形式。早在 6000 年前，我国古代半坡人就已经用弓钻在石斧、陶器上钻孔，如图 0-3 所示。

如果要制造一个圆柱，就需要一边使工件旋转，一边要使刀具沿工件做纵向移动进行车削。也就是为加工圆柱，出现了依靠人力使工件往复回转的原始车床。如图 0-4 所示的车床图案，就是在古埃及国王墓碑上发现的最古老的车床形式。

图 0-1 舞钻

在漫长的奴隶社会和封建社会里，生产力的发展是非常缓慢的。当加工对象由木材逐渐过渡到金属时，车削圆柱、钻孔等都要求增大动力，于是就逐渐出现了水力、风力和畜力等驱动的机床。如图 0-5 所示，就是我国 17 世纪中叶所使用过的马拉机床。随着生产的发展和需要，15 世纪至 16 世纪出现了铣床、磨床。我国明朝宋应星所著的《天工开物》一书中，就已有对天文仪器进行铣削和磨削加工的记载。如图 0-6 所示，就是我国在那时使用过的脚踏刃磨床。

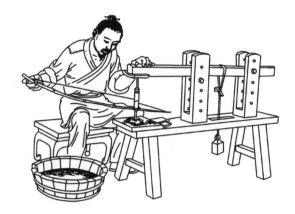

图 0-2　古代钻床

图 0-3　半坡人用弓钻钻孔

图 0-4　古埃及国王墓碑上的车床图案

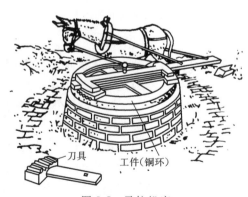

图 0-5　马拉机床

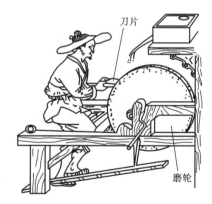

图 0-6　脚踏刃磨床

18 世纪末，蒸汽机的出现提供了新型的巨大的能源，使生产技术发生了革命性的变化。由于在加工过程中逐渐产生了专业性分工，因而出现了各种类型的机床。19 世纪末，机床已扩大到许多种类型，这些机床采用的是天轴、带、塔轮传动，其性能很低。如图 0-7 所示，就是以一台电动机通过天轴拖动多台生产机械的"成组拖动"情况。20 世纪以来，齿轮变速箱的出现，使机床的结构和性能发生了根本性的变化。采用单独电动机代替过去的天轴传动，用齿轮变速箱代替过去的带、塔轮传动。因此，机床就只包含了电动机、传动机构和工作机三个基本组成部分，逐步发展成为具有比较完备形态的现代机床，如图 0-8 所示。

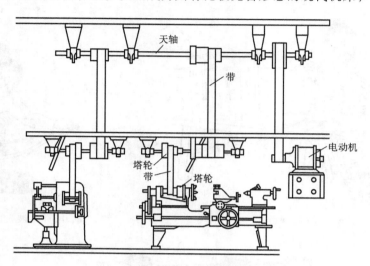

图 0-7　天轴、带、塔轮拖动生产机械

随着科学技术的迅猛发展，电子技术、计算机技术、信息技术和激光技术等在机床领域的应用，使机床技术的发展开始了前所未有的新时代。多样化、精密化、高效化和自动化是这一时代机床发展的基本特征。也就是说，机床技术的发展紧密迎合社会生产的多样化和越来越高的要求，通过机床加工的精密化、高效化和自动化来推动和发展社会生产力。

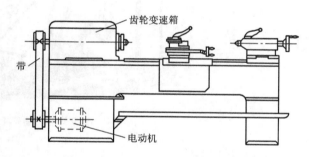

图 0-8　单独电动机拖动的卧式车床

新技术的迅速发展和客观要求的多样化，决定了机床必须多品种。技术的加速发展更新和产品更新换代的加快使机床主要面向多品种、中小批量的生产。因此，现代机床不仅要保证加工精度、效率和高度自动化，还必须有一定的柔性（即灵活性），使之能够很方便地适应加工对象的改变。

目前，数控机床以其加工精度高、生产率高、柔性高、适应中小批量生产而日益受到重视。由于数控机床无须人工操作，而是依靠数控程序完成加工循环，调整方便，适应灵活多变的产品，使得中小批量生产自动化成为可能。数控机床和各种加工中心已成为当今机床发展的趋势，世界著名企业中数控机床在加工设备中所占的比例明显提高，如美国通用电气公司的数控机床占 70%。从 20 世纪 80 年代起，日本的机床工业产值连年独占鳌头，日本的数控机床以年均 2.88% 的增长率增长。到 20 世纪 90 年代初，日本机床工业的产值数控化率超过 80%（且主要生产高档数控机床），日本机床工业的发展反映了世界机床工业发展的趋势。

在机床数控化进程中，机械部件的成本在机床系统中的比重不断下降，而电子硬件与软

件的比重不断上升。例如：美国在 20 世纪 70 年代生产的机床，机械部件的成本比重占 80%，电子硬件的成本占 20%；到 20 世纪 90 年代，机械部件的成本下降到 30%，而电子硬件和软件的成本却上升为 70%。随着计算机技术的迅速发展，数控技术已由硬件数控进入了软件数控的时代，实现了模块化、通用化、标准化。用户只要根据不同的需要，选用不同的模块，编制出自己所需要的加工程序，就可以很方便地达到加工零件的目的。

数控技术的发展和普及，也使机床结构发生了重大的变革。主传动系统采用直流或交流调速电动机，主轴实现了无级调速，简化了传动链。采用交流变频技术，调速范围可达到 1：100000 以上，主轴转速可达到 75000r/min。机床进给系统用直流或交流伺服电动机带动滚珠丝杠实现进给驱动，简化了进给传动机构。为提高工作效率，快速进给速度目前最高达到 60m/min，切削进给速度也达到 6~10m/min。

目前，数控机床也达到了前所未有的加工精度。例如，日本研制的超精密数控车床，其分辨率达到 $0.01\mu m$，圆度误差达到 $0.03\mu m$。加工中心工作台定位精度可达到 $1.5\mu m$/全行程，数控回转工作台的控制精度达到万分之一度。近些年来，数控机床的可靠性水平不断提高，数控装置的平均无故障工作时间（MT-BF）已达到 10000h。20 世纪 90 年代初，日本 FANUC 公司声称其数控系统平均 100 个月发生一次故障。

从生产力发展的过程来看，机床技术发展到数控化阶段，不但机床的动力无须人力，而且机床的操纵也由机器本身完成了。人的工作只是编制出加工程序、调整刀具等，为机床的自动加工准备好条件。然后，则由计算机控制机床自动完成加工过程。

0.3　我国机床工业的发展概况

中国在金属切削加工方面具有悠久的历史，曾经做出过许多巨大的贡献。但在半封建半殖民地的旧中国基本上没有机床制造工业，到新中国成立前夕，全国只有少数几个机械修配厂，生产结构简单的少量机床。据统计，20 世纪 40 年代末全国仅拥有机床 6 万台左右。

我国的机床工业是在新中国成立后建立起来的，新中国成立后的 60 多年来，我国机床工业获得了高速发展。目前我国已形成了布局比较合理、比较完整的机床工业体系。机床的产量不断上升，机床产品除满足国内现代化建设的需要以外，而且还有一部分产品远销国外。我国已制订了完整的机床系列型谱，生产的机床品种也日趋齐全，现在已经具备成套装备现代化工厂的能力。目前我国已能生产从小型仪表机床到重型机床的各种各样机床，也能生产出各种精密的、高度自动化的、高效率的机床和自动线。我国机床的性能也在逐渐提高，有些机床的性能已经接近或超过世界先进水平。

在消化吸收引进技术的基础上，我国的数控技术也有新的发展。目前我国已能生产一百多种数控机床，并研制出了六轴五联动的数控系统，可用于更加复杂型面的加工。国产数控机床的分辨率已经提高到 $0.001\mu m$。我国生产的几种数控机床已经成功地用于日本富士通公司的无人化工厂（Unmaned factory）。

我国机床工业已经取得了巨大的成就，但与世界先进水平相比，还有较大的差距。主要表现在：大部分高精度和超精密机床的性能还不能满足要求，精度保持性也较差，特别是高效自动化和数控机床的产量、技术水平和质量保证等方面都明显落后。在 20 世纪 90 年代初，我国数控机床的产量不足全部机床产量的 1.5%，数控机床的拥有量不足一万台，还不到日本20世纪80年代末数控机床产量的1/4。20世纪90年代初国产机床产值数控化率仅为8.7%，而日本为80%，德国为54.2%。我国的数控机床基本上是中等规格的车床、铣床和加工中心等，而精密的、大规格及超大规格或小规格的数控机床还远远不能满足需要。至于航天、航空、冶金、汽车、造船和重型机器制造等工业部门所需要的多种类型的特种数控机床基本上还是一片空白。

我国研制和生产的数控机床，在技术水平和性能方面的差距也很明显。国外生产的数控机床已做到了15~19轴联动，分辨率达到0.01~0.1μm，而我国生产的数控机床目前只能做到5~6轴联动，分辨率为1μm。我国数控机床的产品质量与可靠性也不够稳定，特别是先进数控系统的开发和研制还需做进一步的努力。我国的机床基础理论和应用技术的研究也明显落后于世界先进国家，管理水平和人员技术素质也还跟不上现代机床技术飞速发展的需要。

因此，我国的机床制造工业面临着光荣而艰巨的任务，我们必须奋发图强、努力工作，不断扩大技术队伍和提高人员的技术素质，学习和引进国外的先进科学技术，从而较快地缩短我国与先进国家的差距，以便早日赶上世界先进水平。

0.4 机床技术的发展趋势

随着世界科学技术的发展，机床工业已经发展到类别品种繁多，结构灵巧可靠，性能日臻完善，技术日益精湛的程度。分析世界各主要工业国家机床工业发展的动向，其技术发展趋势主要表现在以下几个方面：

1. 向高速度、高效率、自动化的方向发展，特别是向数控化、柔性化和集成化的方向发展

由于硬质合金和陶瓷刀具的发展及推广使用，促使各种机床的切削速度和主电动机功率增大，机床的刚性、抗振性和操作集中化、自动化程度有了很大的提高，出现了不少高速、超高速"强力"切削的机床品种。如车削速度为400~800m/min，主电动机功率为45kW，最大加工直径为500mm的车床；一次磨削深度可达20mm，进给量为1mm/r，主电动机功率为75kW，砂轮直径为φ810mm，电磁工作台直径为φ1550mm的立轴圆台平面磨床等。强力切削大大缩短了机床加工时的机动时间，因此缩短辅助时间的问题越来越突出，促使具有自动工作循环的半自动机床，带有自动上、下料装置的自动化单机和自动线迅速发展。

为适应多品种、小批量生产的需要，发展数控机床和加工中心已成为20世纪60年代以来机床工业发展的重要标志。在数控技术的基础上，随着信息技术和计算机技术的迅速发展，机床设备已从单功能自动的单能机向多功能自动的多能机发展，从刚性连接的自动生产线向计算机控制的柔性加工单元（FMC）和柔性制造系统（FMS）方向发展，而且向更高水平的计算机集成制造系统（CIMS）迈进。

2. 扩大机床的工艺范围以及提高机床的标准化、通用化、系列化水平

为了更加适应用户的生产特点和需要，在各种机床，尤其是大型机床上增加多种附件以扩大机床的工艺用途或以加工一定的工件为目的，把几种工艺"复合"到一台机床上，因此出现了如车镗床、铣刨磨复合机床、铣镗钻复合机床等新品种。由于各种新型复合机床和复合中心加工站的出现，使得工序较多的大型工件只需一次装夹就能完成其加工。

机床产品的系列化，零部件的标准化和通用化是检验机床设计水平高低的重要标志，"三化"程度高，在设计和制造中可应用"积木"原理，以标准的零部件组装成各种形式和用途的机床，从而缩短机床的设计、制造周期，便于组织多品种生产和降低成本。

3. 向更高精度的方向发展

随着世界科学技术的迅速发展，对机床加工精度的要求越来越高。据资料介绍，20 世纪 50 年代初至 80 年代初的 30 年间，普通机械加工的加工精度已经达到了 5μm；精密加工精度提高了近两个数量级，而超精密加工则已进入纳米（0.01μm）的时代。多种机床主轴的回转精度为 0.01~0.05μm，加工工件的圆度误差为 0.01μm，加工工件的表面粗糙度值 Ra 为 0.003μm。目前，普通加工和精密加工的精度已在 20 世纪 80 年代初的基础上提高了 4~5 倍。精密机床的定位、测量装置也有了相应的发展，光电显微镜、光栅数字显示定位、激光干涉测量等新技术在机床上有所应用，测量工作也越来越多地由计量室转移到机床上进行。

4. 发展特种加工机床，重视各种新技术在机床上的应用

现代机械产品中，异形零件的数量越来越多，非传统材料的应用也越来越广泛。例如航空航天工业中大量采用高强度耐热钢、钛合金钢，汽车、家电工业更多地采用铝件和塑料件，精细陶瓷、玻璃纤维、碳素纤维等复合材料也在机械产品中广泛地应用。这些异形零件和新材料大多不能用传统的方法进行加工，故电解加工、电火花加工、激光、超声波、电子束、等离子束、水喷射、磨料喷射、爆炸成形、电磁成形等非传统的加工方法相继出现，因而促使各类特种加工机床迅速发展。

机床技术的发展是永无止境的，各种新技术、新工艺、新材料、新结构的不断涌现，为机床技术的进一步发展开辟了广阔的前景。同时，整个科学技术的不断进步，又对机床提出了更高更严格的要求。

金属切削机床的基本知识

1.1 金属切削机床的分类和型号

1.1.1 金属切削机床的分类

金属切削机床的品种和规格繁多，为了便于区别、管理和使用机床，在国家制定的机床型号编制方法中，按照机床的加工方式、使用的刀具及其用途，将机床分为 11 类：车床、钻床、镗床、磨床、齿轮加工机床、螺纹加工机床、铣床、刨插床、拉床、锯床和其他机床。其中，磨床的品种较多，又分为 3 个种类。每类机床的代号用其名称的汉语拼音的第一个大写字母表示，见表 1-1。

表 1-1 通用机床类代号

类别	车床	钻床	镗床	磨	床		齿轮加工机床	螺纹加工机床	铣床	刨插床	拉床	锯床	其他机床
代号	C	Z	T	M	2M	3M	Y	S	X	B	L	G	Q
读音	车	钻	镗	磨	二磨	三磨	牙	丝	铣	刨	拉	割	其

除了基本分类方法外，还可以按机床的其他特征分类。例如按照机床工艺范围的宽窄（万能性程度）可分为通用机床、专门化机床及专用机床。通用机床的加工范围较广，可加工多种零件的不同工序，常见的卧式车床、万能升降台铣床、摇臂钻床等均属此类机床。专门化机床用于加工不同尺寸的一类或几类零件的某一道或几道特定的工序，如花键轴铣床、凸轮轴车床等。专用机床是为某一特定零件的特定工序所设计的，其工艺范围最窄。按机床自动化程度的不同，可分为手动、机动、半自动和自动机床；按机床重量的不同，可以分为仪表机床、中型机床、大型机床、重型机床等；另外，还可以按机床主要工作部件数目，将机床分为单轴、多轴或单刀、多刀机床等。

1.1.2 金属切削机床型号的编制方法

机床型号是机床产品的代号。目前，我国现行的金属切削机床型号编制方法（GB/T 15375—2008）是于 2008 年颁布实施的。机床型号是由汉语拼音字母和阿拉伯数字按一定规律排列组合而成的，用以表示机床的主要技术参数、使用性能和结构特性等。根据这个标准，通用机床型号由基本部分和辅助部分组成，中间用"/"（读作"之"）隔开。基本部分需统一管理，辅助部分纳入型号与否由企业自定。其表示方法为：

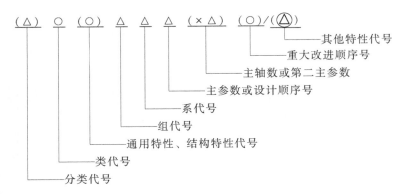

型号表示方法中，有"○"符号者，为大写的汉语拼音字母；有"△"符号者，为阿拉伯数字；有"Ⓐ"符号者，为大写的汉语拼音字母或阿拉伯数字，或两者兼有之。另外，有括号的代号或数字，当无内容时，不表示；若有内容，则应表示，但不带括号。

1. 机床的类、组、系代号

机床的类别及分类代号见表 1-1。每类机床划分为 10 个组，每个组又划分为 10 个系（系列）。组别、系别的划分原则为：在同一类机床中，其结构性能及使用范围基本相同的机床，即为同一组。在同一组机床中，其主参数相同，并按一定公比排列，工件及刀具本身的和相对的运动特点基本相同，而且基本结构及布局形式相同的机床，即为同一系。

机床的组别、系别代号分别用一位阿拉伯数字表示，组别代号位于类代号之后，如型号中有特性代号，则位于特性代号之后；系别代号位于组别代号之后。各类机床组别、系别的划分及其代号分别见表 1-2 和表 1-3。

2. 通用特性和结构特性代号

当某类型机床除有普通型外，还有某种通用特性时，则在类代号之后加用大写汉语拼音字母表示的通用特性代号予以区分，如"CK"表示数控车床。如同时具有两种通用特性时，则可用两个代号同时表示，如"MBG"表示半自动高精度磨床。若某类型机床仅有某种通用特性，而无普通型，则通用特性不必表示，如 C1107 型单轴纵切自动车床。由于这类自动车床没有"非自动"型，所以不必用"Z"表示通用特性。机床的通用特性代号见表 1-4，表中代号在各类机床型号中所表示的意义相同。

对主参数相同而结构、性能不同的机床，在型号中加结构特性代号予以区分。如机床型号中有通用特性代号，结构特性代号以大写汉语拼音字母列于其后，否则直接列于类代号之后。例如，CA6140 型卧式车床型号中的"A"，可理解为这种型号的车床在结构上区别于 C6140 型卧式车床。结构特性代号在型号中没有统一的含义，是根据各类机床的情况分别规定的，在不同机床型号中的意义可以不一样。能用作结构特性代号的字母有：A、D、E、L、N、P、R、S、T、U、V、W、X 和 Y；也可以将上述字母中的两个组合起来使用，如 AD、AE 等，或 DA、EA 等。

3. 机床的主参数或设计顺序号

机床型号中的主参数用折算值（主参数乘以折算系数）表示，位于组、系代号之后。当折算数值大于 1 时，取整数，前面不加"0"；当折算数值小于 1 时，则取小数点后第一位数，即主参数表示，并在前面加"0"。主参数的计量单位：尺寸以毫米（mm）计，拉力

10

表 1-2　金属切削机床组别、系列划分及其代号

类别 \ 组别	0	1	2	3	4	5	6	7	8	9
车床 C	仪表小型车床	单轴自动车床	多轴自动、半自动车床	回转、转塔车床	曲轴及凸轮轴车床	立式车床	落地及卧式车床	仿形及多刀车床	轮、轴、辊、锭及铲齿车床	其他车床
钻床 Z		坐标镗钻床	深孔钻床	摇臂钻床	台式钻床	立式钻床	卧式钻床	铣钻床	中心孔钻床	其他钻床
镗床 T			深孔镗床		坐标镗床	立式镗床	卧式铣镗床	精镗床	汽车、拖拉机修理用镗床	其他镗床
磨床 M	仪表磨床	外圆磨床	内圆磨床	砂轮机	坐标磨床	导轨磨床	刀具刃磨床	平面及端面磨床	曲轴、凸轮轴、花键轴及轧辊磨床	工具磨床
磨床 2M		超精机	内圆珩磨机	外圆及其他珩磨机	抛光机	砂带抛光及磨削机床	刀具刃磨及研磨机床	可转位刀片磨削机床	研磨机	其他磨床
磨床 3M		球轴承套圈沟磨床	滚子轴承套圈滚道磨床	轴承套圈超精机		叶片磨削机床	滚子加工机床	钢球加工机床	气门、活塞及活塞环磨削机床	汽车、拖拉机修理用磨床
齿轮加工机床 Y	仪表齿轮加工机		锥齿轮加工机	滚齿及铣齿机	剃齿及珩齿机	插齿机	花键轴铣床	齿轮磨齿机	其他齿轮加工机	齿轮倒角及检查机
螺纹加工机床 S				套丝机	攻丝机		螺纹铣床	螺纹磨床	螺纹车床	
铣床 X	仪表铣床	悬臂及滑枕铣床	龙门铣床	平面铣床	仿形铣床	立式升降台铣床	卧式升降台铣床	床身铣床	工具铣床	其他铣床
刨插床 B		悬臂刨床	龙门刨床			插床	牛头刨床		边缘及模具刨床	其他刨床
拉床 L			侧拉床	卧式外拉床	连续拉床	立式内拉床	卧式内拉床	立式外拉床	键槽、轴瓦及螺纹拉床	其他拉床
锯床 G			砂轮片锯床		卧式带锯床	立式带锯床	圆锯床	弓锯床	锉锯床	
其他机床 Q	其他仪表机床	管子加工机床	木螺钉加工机		刻线机	切断机	多功能机床			

以千牛（kN）计，功率以瓦（W）计，转矩以牛·米（N·m）计。

　　某些通用机床，当无法用一个主参数表示时，则在型号中用设计顺序号表示。设计顺序号由 1 起始，当设计顺序号小于 10 时，则在设计顺序号的前面加 "0"。

表 1-3　常用机床的组、系代号及主要参数

类	组	系	机床名称	主参数的折算系数	主参数	第二主参数
车床	1	1	单轴纵切自动车床	1	最大棒料直径	
	1	2	单轴横切自动车床	1	最大棒料直径	
	1	3	单轴转塔自动车床	1	最大棒料直径	
	2	1	多轴棒料自动车床	1	最大棒料直径	轴数
	2	2	多轴卡盘自动车床	1/10	卡盘直径	轴数
	2	6	立式多轴半自动车床	1/10	最大车削直径	轴数
	3	0	回转车床	1	最大棒料直径	
	3	1	滑鞍转塔车床	1/10	最大车削直径	
	3	3	滑枕转塔车床	1/10	卡盘直径	
	4	1	曲轴车床	1/10	最大工件回转直径	最大工件长度
	4	6	凸轮轴车床	1/10	最大工件回转直径	最大工件长度
	5	1	单柱立式车床	1/100	最大车削直径	最大工件高度
	5	2	双柱立式车床	1/100	最大车削直径	最大工件高度
	6	0	落地车床	1/100	最大工件回转直径	最大工件长度
	6	1	卧式车床	1/10	床身上最大回转直径	最大工件长度
	6	2	马鞍车床	1/10	床身上最大回转直径	最大工件长度
	6	4	卡盘车床	1/10	床身上最大回转直径	最大工件长度
	6	5	球面车床	1/10	刀架上最大回转直径	最大工件长度
	7	1	仿形车床	1/10	刀架上最大车削直径	最大车削长度
	7	5	多刀车床	1/10	刀架上最大车削直径	最大车削长度
	7	6	卡盘多刀车床	1/10	刀架上最大车削直径	
	8	4	轧辊车床	1/10	最大工件直径	最大工件长度
	8	9	铲齿车床	1/10	最大工件直径	最大模数
钻床	1	3	立式坐标镗钻床	1/10	工作台面宽度	工作台面长度
	2	1	深孔钻床	1/10	最大钻孔直径	最大钻孔深度
	3	0	摇臂钻床	1	最大钻孔直径	最大跨距
	3	1	万向摇臂钻床	1	最大钻孔直径	最大跨距
	4	0	台式钻床	1	最大钻孔直径	
	5	0	圆柱立式钻床	1	最大钻孔直径	
	5	1	方柱立式钻床	1	最大钻孔直径	
	5	2	可调多轴立式钻床	1	最大钻孔直径	轴数
	8	1	中心孔钻床	1/10	最大工件直径	最大工件长度
	8	2	平端面中心孔钻床	1/10	最大工件直径	最大工件长度

（续）

类	组	系	机 床 名 称	主参数的折算系数	主 参 数	第二主参数
镗床	4	1	立式单柱坐标镗床	1/10	工作台面宽度	工作台面长度
	4	2	立式双柱坐标镗床	1/10	工作台面宽度	工作台面长度
	4	6	卧式坐标镗床	1/10	工作台面宽度	工作台面长度
	6	1	卧式镗床	1/10	镗轴直径	
	6	2	落地镗床	1/10	镗轴直径	
	6	9	落地铣镗床	1/10	镗轴直径	铣轴直径
	7	0	单面卧式精镗床	1/10	工作台面宽度	工作台面长度
	7	1	双面卧式精镗床	1/10	工作台面宽度	工作台面长度
	7	2	立式精镗床	1/10	最大镗孔直径	
磨床	0	4	抛光机			
	0	6	刀具磨床			
	1	0	无心外圆磨床	1	最大磨削直径	
	1	3	外圆磨床	1/10	最大磨削直径	最大磨削长度
	1	4	万能外圆磨床	1/10	最大磨削直径	最大磨削长度
	1	5	宽砂轮外圆磨床	1/10	最大磨削直径	最大磨削长度
	1	6	端面外圆磨床	1/10	最大回转直径	最大工件长度
	2	1	内圆磨床	1/10	最大磨削直径	最大磨削深度
	2	5	立式行星内圆磨床	1/10	最大磨削直径	最大磨削深度
	3	0	落地砂轮机	1/10	最大砂轮直径	
	5	0	落地导轨磨床	1/100	最大磨削宽度	最大磨削长度
	5	2	龙门导轨磨床	1/100	最大磨削宽度	最大磨削长度
	6	0	万能工具磨床	1/10	最大回转直径	最大工件长度
	6	3	钻头刃磨床	1	最大刃磨钻头直径	
	7	1	卧轴矩台平面磨床	1/10	工作台面宽度	工作台面长度
	7	3	卧轴圆台平面磨床	1/10	工作台面直径	
	7	4	立轴圆台平面磨床	1/10	工作台面直径	
	8	2	曲轴磨床	1/10	最大回转直径	最大工件长度
	8	3	凸轮轴磨床	1/10	最大回转直径	最大工件长度
	8	6	花键轴磨床	1/10	最大磨削直径	最大磨削长度
	9	0	曲线磨床	1/10	最大磨削长度	
齿轮加工机床	2	0	弧齿锥齿轮磨齿机	1/10	最大工件直径	最大模数
	2	2	弧齿锥齿轮铣齿机	1/10	最大工件直径	最大模数
	2	3	直齿锥齿轮刨齿机	1/10	最大工件直径	最大模数
	3	1	滚齿机	1/10	最大工件直径	最大模数
	3	6	卧式滚齿机	1/10	最大工件直径	最大模数或最大工件长度

（续）

类	组	系	机 床 名 称	主参数的折算系数	主 参 数	第二主参数
齿轮加工机床	4	2	剃齿机	1/10	最大工件直径	最大模数
	4	6	珩齿机	1/10	最大工件直径	最大模数
	5	1	插齿机	1/10	最大工件直径	最大模数
	6	0	花键轴铣床	1/10	最大铣削直径	最大铣削长度
	7	0	碟形砂轮磨齿机	1/10	最大工件直径	最大模数
	7	1	锥形砂轮磨齿机	1/10	最大工件直径	最大模数
	7	2	蜗杆砂轮磨齿机	1/10	最大工件直径	最大模数
	8	0	车齿机	1/10	最大工件直径	最大模数
	9	3	齿轮倒角机	1/10	最大工件直径	最大模数
	9	9	齿轮噪声检查机	1/10	最大工件直径	
螺纹加工机床	3	0	套丝机	1	最大套螺纹直径	
	4	8	卧式攻丝机	1/10	最大攻螺纹直径	轴数
	6	0	丝杠铣床	1/10	最大铣削直径	最大铣削长度
	6	2	短螺纹铣床	1/10	最大铣削直径	最大铣削长度
	7	4	丝杠磨床	1/10	最大工件直径	最大工件长度
	7	5	万能螺纹磨床	1/10	最大工件直径	最大工件长度
	8	6	丝杠车床	1/100	最大工件长度	
	8	9	多头螺纹车床	1/10	最大车削直径	最大车削长度
铣床	2	0	龙门铣床	1/100	工作台面宽度	工作台面长度
	3	0	圆台铣床	1/100	工作台面宽度	
	4	3	平面仿形铣床	1/10	最大铣削宽度	最大铣削长度
	4	4	立体仿形铣床	1/10	最大铣削宽度	最大铣削长度
	5	0	立式升降台铣床	1/10	工作台面宽度	工作台面长度
	6	0	卧式升降台铣床	1/10	工作台面宽度	工作台面长度
	6	1	万能升降台铣床	1/10	工作台面宽度	工作台面长度
	7	1	床身铣床	1/100	工作台面宽度	工作台面长度
	8	1	万能工具铣床	1/10	工作台面宽度	工作台面长度
	9	2	键槽铣床	1	最大键槽宽度	
刨插床	1	0	悬臂刨床	1/100	最大刨削宽度	最大刨削长度
	2	0	龙门刨床	1/100	最大刨削宽度	最大刨削长度
	2	2	龙门铣磨刨床	1/100	最大刨削宽度	最大刨削长度
	5	0	插床	1/10	最大插削长度	
	6	0	牛头刨床	1/10	最大刨削长度	
	8	8	模具刨床	1/10	最大刨削长度	最大刨削宽度
拉床	3	1	卧式外拉床	1/10	额定拉力	最大行程
	4	3	连续拉床	1/10	额定拉力	

（续）

类	组	系	机床名称	主参数的折算系数	主参数	第二主参数
拉床	5	1	立式内拉床	1/10	额定拉力	最大行程
	6	1	卧式内拉床	1/10	额定拉力	最大行程
	7	1	立式外拉床	1/10	额定拉力	最大行程
	9	1	气缸体平面拉床	1/10	额定拉力	最大行程
锯床	5	1	立式带锯床	1/10	最大锯削厚度	
	6	0	卧式圆锯床	1/100	最大圆锯片直径	
	7	1	夹板卧式弓锯床	1/10	最大锯削直径	
其他机床	1	6	管接头螺纹车床	1/10	最大加工直径	
	2	1	木螺钉螺纹加工机	1	最大工件直径	最大工件长度
	4	0	圆刻线机	1/100	最大加工长度	
	4	1	长刻线机	1/100	最大加工长度	

表 1-4　通用特性代号

通用特性	高精度	精密	自动	半自动	数控	加工中心（自动换刀）	仿形	轻型	加重型	柔性加工单元	数显	高速
代号	G	M	Z	B	K	H	F	Q	C	R	X	S
读音	高	密	自	半	控	换	仿	轻	重	柔	显	速

4. 机床的主参数或第二主参数

当机床的最大工件长度、最大切削长度、工作台面长度、最大跨距等以长度单位表示的第二主参数的变化，将引起机床结构、性能发生较大变化时，为了区分，可以将第二主参数列入型号的后部，即置于主参数之后，并用"×"（读作"乘"）分开。凡属长度（包括跨距、行程等）、深度的第二主参数，采用"1/100"的折算系数；凡属直径、宽度值的第二主参数，则采用"1/10"的折算系数；若以厚度、最大模数值作为第二主参数的，其折算系数为1。当折算值大于1时，取整数；当折算值小于1时，则取小数点后第一位数，并在前面加"0"。表1-3列出了常用机床的组、系代号及主参数、第二主参数。

对于多轴机床，其主参数应以实际数值列入型号，置于主参数之后，也用"×"（读作"乘"）分开。

5. 机床的重大改进顺序号

当机床的结构、性能有重大改进和提高，并按新产品重新设计、试制和鉴定时，在机床型号之后，按A、B、C（但I、O两字母不得选用）等大写汉语拼音字母的顺序选用，加入型号的末尾，以区别原机床型号。

6. 其他特性代号

其他特性代号置于辅助部分之首位，其中同一型号机床的变型代号，也应放在其他特性代号的首位，主要用以反映各类机床的特性。例如，对于数控机床可用以反映不同的控制系统等；对于加工中心可用以反映控制系统、自动交换主轴头和自动交换工作台等；对于柔性加工单元可用以反映自动交换主轴箱；对于一机多能机床可用以补充表示某些功能；对于一般机床可用以反映同一型号机床的变型等。

若根据不同的加工需要，在基本型号机床的基础上，仅改变机床的部分性能结构，则在原机床型号后，加 1、2、3 等阿拉伯数字的顺序号，并用"/"（读作"之"）分开，以便与原机床型号区分。例如，最大回转直径为 400mm 的半自动曲轴磨床，其型号为 MB8240。根据加工需要，在这个型号机床的基础上变换的第一种形式的半自动曲轴磨床，其型号为 MB8240/1；变换的第二种形式，其型号则为 MB8240/2，依此类推。

此外，其他特性代号也可用大写汉语拼音字母（I、O 两个字母除外）表示，当单个字母不够用时，可将两个字母组合起来使用，如 AB、AC 等，或 BA、CA 等，还可用大写汉语拼音字母和阿拉伯数字组合表示。

1.1.3　通用金属切削机床型号实例

【例 1】　最大磨削直径为 320mm 的高精度万能外圆磨床，其型号为：MG1432。

【例 2】　最大棒料直径为 50mm 的六轴棒料自动车床，其型号为：C2150×6。

【例 3】　工作台面宽度为 630mm 的单柱坐标镗床，经第一次重大改进后的型号为：T4163A。

【例 4】　最大回转直径为 400mm 的半自动曲轴磨床的第一种变型型号为：MB8240/1。

1.1.4　金属切削机床的技术性能

为了能正确选择机床和合理使用机床，必须了解机床的技术性能。机床的技术性能是指机床的加工范围、使用质量和经济效益的技术参数，包括工艺范围、技术规格、加工精度和表面质量、生产率、自动化程度、机床的效率和精度保持性等。

1. 工艺范围

机床的工艺范围是指机床适应不同生产要求的能力，即机床上可以完成的工序种类，能加工的零件类型、毛坯和材料种类，适用的生产规模等。通用机床的工艺范围广，但自动化程度和生产率较低。专门化机床的工艺范围较窄，专用机床的工艺范围最小。但专门化机床和专用机床的结构较通用机床简单，自动化程度和生产率较高。

2. 技术规格

技术规格是反映机床尺寸大小和工作性能的各种技术数据，包括主参数和影响机床工作性能的其他各种尺寸参数，运动部件的行程范围，主轴、刀架、工作台等执行件的运动速度，电动机功率，机床的轮廓尺寸和重量。为了适应加工尺寸大小不同的各种零件的需要，每一种通用机床和专门化机床都有不同的技术规格。

3. 加工精度和表面质量

加工精度和表面质量是指在正常工艺条件下，机床上加工的零件所能达到的尺寸、形状和相互位置的精度以及所能控制的表面粗糙度值。各种通用机床的加工精度和表面质量在国家制定的机床精度标准中均有规定。普通精度级机床的加工精度较低，但生产率较高，制造成本较低，适用于加工一般精度要求的零件，是生产中使用最多的机床。精密级和高精度级机床的加工精度高，但生产率较低，且制造成本较高，仅适用于少数精度要求高的零件的精加工。

4. 生产率

机床的生产率是指在单位时间内机床所能加工的零件数量，它直接影响生产率和生产成本。因此，在满足加工质量和其他使用要求的前提下，应尽可能提高生产率。

5. 自动化程度

提高机床的自动化程度，不仅可提高劳动生产率，减轻工人的劳动强度，而且可减少由于工人的操作水平对机床加工质量的影响，有利于保证产品质量的稳定，因此是现代机床发展的一个方向。以往自动化程度高的机床一般只用于大批量生产，现在由于数控技术的发展，高度自动化的机床也开始应用于小批量、甚至单件生产中。

6. 机床的效率和精度保持性

机床的效率是指消耗于切削的有效功率与电动机输出功率之比，两者的差值是各种损耗。机床效率低，不但浪费能量，而且大量损耗的功率转变为热量，会引起机床热变形，影响加工精度。对于大功率机床和精加工机床，效率更为重要。

精度保持性是指机床保持其规定的加工质量的时间长短。精度保持性差的机床，在使用中由于磨损或变形等原因，会很快地丧失其原始精度，需要经常进行修理，不仅增加维修费用，还降低了设备的利用率。因此，精度保持性是机床（特别是精密机床）的重要技术性能指标。

7. 其他

除了上述几个方面外，机床的技术性能还包括噪声大小、操作和维修是否方便、工作是否安全可靠等。机床工作时发出的噪声会影响工人的身心健康，应尽量降低；机床的操纵、观察、调整、装卸工件和工具应方便省力，维护要简单，修理必须方便；机床工作时应不易发生故障和操作错误，以保证操作工人和机床的安全，提高机床的生产率。

机床是为完成一定工艺任务服务的，必须根据被加工对象的特点和具体生产条件（如被加工零件的类型、形状、尺寸和技术要求，生产批量和生产方式等）来选择技术性能与之相适应的机床，这样才能充分地发挥其效能，取得良好的经济效益。不切实际地选用高性能的机床（如高精度机床、高效率机床等），只会造成设备的浪费和产品成本的增加。

1.2 零件表面的形成

1.2.1 零件表面的形状

任何一个机器零件的形状都是由它的功用来确定的。实现同样的功用，可以有多种多样的零件表面形状。在实际生产中常选用那些加工最方便、最经济、最准确和最迅速的零件表面形状。这往往是形状比较简单的表面，如平面、圆柱面、圆锥面、球面、螺旋面等基本表面，如图 1-1 所示。

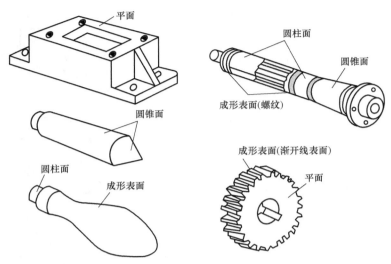

图 1-1　机械零件上常用的各种表面

　　金属切削机床的工作原理是使金属切削刀具和工件产生一定的相对运动，以形成具有一定形状、一定尺寸精度和表面质量的零件表面。刀具的切削刃对工件毛坯进行切削，去掉毛坯上多余的金属层而形成零件表面。常见的机械零件通常由一个或几个基本表面组合而成，这些表面可以经济地在机床上获得所需要的精度。如图 1-2 所示，是机床上加工的常见工件表面的形状。图 1-2a 是表示工件做旋转运动，刀具沿平行于工件轴线方向移动，车削出圆柱面；图 1-2e 为刨削平面，刀具做纵向直线往复运动，工件在垂直于刀具运动方向上做间歇移动，则在工件上形成一个平面。

1.2.2　零件表面的形成原理

　　从几何学的观点看，面是线的运动轨迹。零件上的任何一个表面，都可以看成是一条曲线（母线）沿着另一条曲线（导线）运动的轨迹。例如，平面是一条直线沿另一条直线运动的轨迹；圆柱面是一个圆沿直线运动的轨迹，或者是一条直线绕着与其平行的轴线做圆周运动的轨迹。形成表面的母线和导线统称为生成线，简称生线。在切削加工过程中，这两条生成线是通过刀具切削刃与工件的相对运动而实现，以使零件的表面成形。

　　图 1-3 所示为几何表面的形成方法。平面（图 1-3a）可由直线 1（母线）沿着直线 2（导线）运动而形成，直线 1 和直线 2 就是形成平面的两条生成线。直母线成形表面（图 1-3b）可由直线 1（母线）沿着曲线 2（导线）运动而形成，直线 1 和曲线 2 就是形成直母线成形表面的两条生成线。同样，圆柱面（图 1-3c）可由直线 1（母线）沿着圆 2（导线）运动而形成，直线 1 和圆 2 就是它的两条生成线。

　　形成平面、直母线成形面和圆柱面的两条生成线（母线和导线）可以互换，而不改变形成表面的性质。例如，在图 1-3a 中，平面也可以看成是直线 2 沿直线 1 运动而形成的；在图 1-3b 中，直母线成形表面可以看成是曲线 2 沿直线 1 运动而形成的；在图 1-3c 中，圆柱面也可以看成是圆 2 沿直线 1 运动而形成的。这种母线与导线可以互换的表面，称为可逆表面。除了可逆表面以外，还有不可逆表面。形成不可逆表面的母线和导线是不可以互换的。圆锥面、球面、圆环面和螺旋面等都属于不可逆表面。

17

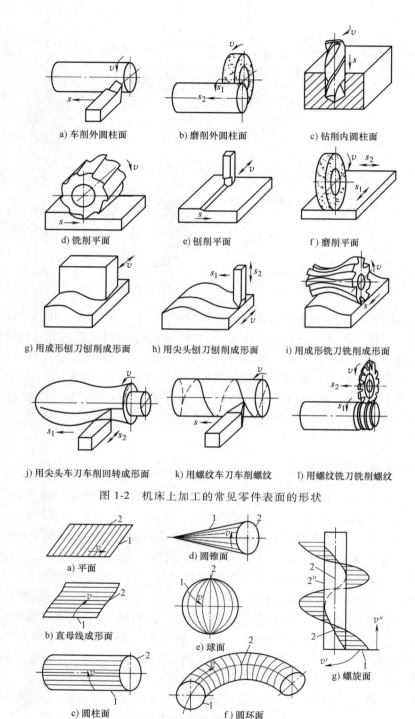

a) 车削外圆柱面　　　b) 磨削外圆柱面　　　c) 钻削内圆柱面

d) 铣削平面　　　　　e) 刨削平面　　　　　f) 磨削平面

g) 用成形刨刀刨削成形面　h) 用尖头刨刀刨削成形面　i) 用成形铣刀铣削成形面

j) 用尖头车刀车削回转成形面　k) 用螺纹车刀车削螺纹　l) 用螺纹铣刀铣削螺纹

图 1-2　机床上加工的常见零件表面的形状

a) 平面

b) 直母线成形面

c) 圆柱面

d) 圆锥面

e) 球面

f) 圆环面

g) 螺旋面

图 1-3　几何表面的形成方法

1.2.3　生成线的形成方法及所需的运动

由于表面成形的两条生成线是由刀具的切削刃和工件间的相对运动而得到的，所以工件表面生成线的形成过程，与所用刀具的切削刃形状有关。也就是说，刀具切削刃的形状与工件表面的成形有着极其密切的关系。所谓刀具切削刃的形状是指刀具切削刃与工件成形表面相接触那一部分的形状，它可以是一个切削点，也可以是一条切削线。根据切削刃形状和成形表面生成线之间的关系，可以划分为如图 1-4 所示的三种情况：

1）切削刃的形状为一个切削点（图 1-4a），在切削过程中，切削刃与被形成表面接触的长度实际上很小，可以看成为点接触。切削加工时，刀具切削刃 1 应做轨迹运动 3，以形成工件生成线 2。

2）切削刃的形状是一段曲线 1，其轮廓（切削线）与工件生成线 2 的形状完全吻合（图 1-4b）。因此，在切削加工时，刀具切削刃 1 与被形成的表面做线接触，刀具不做任何运动就可以得到所需要的工件生成线 2。

3）切削刃的形状仍然是一段曲线 1，其轮廓（切削线）与需要形成的工件生成线 2 的形状不相吻合（图 1-4c），为共轭关系。在切削加工时，刀具切削刃 1 与被形成的表面相切，为点接触。工件生成线 2 是刀具切削刃 1 运动轨迹的包络线，如图 1-5 所示。因此，刀具切削刃相对于工件滚动（即展成运动），也就是刀具与工件间需要有共轭的展成运动。

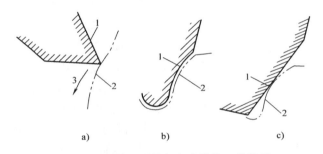

图 1-4　切削刃形状与生成线的三种关系

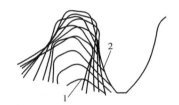

图 1-5　由切削刃包络
成形的渐开线齿形

在切削加工中，形成工件表面的生成线也是由刀具切削刃与工件之间的相对运动所产生的。由于使用刀具的切削刃形状和采用的切削加工方法不同，形成生成线的方法也不同。一般可以归纳为四种，如图 1-6 所示（图中的工件生成线 2 为一段圆弧）。

1）成形法（图 1-6a）。它是利用成形刀具对工件进行加工的方法，刀具切削刃为切削线 1，它的形状和长短与所需成形的工件生成线 2 一致，也就是切削刃的轮廓与工件生成线 2 完全相吻合。因此，工件生成线 2 由刀具切削刃的切削线 1 实现，这时形成工件生成线 2 不需要专门的成形运动。

2）展成法（图 1-6b）。它是利用刀具和工件做展成切削运动而进行加工的方法，刀具切削刃形状为切削线 1（图示形状为圆，也可以是直线或曲线），它与需要形成的工件生成线 2 的形状不相吻合。切削线 1 与工件生成线 2 彼此做无滑动的纯滚动，工件生成线 2 就是切削线 1 在切削过程中连续位置的包络线。曲线 3 是切削刃上某点 A 的运动轨迹。在形成工件生成线 2 的过程中，或者仅由切削刃 1 沿着由它生成的工件生成线 2 滚动；或者切削刃 1（刀具）和生成线 2（工件）共同完成复合的纯滚动，这种运动称为展成运动。因此，用展成法形成生成线需要一个成形运动（展成运动）。

3）轨迹法（图 1-6c）。它是利用刀具做一定规律的轨迹运动对工件进行加工的方法，刀具切削刃为切削点 1，它按一定规律做直线或曲线（图示为圆弧）运动，从而形成所需的工件生成线 2。因此，采用轨迹法形成生成线需要一个独立的成形运动。

4）相切法（图 1-6d）。它是利用刀具边旋转边做轨迹运动对工件进行加工的方法，刀具切削刃为旋转刀具（铣刀或砂轮）上的切削点 1，切削时刀具做旋转运动，刀具的旋转中心按一定规律做直线或曲线（图示为圆弧）轨迹运动，切削点 1 运动轨迹如图中的曲线 3。切削点 1 的运动轨迹与工件相切，形成了工件生成线 2。图中的点 4，就是刀具上的切削点 1 的运动轨迹与工件的各个切点。由于刀具上有多个切削点，工件生成线 2 是刀具上所有的切削点在切削过程中共同形成的。为了用相切法得到生成线，

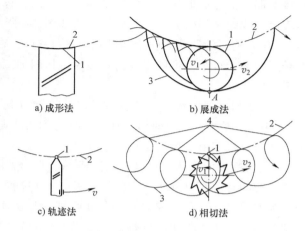

图 1-6　形成生成线的方法

需要两个独立的成形运动，即刀具的旋转运动和刀具中心按一定规律的轨迹运动。

在金属切削机床上，刀具和工件分别安装在主轴、刀架或工作台等执行部件（简称为执行件）上。为简化结构，执行件的运动形式一般为旋转运动或直线运动（称为单元运动）。因此，形成生成线所需的独立成形运动可以只是这两种单元运动中的一种，也可以是两种运动形式的不同组合。若成形运动仅为执行件的旋转运动或直线运动，则称为简单成形运动；而一个成形运动是由旋转运动和直线运动按一定的运动关系组合而成的，则称为复合成形运动。组成复合成形运动的两个或两个以上的单元运动，在形成表面的过程中是相互依存的，它们之间应保持准确的运动关系。图 1-6b 所示的展成运动是一个复合成形运动，由刀具的旋转运动和工件的旋转运动组合而成，刀具和工件之间必须保持准确的运动关系，因而复合成形运动是一个独立的成形运动。

必须注意，成形表面的形状不仅取决于切削刃的形状和表面成形的方法，还取决于生成线的原始位置。如图 1-7 所示，三种表面的生成线均相同，母线是直线 1，导线是绕轴线 $O—O$ 旋转的圆 2，但由于母线 1 相对于轴线 $O—O$ 的原始位置不同，则所形成的表面也就不相同。

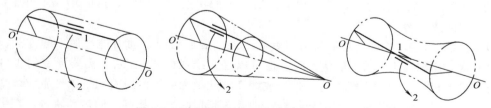

图 1-7　生成线原始位置与成形表面的关系

1.2.4　零件表面成形所需的成形运动

零件表面是两条生成线（母线和导线）运动的轨迹，形成零件表面的成形运动就是形

成母线和导线所需运动的总和。为了在金属切削机床上加工出所需的各种零件表面，金属切削机床必须具有全部所需的表面成形运动。如图 1-8 所示，使用成形车刀车削成形回转表面。母线为曲线，由成形法形成，不需要成形运动。导线为圆，由轨迹法形成，需要一个成形运动 B_1。因此，形成表面的成形运动总数为一个（B_1），是一个简单的成形运动。

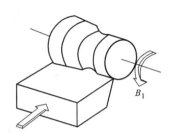

图 1-8　车削成形回转表面所需的表面成形运动

用螺纹车刀车削螺纹，如图 1-9 所示。母线与车刀的切削刃形状和螺纹轴向剖面轮廓的形状一致，故母线由成形法形成，不需要成形运动。导线为螺旋线，由轨迹法形成，需要一个成形运动。这是一个复合的成形运动，可以把它分解为工件的旋转运动 B_{11} 和刀具的直线移动 A_{12}。但是，B_{11} 和 A_{12} 之间必须保持严格的相对运动关系。

必须指出，那些既在形成母线中起作用又在形成导线中起作用的运动，实质上只是金属切削机床的一个运动。如图 1-10 所示，为滚切直齿圆柱齿轮时所需的成形运动。母线（轮齿的渐开线）是滚刀切削刃的包络线，由展成运动（B_1+B_2）形成。导线是沿齿长方向的直线，由相切法形成，即需滚刀旋转并做向下的直线运动（$B+A$）。实质上，形成导线的滚刀旋转运动 B 与形成母线中的滚刀旋转运动 B_1 是同一个运动。因此，滚切直齿圆柱齿轮时共需两个运动，即展成运动（B_1+B_2）和滚刀沿工件轴向移动的直线运动 A。

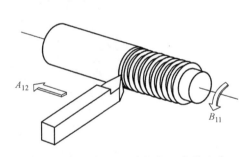

图 1-9　车削螺纹所需的表面成形运动

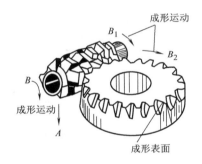

图 1-10　滚齿加工的成形运动

21

1.3　金属切削机床的运动

金属切削机床是实现切削加工的机器，其运动就一定要能完成切削运动，即使刀具和工件之间按一定的规律完成一系列的运动。不同的工艺方法，所要求的金属切削机床运动的类型和数量是不相同的。金属切削机床上的运动按组成可分为简单运动和复合运动，按功用可分为表面成形运动和非表面成形运动。表面成形运动包括主运动和进给运动，非表面成形运动包括各种空行程运动、切入运动、分度运动、操纵及控制运动等。

1.3.1　表面成形运动

表面成形运动（Surface formative motion）简称成形运动，是保证得到零件要求的表面形状的运动。在机床上，以主轴的旋转、刀架或工作台的直线运动的形式出现。通常用符号 A 表示直线运动，用符号 B 表示旋转运动。如图 1-11 所示，用车刀车削外圆柱面，属于轨迹法成形。工件的旋转运动 B_1 产生母线（圆），刀具的纵向直线运动 A_2 产生导线（直线）。运动 B_1 和 A_2 就是两个表面成形运动，下角标 "1" 和 "2" 表示成形运动的序号。B_1 和 A_2 是相互独立的，刀具的直线运动速度（即进给量）发生变化时，不影响加工表面的形状，只影响生产率的高低和表面粗糙度值的大小。

旋转运动或直线运动最简单，也最容易得到，因而称为简单成形运动。但是，成形运动也有不是简单运动的。如图 1-12 所示，是用螺纹车刀车削螺纹时的运动示意图。螺纹车刀是成形刀具，因此形成螺旋面只需一个成形运动，即车刀在不动的工件上做空间螺旋运动（图 1-12a）。

因为在机床上最容易得到并最容易保证精度的是旋转运动（如主轴的旋转）和直线运动（如刀架的移动），所以往往把这个螺旋运动分解成等速的旋转运动和等速的直线运动。在图 1-12b 中，B_{11} 代表等速的旋转运动，A_{12} 代表等速的直线运动。下角标的第一位数字表示第一个运动（该例中也只有一个运动），第二位数字表示这个运动中的第 1、第 2 两个组成部分。这样的运动就称为复合的表面成形运动，或简称为复合成形运动。为了得到一定导程的螺旋线，运动的两个组成部分 B_{11} 和 A_{12} 必须严格保持相对运动关系，即工件每转一转，刀具应准确地移动一个螺旋线导程。

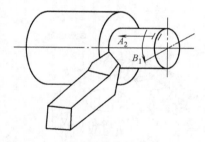

图 1-11 车削外圆柱表面时的成形运动

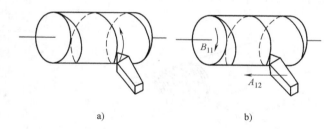

a)　　　　　　　　　　　b)

图 1-12 车削螺纹时的成形运动

复合成形运动也可以分解为三个，甚至更多个组成部分。例如车削圆锥螺纹时，刀具相对于工件的运动轨迹为圆锥螺旋线，其成形运动可分解为三个组成部分，即工件的旋转运动 B_{11}、刀具的纵向直线移动 A_{12} 和刀具的横向直线移动 A_{13}，如图 1-13 所示。为了保证一定的螺距，B_{11} 和 A_{12} 之间必须保持严格的相对运动关系；为了保证一定的锥度，A_{12} 和 A_{13} 之间也必须保持严格的相对运动关系。随着现代数控技术的发展和多轴联动数控机床的出现，可分解为更多个组成部分的复合成形运动已在数控机床上实现，每个组成部分就是数控机床的一个坐标轴。

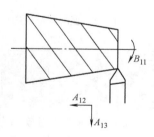

图 1-13 车削圆锥螺纹
时的表面成形运动

复合成形运动虽然可以分解成几个组成部分，而每一个组成部分就是一个旋转运动或直线运动，与简单成形运动相同。但复合成形运动的组成部分之间必须保持着严格的相对运动关系，是相互依存而不是独立的。所以，复合成形运动是一个运动，而不是两个或两个以上的简单运动。

1.3.2　主运动和进给运动

表面成形运动按其在切削加工中所起的作用，又可以分为主运动和进给运动两类。

1. 主运动（Primary motion）

在切削加工中，主运动是由金属切削机床或人力提供的主要运动，它促使刀具和工件之间产生相对运动，而使刀具前面接近工件，直接切除工件上的切削层，使之转变为切屑，从而形成工件新表面。通常主运动消耗的功率占总切削功率的大部分。例如，卧式车床主轴带动工件的旋转，钻、镗、铣、磨床主轴带动刀具或砂轮的旋转，牛头刨床和插床的滑枕带动刨刀、龙门刨床工作台带动工件的往复直线运动等都是主运动。

主运动可以是简单的成形运动，也可以是复合的成形运动。例如在图 1-11 中用车刀车削外圆柱面，车床主轴带动工件旋转的主运动 B_1 就是简单的成形运动。而图 1-12b 所示的车削螺纹，主运动就是复合的成形运动（$B_{11}+A_{12}$），它在切除切屑的同时形成了所需要的螺旋表面。

2. 进给运动（Feed motion）

在切削加工中，由金属切削机床或人力提供的运动，它使刀具与工件之间产生附加的相对运动，是使主运动能够依次地或连续不断地切除切屑的运动，以便形成所要求的几何形状的已加工表面。在金属切削机床上，进给运动可由刀具或工件完成，它可以是间歇（步进）或连续进行的运动。不论哪一种情况，进给运动通常只消耗总切削功率的小部分。

进给运动可能是简单成形运动，也可能是复合成形运动。例如，在车床上车削外圆柱表面时，床鞍带动车刀的连续纵向移动；在牛头刨床上加工平面时，刨刀每往复一次，刨床工作台带动工件横向移动一个进给量等都是进给运动，且都是简单的成形运动。如图 1-14 所示，用成形铣刀铣削螺纹时，进给运动是铣刀相对于工件的螺旋运动，是一个复合成形运动（$B_{21}+A_{22}$）；主运动是铣刀的旋转运动（B_1），是一个简单的成形运动。

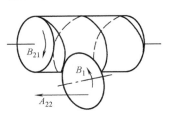

图 1-14　铣削螺纹时的
表面成形运动

1.3.3　辅助运动

机床上除表面成形运动外，还需要辅助运动（Auxiliary motion，非表面成形运动），以实现机床的各种辅助动作。辅助运动的种类很多，主要包括以下一些运动。

1. 各种空行程运动

空行程运动是指进给前、后的快速运动和各种位置的调整运动。例如，装卸工件时，为避免碰伤操作者，刀具与工件应离得较远。在进给开始之前快速引进，以使刀具与工件接近；进给结束后，应快速退回。又如，车床的刀架或铣床的工作台，在进给前、后的快速进给或快速退回的运动。位置调整运动是调整机床的过程中，把机床的有关部件移动到要求位置的运动。例如，在摇臂钻床上为使钻头对准被加工孔的中心，主轴箱与工作台之间做相对的位置调整运动；龙门刨床、龙门铣床的横梁，为适应工件不同的高度而做的升降运动等。

2. 切入运动

切入运动是用于保证被加工表面获得所需要的尺寸的运动。

3. 分度运动

当加工若干个形状完全相同、但位置不同分布的表面时，为使表面成形运动得以周期地连续进行的运动称为分度运动。如车削多线螺纹，在车削完一条螺纹表面后，工件相对于刀具要回转 $1/k$ 转（k 为螺纹的线数）才能车削另一条螺纹表面，这个工件相对于刀具的回转运动就是分度运动。多工位机床的多工位工作台或多工位刀架也需分度运动，这时的分度运动是由工作台或刀架完成的。

4. 操纵及控制运动

操纵及控制运动包括起动、停止、变速、换向、部件与工件的夹紧和松开、转位以及自动换刀、自动测量、自动补偿等操纵、控制运动。

1.3.4 运动的主要要素

一般情况下，每一个独立的运动都有五个要素，即轨迹、速度、方向、行程和位置，在分析运动时，必须逐一加以研究。所有切削运动的速度、方向及行程都是相对于工件定义的，由于切削刃上各点的运动情况不一定相同，所以在研究问题时，应选取切削刃上某一个合适的点作为研究对象，这个点就称为切削刃上的选定点。如图 1-15 所示，是牛头刨床刨削平面的情况。

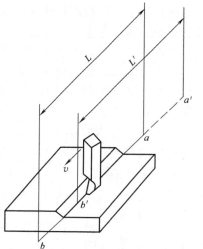

1）运动的轨迹。刨刀的运动轨迹为直线 ab。

2）运动的速度。刨刀的运动速度为 v。

3）运动的方向。刨刀向前运动为切削。

4）运动的行程。刨刀行程大小为 L。

5）运动的位置。刨刀运动的起点为 a，终点为 b。

如果运动的位置为起点 a'、终点为 b'，虽然行程 $L'=L$，但工件表面没有切削完毕。所以说，运动位置是绝对的，运动行程是相对的。

图 1-15 运动的五要素

只有在这五个要素都确定后，一个独立的运动才能被确定。因此在使用机床进行切削加工时，必须使机床上所有独立运动的五个要素都是确定的。所谓机床的调整，往往就是指调整每个独立运动的五个要素，其中包括换置交换齿轮、调整某些挡块和控制程序等。但是有些要素是由机床本身的机构或结构来保证的，如轨迹为圆或直线，是由轴承或导轨来确定的。

例如，在卧式车床上车削螺纹时，只有一个成形运动，即工件的回转运动和车刀的纵向移动必须保持严格的相对运动关系，形成一个复合成形运动，要确定这个运动就必须确定它的五个要素。轨迹的调整是通过确定螺旋线的旋向和导程来达到的，左旋或右旋仍属于这个运动的轨迹问题，而不是它的"方向"要素。因此，在卧式车床主轴至刀架的传动链中，不仅要有可以变换传动比的换置机构用来确定导程的大小，还要有换向机构来确定螺纹的旋向。这个复合成形运动的速度是由主运动传动路线中的换置机构的传动比来确定的；这个复合成形运动的方向是由主运动传动路线中的换向机构来确定的，即对同一条螺旋线，确定它在成形时是由左到右，还是由右到左；这个复合成形运动的位置和行程要素，则是由操作工人手动或使用调整挡块来确定的。

应当指出，这五个要素对各种运动并不都是同样重要的。例如，对于分度运动来说，最重要的要素是"行程"；而对于不封闭的生成线来说，它的成形运动最重要的要素是轨迹和位置。

1.4　金属切削机床的传动

1.4.1　传动联系

在金属切削机床上，为了得到所需要的运动，需要通过一系列的传动件把执行件和动力源连接起来，或者把执行件和执行件连接起来，这种连接称为传动联系。

1. 传动联系的基本组成部分

1）运动源。为了驱动机床的执行件而实现机床的运动，必须要有提供运动和动力的装置，这种装置是执行件的运动来源，称为运动源。常用的有交流电动机、直流电动机、伺服电动机、变频调速电动机和步进电动机等。可以几个运动共用一个运动源，也可以每个运动单独使用一个运动源。

2）传动件。为了将运动源的动力和运动按要求传递给执行件，就必须有传递动力和运动的零件，称为传动件。如齿轮、链轮、带轮、丝杠、螺母等，除了机械传动件以外，还有液压传动和电气传动元件。有的传动件还有变换运动的性质、方向、速度等作用，例如齿轮齿条副可以把旋转运动变换为传动轴垂直方向的直线移动；丝杠副可以把旋转运动变换为与传动轴平行方向的、大降速比的直线移动；蜗杆副可以实现大降速比并改变为垂直方向的旋转运动。

也可以说，传动装置是传递运动和动力的装置，通过它把运动源的运动和动力传递给执行件或把一个执行件的运动和动力传递给另一个执行件，并使有关执行件之间保持某种确定的运动关系。传动装置还可以完成变速、变向和改变运动形式等任务，使执行件获得所需要的运动速度、运动方向和运动形式，以满足加工要求。

3）执行件。执行件是执行机床运动的部件，它是机床上直接夹持刀具或工件并直接带动其完成一定形式的运动和保持准确运动轨迹的零部件。例如主轴、刀架、工作台等，它们是传递运动的末端件。

刀具或工件在加工过程中应具备的运动数目，与所需要加工的表面形状和切削刃的形状有关，不一定只有一个运动，因此机床的执行件也不一定只有一个。例如，在车削外圆柱面时工件和刀具各自都只有一个运动，因而也分别各由一个执行件（主轴和刀架）来完成，即一般情况下执行件数目与单元运动数目相同。又如，在钻床上钻孔时工件不动，则钻头既要回转又要进给，这就必须同时由主轴和齿条套筒两个执行件来完成。有时，也会出现执行件数目少于单元运动数目的情况，如滚齿机床的工作台等。

2. 传动方式

传动方式有机械传动、液压传动、气压传动和电气传动等多种形式，根据机床的工作特点不同，往往采用这几种传动的组合形式而应用在机床上。

1）机械传动。应用齿轮、带、离合器、齿条和丝杠、螺母等机械元件来传递运动和动力。这种传动形式工作可靠，维修方便，容易获得准确的传动比，仍然是最基本的传动方式。

2）液压传动。应用液压油作为工作介质，通过液压元件来传递运动和动力。这种传动形式结构紧凑，可以输出大的推力或转矩，能方便地实现无级调速，调速范围大，传动平稳，容易实现自动化，在机床上的应用日益广泛。

3）气压传动。应用空气作为工作介质，通过气动元件来传递运动和动力。这种传动形式的主要特点是结构简单、动作迅速、易于实现自动化，但运动不容易稳定、驱动力小，主要用于机床的某些辅助运动（如夹紧工件、自动换刀等）或小型数控机床的进给运动传动中。

4）电气传动。容易实现无级变速和自动控制，但电气系统比较复杂，成本较高。

1.4.2　传动链

1. 机床运动和传动链

连接运动源和执行件或连接一执行件和另一执行件，使之保持传动联系的这一部分传动件称为传动链。机床上有一个运动，就有一条实现这一运动的传动链。每一条传动链都有两端件，其首端件为主动件，是运动的输入件；末端件为被动件，是运动的输出件。首端件可以是运动源，也可以是执行件，末端件是执行件。

如图 1-16 所示，是工件与刀具的运动示意图。机床上的每一个执行件至少有一个单一的运动，只有单一运动的执行件只需一条传动链实现，如图 1-16a 中的 *CD*。有些执行件具有两个不同形式的运动，则应有两条传动链分别实现。图 1-16b 中的车刀为具有两个不同形式运动的执行件，用 *CD* 和 *EF* 两条传动链分别实现。而具有两个相同形式运动的执行件，则应将两条传动链传来的运动通过运动合成机构合成以后再传到这个执行件。图 1-16c 中的展成运动与螺旋运动两条传动链传来的运动合成为一个旋转运动"*n*"，再传到工件。

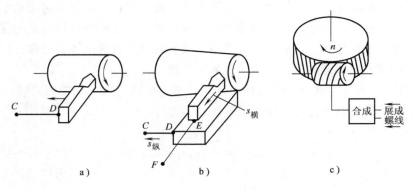

图 1-16　工件与刀具的运动示意图

2. 传动组

机床上外联系传动链和内联系传动链综合组成"传动组"，以实现机床的成形运动。对应于一个独立的成形运动，需要一个相应的传动组。机床上有多少个成形运动，就需要有多少个传动组。同样，对应于一个非成形运动，也需要一个相应的传动组，如切入运动传动组、分度运动传动组、辅助运动传动组、控制运动传动组和校正运动传动组等。应当指出：当在机床上实现复合成形运动时，传动组必须包括外联系传动链和内联系传动链；而在机床上只实现简单运动时，则传动组仅有外联系传动链而无内联系传动链。

为使执行件获得所需要的运动，或者使有关执行件之间保持某种确定的运动关系，传动链中通常需要有两类传动机构：一类为具有传动比和传动方向固定不变的传动机构，如带传动副、定比齿轮副、蜗杆副、丝杠副等，称为定比传动机构；另一类为能根据加工要求可以变换传动比和传动方向的传动机构，如滑移齿轮变速机构、交换齿轮变速机构、离合器变速机构、滑移齿轮变向机构和数控系统等，称为换置机构。例如，在同一台机床上使用不同材料、尺寸和结构的刀具，加工不同材料、尺寸和表面质量要求的工件时，机床上运动的轨迹、速度、方向、行程和位置五个要素便需要进行调整，为此在机床传动组内必须相应地具备各要素的换置机构。

3. 内联系传动链和外联系传动链

根据执行件运动性质和用途不同，传动链可以分为主运动传动链、进给运动传动链、快速空程运动传动链、分度运动传动链。根据传动联系性质的不同，传动链还可以分为内联系传动链和外联系传动链。

1）内联系传动链。机床上为了将两个或两个以上单元运动组成复合的成形运动，执行件与执行件之间的传动联系称为内联系；机床上两个执行件之间为了实现内联系而顺次串联的传动副，称为内联系传动链。内联系传动链两端件间的运动应遵循严格的运动规律，传动比必须调整得十分准确，且保证在加工过程中严格不变，否则传动误差会直接影响加工表面的几何形状精度。

例如，在卧式车床上车削外螺纹，如图 1-17 所示。车削外螺纹时的两个运动：工件的旋转运动 B_{11} 由传动链 ABO 实现，车刀的直线移动 A_{12} 由传动链 FCD 实现（图 1-17a），但因 B_{11} 和 A_{12} 为同一个复合成形运动（螺旋运动的两个组成部分），因此将两个单元运动连接起来，成为一个封闭曲线环路 OBFCDO（图 1-17b），表示车削螺纹时的主运动传动链为内联系传动链，工件与刀具之间应保证严格的传动比关系。

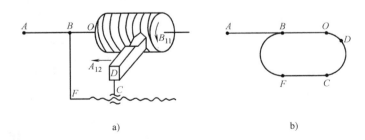

a)　　　　　　　　　　　　　b)

图 1-17　封闭的内联系传动链曲线环路

2）外联系传动链。运动源与执行件之间的传动联系称为外联系，外联系的作用是驱动机床的运动，即提供给机床运动的速度和动力。此外，还有使执行件变速、换向及转向等作用。机床上运动源和执行件之间为了实现外联系而顺次串联的传动副，称为外联系传动链。

外联系传动链两端件间的运动关系不紧密，传动比要求不严格，其误差不直接影响工件表面的几何形状精度，因此调整计算时不要求十分准确。

例如，在卧式车床上车削外圆柱面，如图 1-18 所示。车削外圆柱面时工件的旋转运动 B_1 由传动链 ABO 实现，车刀的直线移动 A_2 由传动链 $EFCD$ 实现（图 1-18a），B_1 和 A_2 是两个独立的运动，可以分别用两个运动源传动。若采用一个运动源时，用 BF 将两条传动链连接起来，使其成为一个带缺口的开放曲线环路 $OBFCD$（图 1-18b），表示车削外圆柱面时的进给运动传动链为外联系传动链，工件与刀具之间不要求保证严格的传动比关系。

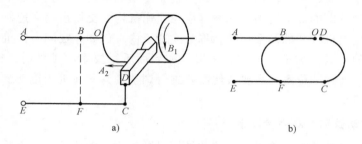

a)　　　　　　　　　　　b)

图 1-18　开放的外联系传动链曲线环路

1.4.3　传动原理图

在运动分析中，为了便于研究机床的运动和传动联系，常用一些简明的符号把传动原理和传动路线表示出来，这就是传动原理图。如图 1-19 所示，是传动原理图常使用的一部分符号。其中，表示执行件的符号还没有统一的规定，一般采用较直观的图形表示。

图 1-20 所示是在卧式车床上用螺纹车刀车削螺纹时的传动原理图。从图中可以看出主轴的旋转运动 B 和车刀的纵向直线移动 A 是工件与刀具间的相对螺旋运动（复合成形运动）的两个部分，联系这两个运动的传动链 4-5-u_f-6-7 是复合成形运动的传动链，这个传动链为内联系传动链。其中的 4-5、6-7 为传动比不变的机械联系，5-6 间的 u_f 为换置机构，加工不同导程的螺纹时，调整 u_f 值以满足要求。电动机至主轴间的传动链为 1-2-u_v-3-4 是外联系传动链，给主轴（执行件）提供动力和运动。其中的 1-2、3-4 为传动比不变的机械联系，2-3 间的 u_v 为换置机构，用以调整主轴的转速。

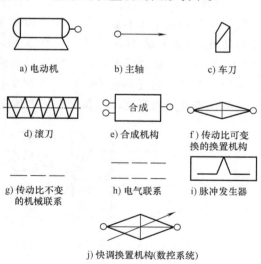

a) 电动机　　　b) 主轴　　　c) 车刀

d) 滚刀　　　e) 合成机构　　　f) 传动比可变换的换置机构

g) 传动比不变的机械联系　　h) 电气联系　　i) 脉冲发生器

j) 快调换置机构(数控系统)

图 1-19　传动原理图常用的一些示意符号

在图 1-20 所示的卧式车床上车削圆柱面或端面时，主轴的旋转运动 B 和车刀的纵向直线移动 A（车削端面时为横向移动）是两个互相独立的简单成形运动，不需要保持严格的运动关系，传动比的变化不影响表面的性质，只是影响生产率或表面质量。两个简单成形运动各有自己的外联系传动链与运动源相联系，一条是"电动机-1-2-u_v-3-4-主轴"，另一条是"电动机-1-2-u_v-3-5-u_f-6-7-丝杠"，其中"电动机-1-2-u_v-3"是公共段。如果卧式车床仅用于车削圆柱面和端面，不车削螺纹，则传动原理图也可以是图 1-21 所示的情况，分别用两台电动机驱动。

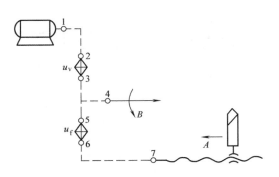

图 1-20　车削螺纹时的传动原理图

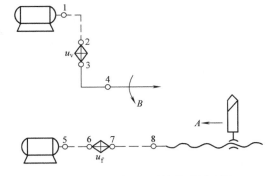

图 1-21　车削圆柱面时的传动原理图

1.4.4　机床的机械和非机械的传动联系

在机床上的传动联系，除了用刚体传动件的机械方式来实现外，根据运动的性质，无论是内联系传动或是外联系传动都可以用非机械的传动方式实现，如液压、电气、气动、光和热等方式来实现。随着微电子技术的迅速发展，目前由计算机或电子硬件控制运动和实现传动联系的方式越来越普遍地得到应用。

应用非机械的传动联系，可以简化机构，缩短传动链，而且便于实现自动控制。但对于传动精度要求高的复合表面成形运动的传动链，如齿轮加工机床的展成运动和分度运动传动链，采用液压、电气、气动等方式实现运动的内联系传动，实际应用尚比较少。而对于不需要有高的传动精度的简单表面成形运动的传动链，如车床、铣床等的切削速度和进给运动的驱动，应用液压、电气、气动等方式来实现传动联系的已较为普遍。

1.5　机床运动的调整

1.5.1　机床传动系统图

为了便于了解和分析机床的运动和传动情况，通常采用简明的机床传动系统图。机床传动系统图是由规定的图形符号代表真实机床的机械传动系统中的各个传动件，而绘制成的机床各条传动链的综合简图，也称为机床机械传动系统图。这种图简明地表示了机床内部结构及各条传动链，是分析机床传动规律的有力工具。熟悉机床传动系统图，对使用和研究机床十分方便。利用机床传动系统图，可以分析机床的性能、工作原理、适用范围，并可以进行各种调整计算。

机床传动系统图与机床传动原理图的主要区别为：一是机床传动系统图上表示了这台机床所有的执行件运动及其传动联系；而机床传动原理图则主要表示与表面成形有直接关系的

运动及其传动联系。二是机床传动系统图具体表示了传动链中各传动件的结构形式，如轴、齿轮、带轮等；而机床传动原理图则仅用一些简单的符号来表示运动源与执行件、执行件与执行件之间的传动联系。

机床各种传动件的代表图形和符号已列入国家标准，表 1-5 和表 1-6 所列入的是其中较重要及常见的一部分。

表 1-5　机构运动简图符号（摘自 GB/T 4460—2013）

名　称	基 本 符 号	可 用 符 号	附　注
齿轮机构 齿轮（不指明齿线） a. 圆柱齿轮			
b. 锥齿轮			
c. 挠性齿轮			
齿线符号 a. 圆柱齿轮 ⅰ) 直齿			
ⅱ) 斜齿			
ⅲ) 人字齿			
b. 锥齿轮 ⅰ) 直齿			
ⅱ) 斜齿			
ⅲ) 弧齿			

（续）

名　称	基本符号	可用符号	附　注
齿轮传动（不指明齿线） a. 圆柱齿轮			
b. 锥齿轮			
c. 交错轴斜齿轮			
d. 蜗轮与圆柱蜗杆			
齿条传动 a. 一般表示			
b. 蜗线齿条与蜗杆			
c. 齿条与蜗杆			
扇形齿轮传动			
圆柱凸轮			
外啮合槽轮机构			

31

（续）

名　　称	基本符号	可用符号	附　注
联轴器 a. 一般符号(不指明类型)			
b. 固定联轴器			
c. 弹性联轴器			
安全离合器 a. 带有易损元件			
b. 无易损元件			
啮合式离合器 a. 单向式			
b. 双向式			对于啮合式离合器、摩擦离合器、液压离合器、电磁离合器和制动器,当需要表明操纵方式时,可使用下列符号: M—机械的 H—液动的 P—气动的 E—电动的(如电磁)
摩擦离合器 a. 单向式			
b. 双向式			
液压离合器(一般符号)			
电磁离合器			
制动器(一般符号)			不规定制动器外观
离心摩擦离合器			
超越离合器			

（续）

名　称	基本符号	可用符号	附　注
螺杆传动 a. 整体螺母			
b. 开合螺母			
c. 滚珠螺母			
带传动（一般符号，不指明类型）			指明带的类型： 三角带 圆带 同步齿形带 平带 例：三角带传动
链传动（一般符号，不指明类型）			若需指明链条类型，可采用下列符号： 环形链 滚子链 无声链 例：无声链传动

金属切削机床　第3版

（续）

名　称	基本符号	可用符号	附　注
向心轴承 a. 滑动轴承			
b. 滚动轴承			
推力轴承 a. 单向			
b. 双向			
c. 滚动轴承			
向心推力轴承 a. 单向			
b. 双向			
c. 滚动轴承			

表 1-6　滚动轴承图示符号（摘自 GB/T 4459.7—2017）

轴承类型	图示符号	轴承类型	图示符号
深沟球轴承		滚针轴承（内圈无挡边）	
调心球轴承（双列）		推力球轴承	
角接触球轴承		推力球轴承（双向）	
向心短圆柱滚子 轴承（内圈无挡边）		圆锥滚子轴承	
向心短圆柱滚子轴承		圆锥滚子轴承（双列）	

34

图 1-22 所示是简单卧式车床的传动系统图。由图可知，机床的传动系统图一般按照运动的传递顺序，将各传动轴展开排列而绘制成平面展开图。绘图时，将机床的传动系统画在一个能反映机床外形和各主要部件相互位置的投影面上，并尽可能绘制在机床外形的轮廓线内。要把一个立体的传动结构展开并把各传动元件按照运动传递的先后顺序绘制在一个平面

图中，因此有时不得不把其中的某些轴绘制成折断线或弯曲成一定夹角的折线；对于展开后失去运动联系的传动副，要用大括号、虚线或双点画线连接起来以表示其传动联系。

传动系统图中需注明各传动轴的顺序号和有关传动副的参数，如齿轮和蜗轮的齿数、带轮的直径、丝杠的导程和线数、电动机的功率和转速、传动轴的编号等。传动轴的编号，一般是从运动源（如电动机）开始，按运动传递的顺序，依次用罗马数字 Ⅰ、Ⅱ、Ⅲ、Ⅳ、…表示。传动系统图只表示传动关系，并不代表各传动件的实际尺寸和空间位置。根据传动系统图分析机床的运动和传动的一般方法是：

1）根据主运动、进给运动和辅助运动确定机床有几条传动链；了解机床工作时有几个执行件；了解各执行件的运动及运动源；了解哪些运动之间应保持运动联系。

2）分析各传动链所联系的两个端件，找出传动链的首端件和末端件。

3）分别阅读机床传动系统图中的各条传动链，对每一条传动链采用"抓两端、连中间"的方法进行分析。按照运动传递或联系的顺序，从一个端件向另一个端件依次分析研究各传动轴之间的传动结构、传动副与传动轴之间的连接关系、传动副的传动比及运动传递关系和运动的传递过程，以查明这条传动链的传动路线和变速、换向、接通及断开机构的工作原理，最后确定两端件之间的运动关系。

4）列出各传动链的传动路线表达式和运动平衡方程式。

5）根据运动平衡方程式导出传动链调整计算的换置公式，求出执行件的运动速度、位移量或交换齿轮的齿数。

例如，图 1-22 所示的简单卧式车床的传动系统图的分析：这台机床有主轴和刀架两个执行件，工作时主轴做旋转运动，刀架做纵向或横向进给运动。两个执行件由一台电动机驱动，刀架与主轴之间应保持运动联系。实现主轴旋转的传动链是主运动传动链，实现刀架直线运动的传动链是进给运动传动链，实现主轴旋转与刀架纵向移动这一复合成形运动的传动链是车削螺纹传动链。

1. 主运动传动链

主运动传动链的首端件是电动机，末端件是主轴。电动机的功率是 2.2kW、转速是 1440r/min，电动机轴以 1440r/min 的转速旋转，经带传动副 $\dfrac{\phi 80}{\phi 165}$ 传到主轴箱中的轴 Ⅰ，然后再经轴 Ⅰ—Ⅱ、轴 Ⅱ—Ⅲ 和轴 Ⅲ—Ⅳ 间的三个滑移齿轮变速机构传到主轴 Ⅳ，使其旋转，并使其获得 2×2×2＝8 级转速。

2. 车削螺纹传动链

车削螺纹传动链首端件是主轴，末端件是刀架。主轴 Ⅳ 的运动由装在左端的固定双联齿轮 z_{40} 传出，通过主轴 Ⅳ—轴 Ⅵ 间的换向机构、轴 Ⅵ—轴 Ⅶ 间的交换齿轮机构、轴 Ⅶ—轴 Ⅷ 间的滑移齿轮变速机构（基本螺距机构，或简称为基本组）传到轴 Ⅷ。当轴 Ⅷ 上的滑移齿轮 z_{26}、z_{39} 分别与轴 Ⅸ 上的齿轮 z_{52} 或 z_{39} 啮合时，运动将传到轴 Ⅸ，然后经轴 Ⅹ 上的滑移齿轮 z_{52} 或 z_{26} 将运动传到轴 Ⅹ（轴 Ⅷ—轴 Ⅹ 间的滑移齿轮变速机构称增倍机构或简称为增倍组），当轴 Ⅹ 上的滑移齿轮 z_{39} 向右移动与轴 Ⅺ 上的齿轮 z_{39} 啮合时，通过联轴器传动丝杠旋转，闭合开合螺母使刀架纵向移动。由于螺旋运动是一复合成形运动，因此两执行件间应保持严格的传动比关系，这个传动链为内联系传动链。

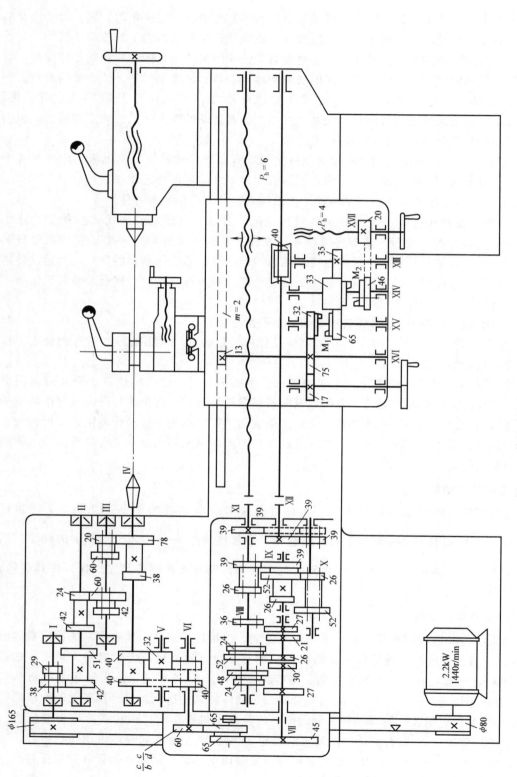

图1-22 简单卧式车床的传动系统图

3. 进给运动传动链

进给运动传动链的两端件也是主轴和刀架，从主轴Ⅳ到轴Ⅹ的传动路线与车削螺纹传动链共用。当轴Ⅹ上的滑移齿轮 z_{39} 向左移动与轴Ⅻ上的齿轮 z_{39} 啮合时，运动经联轴器传动到光杠，然后经蜗杆副 $\frac{1}{40}$、轴ⅩⅢ上的固定齿轮 z_{35} 传动轴ⅩⅣ上的空套齿轮 z_{33} 旋转。当离合器 M_1 接合时，运动经齿轮副 $\frac{33}{65}$、离合器 M_1、齿轮副 $\frac{32}{75}$ 传动到轴ⅩⅥ上的小齿轮 z_{13}。齿轮 z_{13} 与固定在床身上的齿条（$m = 2\text{mm}$）啮合，当齿轮 z_{13} 在齿条上滚动时，便驱动刀架做纵向进给运动。断开离合器 M_1，接合离合器 M_2 时，运动经齿轮 z_{33}、离合器 M_2、齿轮副 $\frac{46}{20}$ 传动到横向丝杠ⅩⅦ，使刀架获得横向进给运动。

根据上述运动分析的传递过程，可以写出图 1-22 所示的简单卧式车床传动系统的传动路线表达式：

$$
\text{电动机} - \frac{\phi 80}{\phi 165} - \text{I} - \begin{bmatrix} \frac{29}{51} \\ \frac{38}{42} \end{bmatrix} - \text{II} - \begin{bmatrix} \frac{24}{60} \\ \frac{42}{42} \end{bmatrix} - \text{III} - \begin{bmatrix} \frac{20}{78} \\ \frac{60}{38} \end{bmatrix} - \text{IV}（\text{主轴}）
$$

$$
- \text{V} - \begin{bmatrix} \frac{40}{40} \\ \frac{40}{32} \times \frac{32}{40} \end{bmatrix} \overset{\text{变向机构}}{} - \text{VI} - \begin{bmatrix} \frac{60}{65} \times \frac{65}{45} \\ \left(\frac{a}{b} \times \frac{c}{d}\right) \end{bmatrix} - \text{VII} - \begin{bmatrix} \frac{27}{24} \\ \frac{30}{48} \\ \frac{26}{52} \\ \frac{21}{24} \\ \frac{37}{36} \end{bmatrix} - \text{VIII} - \begin{bmatrix} \frac{26}{52} \\ \frac{39}{39} \end{bmatrix} - \text{IX} - \begin{bmatrix} \frac{26}{52} \\ \frac{52}{26} \end{bmatrix} - \text{X} - \frac{39}{39} - \text{XI}（\text{丝杠,车削螺纹刀架纵向移动}）
$$

$$
- \frac{39}{39} - \text{XII} - \text{光杠} - \frac{1}{40} - \text{XIII} - \begin{bmatrix} \frac{35}{33} \times \frac{33}{65} - \text{XV} - M_1 \uparrow - \frac{32}{75} - \text{XVI} - 13/\text{齿条} - \text{刀架纵向进给} \\ \frac{35}{35} - M_2 \uparrow - \text{XVI} - \frac{46}{20} - \text{XVII}（\text{丝杠}）- \text{刀架横向进给} \end{bmatrix}
$$

1.5.2　转速图

转速图是一种在对数坐标上表示变速传动系统运动规律的格线图，又称为转速分布图，简称为转速图。转速图能够直观地反映变速传动过程中各传动轴和传动副的转速及运动输出轴获得各级转速时的传动路线等，是认识和分析机床变速传动系统的有效工具。

图 1-23 所示是简单的卧式车床主运动传动系统图（图 1-23a）和转速图（图 1-23b）。其转速图所包含的内容有：

1）竖线代表传动轴。间距相等的竖线代表各传动轴，传动轴按运动传递的先后顺序从左向右依次排列。图 1-23 所示的传动链由五根传动轴组成，传动顺序为：电动机轴 —Ⅰ—

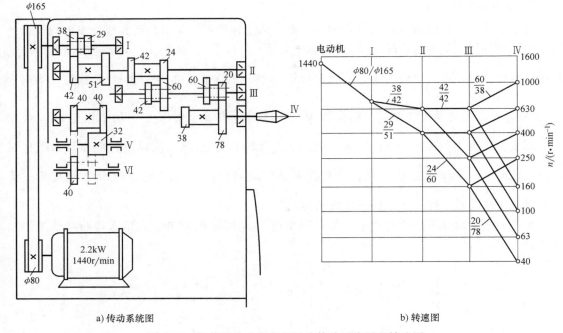

图 1-23　简单的卧式车床主运动传动系统图和转速图

Ⅱ—Ⅲ—Ⅳ（主轴）。

2）横线代表转速值。间距相等的横线由下至上依次表示由低到高的各级主轴转速。由于机床主轴的各级转速通常按等比数列排列，所以当采用对数坐标时，代表主轴各级转速的横线之间的间距则相等。设转速数列 n_1、n_2、n_3、…、n_{z-1}、n_z 为等比数列，且公比为 φ，则有

$$n_2 = n_1\varphi$$
$$n_3 = n_2\varphi = n_1\varphi^2$$
$$\cdots$$
$$n_z = n_{z-1}\varphi = n_1\varphi^{z-1}$$

将等式两边取对数，可得

$$\lg n_2 = \lg n_1\varphi = \lg n_1 + \lg\varphi$$
$$\lg n_3 = \lg n_2\varphi = \lg n_2 + \lg\varphi = \lg n_1 + 2\lg\varphi$$
$$\cdots$$
$$\lg n_z = \lg n_{z-1}\varphi = \lg n_{z-1} + \lg\varphi = \lg n_1 + (z-1)\lg\varphi$$

由上述分析可知，由各级转速的对数值所组成的数列为一等差数列，其公差为 $\lg\varphi$。因此，代表各级转速的横线画成等间距的格线，相邻两格线的距离为 $\lg\varphi$。为了书写方便及阅读直观，在转速图上习惯于略去符号 "lg"，直接写出转速值。但阅读时，必须理解为每升高一格，转速值升高 φ 倍。这台简单的卧式车床的主轴转速值为 40r/min、63r/min、100r/min、…、1000r/min，标注于横线的右端。

3）竖线上的圆点表示各传动轴实际具有的转速。转速图中每条竖线上有若干小圆点，表示这根轴可以实现的实际转速。例如，电动机轴上只有一个圆点，表示电动机轴只有一个

固定转速，即 $n_d = 1440\text{r/min}$。主轴上虽然标注有 1600r/min，但此处无圆点，表示主轴不能实现这种转速。

4）两圆点之间的连线表示传动副的传动比。连线的倾斜程度表示传动副传动比的大小，从左向右，连线向上倾斜，表示是升速传动；连线向下倾斜，表示是降速传动；连线为水平线，表示是等速传动。因此，在同一变速组内倾斜程度相同的连线（或平行线）表示其传动比相同，即代表同一传动副。

由图 1-23 所示的转速图（图 1-23b）中，我们还可以看出这条主运动传动链的组成及运动的基本情况：

第一，传动轴数及各轴运动传递的顺序；第二，变速组数及各变速组的传动副数；第三，各传动副的传动比值；第四，各传动轴的转速范围及转速级数；第五，实现主轴各级转速的传动路线。

1.5.3　传动链调整环及调整计算原理

1. 调整环的功用

由机床传动系统图及传动路线表达式可知，在机床的每条传动链中都存在着一个可调环节，称为调整环。调整环的功用是调整机床执行件的运动参数，以满足不同的加工工艺对机床运动速度和位移量的要求。同时，协调传动链两端件的运动，以保证其所需的运动联系。调整环的调整，则由换置机构实现。

2. 传动比

机床的机械传动中，常用带轮、齿轮、蜗杆等传动副传递运动并实现执行件的变速与换向；用丝杠副、齿轮齿条副将旋转运动转换为直线运动。常用机械传动副的传动比及其运动速度的计算公式见表 1-7。

表 1-7　常用机械传动副的传动比及其运动速度的计算式

传动副名称	简　图	传　动　比	运动速度计算公式
带传动		$u_{\text{I-II}} = \dfrac{d_1}{d_2} = \dfrac{n_{\text{II}}}{n_{\text{I}}}$ $u_{\text{II-I}} = \dfrac{d_2}{d_1} = \dfrac{n_{\text{I}}}{n_{\text{II}}}$	$n_{\text{II}} = n_{\text{I}}u_{\text{I-II}} = n_{\text{I}}\dfrac{d_1}{d_2}$ $n_{\text{I}} = n_{\text{II}}u_{\text{II-I}} = n_{\text{II}}\dfrac{d_2}{d_1}$
齿轮传动		$u_{\text{I-II}} = \dfrac{z_1}{z_2} = \dfrac{n_{\text{II}}}{n_{\text{I}}}$ $u_{\text{II-I}} = \dfrac{z_2}{z_1} = \dfrac{n_{\text{I}}}{n_{\text{II}}}$	$n_{\text{II}} = n_{\text{I}}u_{\text{I-II}} = n_{\text{I}}\dfrac{z_1}{z_2}$ $n_{\text{I}} = n_{\text{II}}u_{\text{II-I}} = n_{\text{II}}\dfrac{z_2}{z_1}$

（续）

传动副名称	简　图	传　动　比	运动速度计算公式
蜗杆传动		$u_{I-II}=\dfrac{k}{z_k}=\dfrac{n_{II}}{n_I}$ $u_{II-I}=\dfrac{z_k}{k}=\dfrac{n_I}{n_{II}}$	$n_{II}=n_I u_{I-II}=n_I\dfrac{k}{z_k}$ $n_I=n_{II} u_{II-I}=n_{II}\dfrac{z_k}{k}$
齿轮齿条传动			$s=n\pi m z$
丝杠传动			$s=n P_h$

注：表中的 n_I、n_{II}、n 为相应传动轴与传动件的转速，d_1、d_2 为带轮直径，z_1、z_2、z_k 为齿轮、蜗轮的齿数，k 为蜗杆头数，m 为齿轮和齿条的模数，P_h 为丝杠螺母的导程，s 为齿轮（或齿条）、螺母（或丝杠）的位移量。

在机床运动计算中所定义的传动比是指两传动元件的转速或齿数、直径之比，不考虑其驱动关系。表中所列的 u_{I-II} 和 u_{II-I} 两种计算式只是为方便计算而采用的不同计算式。若已知轴 I 的转速 n_I，求轴 II 的转速 n_{II} 时，可用式 u_{I-II}，导出式 $n_{II}=n_I u_{I-II}=n_I\dfrac{z_1}{z_2}$；如果已知轴 II 的转速 n_{II}，求轴 I 的转速 n_I 时，可用式 u_{II-I}，导出式 $n_I=n_{II} u_{II-I}=n_{II}\dfrac{z_2}{z_1}$。

3. 传动链调整环的调整计算原理

机床调整环的调整计算包括两方面的内容：一是，根据已确定的调整环传动比，求机床执行件的运动速度和位移量；二是，根据有关执行件所需要保证的运动关系，确定相应的调整环的传动比。

1）主运动传动链调整环。主运动传动链调整环用于调整主轴转速，图 1-23 所示的简单卧式车床主运动传动链的调整环由三个双联滑移齿轮变速机构组成，因此

$$u_v=u_{I-II} u_{II-III} u_{III-IV} \qquad (1\text{-}1)$$

式中　　　　　　u_v——调整环传动比；

u_{I-II}、u_{II-III}、u_{III-IV}——轴 I-II、轴 II-III、轴 III-IV 间的可变传动比。

由这台简单卧式车床主运动传动路线表达式，可以推导出它的运动平衡方程式

$$n_主=1440\times\frac{80}{165}u_v$$

$$=1440\times\frac{80}{165}u_{I-II} u_{II-III} u_{III-IV}$$

将 u_{I-II}、u_{II-III}、u_{III-IV} 的不同传动比代入，则得到调整环几种不同的传动比，并计算出主轴各级转速。例如，在图 1-23 所示的齿轮啮合位置的调整环传动比为

$$u_v = \frac{38}{42} \times \frac{24}{60} \times \frac{20}{78}$$

则相应的主轴转速为

$$n_主 = 1440 \times \frac{80}{165} u_v$$

$$= 1440 \times \frac{80}{165} \times \frac{38}{42} \times \frac{24}{60} \times \frac{20}{78} \text{r/min}$$

$$= 65 \text{r/min}$$

另外，还可以根据具体加工工艺所要求的切削速度，调整传动链调整环的传动比，得到合理的主轴转速。为此，可以根据有关计算公式求出合理的主轴转速 $n_合$，然后查传动链和转速图，找出与这个转速值最接近的实际转速值 $n_实$，按照实现这个转速的传动路线调整滑移齿轮的啮合位置即可

$$n_合 = \frac{1000v}{\pi D} \tag{1-2}$$

式中　　v——根据实际加工工艺需要所选定的切削速度（m/min）；

D——工件直径（mm）。

2）车削螺纹传动链调整环。车削螺纹传动链是一条内联系传动链，其调整环的作用是协调主轴与刀架两执行件的运动，以保证加工出所需的螺纹导程。它的运动联系为：主轴转一转，刀架移动导程 P_h（mm）。根据图 1-22 所示的车削螺纹运动传动路线而写出的表达式，可以推导出它的运动平衡方程式，并导出其换置公式

$$1_主轴 \times \frac{40}{40} u_x \times 6 = P_h \tag{1-3}$$

这个传动链的调整环由一交换齿轮变速机构和三个滑移齿轮变速机构组成，因此

$$u_x = u_交 u_{VII-VIII} u_{VIII-IX} u_{IX-X} \tag{1-4}$$

式中　　　　　　　u_x——调整环传动比；

$u_交$——交换齿轮变速传动机构传动比，常采用复式交换齿轮，即 $u_交 = \dfrac{ac}{bd}$；

$u_{VII-VIII}$、$u_{VIII-IX}$、u_{IX-X}——轴 VII—VIII、轴 VIII—IX、轴 IX—X 之间的可变传动比。

如果取 $u_{VII-VIII} = \dfrac{26}{52}$、$u_{VIII-IX} = \dfrac{39}{39}$、$u_{IX-X} = \dfrac{52}{26}$ 代入式（1-3），整理后可得

$$u_交 = \frac{ac}{bd} = \frac{P_h}{6}$$

根据以上这个计算式选配交换齿轮 a、b、c、d 的齿数，即可以加工出所需要的螺纹导程。

3）进给运动传动链调整环。进给运动传动链是外联系传动链，用于调整机床的进给量。车削加工时，进给量的定义为：主轴转一转，刀架直线移动 f（mm）。若进给传动链的最后一对传动副是齿轮齿条副，则主轴转一转，齿轮齿条副中的齿轮转数 n_z（r）为

$$n_z = n_主 u = 1_主轴 u$$

则进给量 f（mm/r）为

$$f = 1_{\text{主轴}} u \pi m z = 1_{\text{主轴}} u_{\text{c}} u_{\text{f}} \pi m z \tag{1-5}$$

式中　u——从主轴至齿轮齿条副的总传动比；

$\quad\quad u_{\text{c}}$——这个传动链中所有传动比不变的传动副的传动比；

$\quad\quad u_{\text{f}}$——这个传动链中调整环的传动比；

$\quad\quad m$——齿轮、齿条的模数；

$\quad\quad z$——齿轮齿条副中齿轮的齿数。

如果进给传动链的最后一对传动副为丝杠副时，其丝杠或螺母的转数 $n_{\text{s}}(r)$ 为

$$n_{\text{s}} = n_{\text{主}} u = 1_{\text{主轴}} u$$

则进给量 f（mm/r）为

$$f = 1_{\text{主轴}} u P_{\text{h}} = 1_{\text{主轴}} u_{\text{c}} u_{\text{f}} P_{\text{h}} \tag{1-6}$$

式中　u——从主轴至丝杠副的总传动比；

$\quad\quad P_{\text{h}}$——丝杠的导程（mm）。

1.6　机床上常用的离合器

在机床上常采用离合器来使安装在同一轴线的两轴或轴与空套其上的齿轮、带轮等传动件保持结合或脱开，以传递或断开运动，从而实现机床运动的起动、停止、变速、变向等。常见的离合器有啮合式离合器、摩擦式离合器、超越离合器和安全离合器等。

1.6.1　啮合式离合器

啮合式离合器可根据其结构形状分为牙嵌式和齿轮式两种，如图 1-24 所示。牙嵌式离合器的端面上都加工有齿爪（图 1-24a、图 1-24b），如空套在轴 4 上的齿轮 1 和用导向型平键（或花键）3 与轴 4 联接的离合器 2 的端面上都加工有齿爪，用操纵机构使离合器 2 向左移动，就可使其齿爪与齿轮 1 的端面齿啮合，传递运动和转矩，使轴 4 与齿轮 1 一起旋转。离合器 2 向右移动，则断开运动联系，使齿轮 1 与轴 4 的传动联系脱开。

齿轮式离合器由具有直齿圆柱齿轮形状的两个零件组成（图 1-24c、图 1-24d），其两者的齿数和模数完全相同，但一个为外齿轮，一个为内齿轮。通过操纵机构使两个齿轮相互啮合时，便可将空套齿轮与轴（图 1-24c）或同轴线的两轴（图 1-24d）连接而一起旋转。齿轮脱离啮合，则运动联系断开。

啮合式离合器的结构简单、紧凑，传递转矩大，传动比准确，但为避免接合时发生冲击，只能在停转或低速时进行接合。因此，这种离合器常用于要求保持严格运动关系或速度较低的传动中。

1.6.2　摩擦式离合器

摩擦式离合器是通过相互压紧的两零件接触面之间的摩擦力来传递运动和转矩的，当零件接触面被压紧贴合或松开时，运动就被接通或断开，如图 1-25 所示。花键轴 1 上安装有两组摩擦片，一组是内摩擦片 5，通过花键孔与花键轴 1 相联接；另一组是外摩擦片 4，其内孔是光滑圆孔，空套在花键轴 1 外圆上，外摩擦片 4 的外圆上加工有四个凸爪，卡在空套齿轮 2 右端套筒的四个缺口内。内、外摩擦片相间安装，在未被压紧时，不能传递运动。当

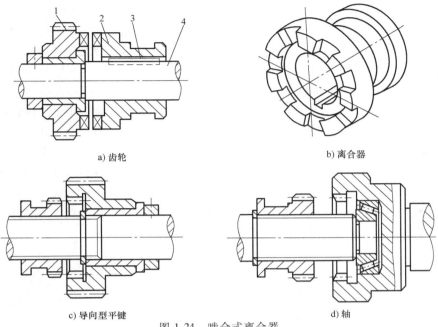

a) 齿轮　　　　　　　　　　　　　　b) 离合器

c) 导向型平键　　　　　　　　　　　d) 轴

图 1-24　啮合式离合器

1—齿轮　2—离合器　3—导向型平键　4—轴

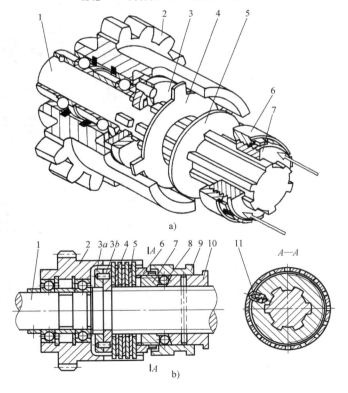

a)

b)

图 1-25　摩擦式离合器

1—花键轴　2—空套齿轮　3—止推环　4—外摩擦片　5—内摩擦片　6—螺母

7—加压套　8—钢球　9—滑套　10—固定套　11—弹簧销

用操纵机构使滑套9左移后，滑套9左端内锥面把钢球8压入固定套10左端锥面与加压套7右端面之间，使钢球8在锥面作用下，推压加压套7，并通过螺母6把内、外摩擦片压紧，从而利用内、外摩擦片之间的摩擦力，接通花键轴1与空套齿轮2之间的运动联系。

空套齿轮2与摩擦片组间装有一对止推环3a及3b，其形状与内摩擦片相似，也有花键孔。安装时，先将止推环3b推到花键轴1的光滑环槽处，然后将止推环3b转动半个花键齿距，使其轴向固定，接着将止推环3a装入，与止推环3b靠紧，最后用定位销将两止推环联在一起。这样，这组止推环既不能轴向移动又不能相对于花键轴1转动，从而可承受摩擦片传递过来的轴向力。

加压套7上的弹簧销11卡在螺母6右端的槽内，以防止螺母6转动。按下弹簧销11，转动螺母6，使其相对加压套7做微量轴向移动，可改变摩擦片间的压紧力，从而调整了离合器传递的转矩大小。离合器接合后，滑套9内孔的圆柱部分压住钢球8，即将钢球8锁在楔形空间内，因而不需要继续施加操纵力。

1.6.3 超越离合器

超越离合器主要用于由两个速度不同的运动源传递给同一根轴的场合，其作用是避免运动干涉，实现快、慢速自动转换，如图1-26所示。

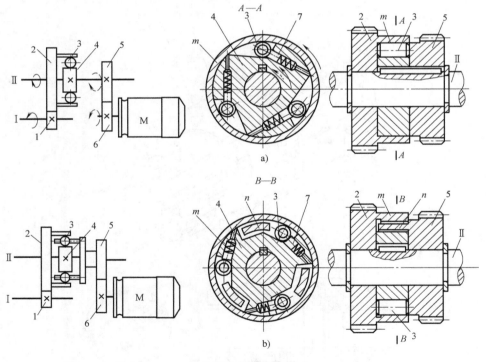

图1-26 超越离合器

1、5、6—齿轮 2—套筒齿轮 3—滚柱 4—星形体 7—弹簧销

m—套筒 n—齿爪

图1-26a所示为超越离合器的示意图，这种超越离合器由套筒齿轮2、星形体4、三个滚柱3、三个弹簧销7等组成。套筒齿轮2空套在轴Ⅱ上，星形体4用键与轴Ⅱ联接。一般

情况下，滚柱 3 在弹簧销 7 的作用下，位于套筒齿轮 2 右端套筒及星形体 4 的楔缝中。当慢速运动由轴 Ⅰ 按图示方向经齿轮 1 传给套筒齿轮 2 时，套筒齿轮 2 逆时针转动，其右端套筒 m 通过摩擦力带动滚柱 3 滚动，从而使滚柱 3 挤紧于楔缝中，而带动星形体 4 及轴 Ⅱ 旋转，如图中实线箭头所示。

若这时起动快速电动机，则快速运动经齿轮 6 和齿轮 5 传到轴 Ⅱ，使星形体 4 快速逆时针旋转，如图中虚线箭头所示。由于星形体 4 的转速高于套筒 m 的转速，滚柱 3 反向滚动，并压缩弹簧销 7，从窄楔缝中退出来。这样，套筒齿轮 2 与星形体 4 之间的运动联系自动断开。快速电动机停止，滚柱 3 又进入窄楔缝中，轴 Ⅱ 又以慢速转动。采用这种结构的单向超越离合器，快速和慢速运动只能是单方向的，因而输出轴 Ⅱ 的快速、慢速运动方向是不变的。

图 1-26b 所示超越离合器的结构与图 1-26a 所示的超越离合器的区别，在于传给轴 Ⅱ 快速运动的齿轮 5 是空套在轴 Ⅱ 上的。齿轮 5 的左端有三个齿爪 n，插入星形体 4 与套筒 m 之间。这种超越离合器的慢速传动原理与图 1-26a 所示的超越离合器基本相同，但起动快速电动机时，齿轮 5 通过齿爪 n 直接带动星形体 4 及轴 Ⅱ 快速旋转。这时，由于星形体 4 的转速高于套筒 m 的转速，滚柱 3 滚离窄楔缝处，使慢速运动自动断开。当快速电动机反转时，齿轮 5 的齿爪 n 将滚柱 3 推离窄楔缝处，顶在弹簧销 7 上，从而使慢速运动断开，并使轴 Ⅱ 快速反向旋转。可见，采用这种超越离合器，虽然输出轴 Ⅱ 只能做一个方向的慢速旋转，但快速旋转则可随电动机转向而改变方向。

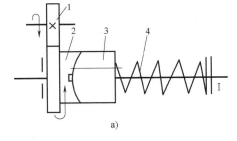

a)

1.6.4　安全离合器

安全离合器是一种过载保护机构，它可以使机床的传动零件在过载时，自动断开传动，以避免机构发生损坏。图 1-27 所示是一种安全离合器的工作原理示意图。安全离合器由两个端面带有螺旋形齿爪的接合子 2、3 组成，左接合子 2 空套在轴 Ⅰ 上，右接合子 3 通过花键与轴 Ⅰ 相联接，并通过弹簧 4 的作用与左接合子 2 紧紧啮合。

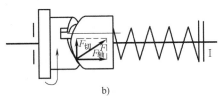

b)

在正常情况下，运动由齿轮 1 传到左接合子 2 左端的齿轮，并通过螺旋形齿爪，将运动经右接合子 3 传到轴 Ⅰ。当出现过载时，齿爪在传动中产生的轴向力 $F_\text{轴}$ 超过预先调整好的弹簧力，右接合子 3 压缩弹簧 4 向右移动，并与左接合子 2 脱开，左、右两接合子之间产生打滑现象，从而断开传动，保护机构不受损坏。当过载现象消除后，右接合子 3 在弹簧 4 的作用下，重新又与左接合子啮合，并使轴 Ⅰ 得以继续转动。

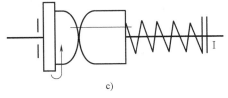

c)

图 1-27　安全离合器示意图

1—齿轮　2—左接合子　3—右接合子　4—弹簧

45

第2章 车床

在一般机械制造厂中，车床在金属切削机床中所占的比重最大，占金属切削机床总台数的 20%～35%。车床的应用极为普遍，车床的种类也很多，按其用途和结构的不同，可以分为卧式车床、转塔车床、立式车床、单轴自动车床、多轴自动和半自动车床、多刀车床、仿形车床、专门化车床等，其中以卧式车床应用最广泛，约占车床类机床总台数的 60%。车床类机床主要是使用各种车刀对内外圆柱面、圆锥面、成形回转体表面及其端面、各种内外螺纹等进行加工，还可以使用钻头、扩孔钻、铰刀进行孔加工，使用丝锥、板牙进行内外螺纹加工等。常用车床的工艺特点和适用范围见表 2-1。

表 2-1　常用车床的工艺特点和适用范围

类型	机床运动及加工示意图	工 艺 特 点	适用范围
卧式车床		可完成各种车削工序的加工，如车削内外圆柱面、圆锥面、成形回转面，车削端面和米制、寸制、模数制、径节制螺纹，用滚花刀具进行滚花，由尾座完成钻孔、扩孔、铰孔、加工内、外螺纹等。自动化程度低，辅助运动由手工操作完成，生产率较低	适用于单件、小批量生产及机修车间
转塔车床 转塔式转塔车床		有一个绕垂直轴线转位、六个工位的六角形转塔刀架，每一个工位通过辅具可安装一把或一组刀具，做纵向进给运动，以车削内、外圆柱面、钻、扩、铰孔和镗孔、加工内、外螺纹等。有一个或两个横刀架（一般只有一个），做纵、横向进给运动，以车削大直径的外圆柱面、成形回转面、端面和沟槽。可作定程加工工件	适用于成批生产，加工形状复杂的盘、套类零件
回轮式转塔车床		只有一个绕水平轴线转位、十二或十六个工位的圆盘形回轮刀架，回轮刀架上均布的轴向孔中通过辅具可安装一把单刀或复合刀具进行加工。刀架做纵向进给运动时，可车削内、外圆柱面，钻孔、扩孔、铰孔和加工螺纹，刀架绕自身轴线缓慢转动，即做横向进给运动时，可完成成形回转面、沟槽、端面和切断等工序的加工。机床用弹簧夹头夹持棒料	适用于成批生产，加工轴类及阶梯轴类零件

（续）

类型		机床运动及加工示意图	工艺特点	适用范围
立式车床	单柱立式车床		具有一垂直布置的主轴，带动一个大直径的圆形工作台，以便于安装笨重的大型零件。横梁上有一个五工位垂直刀架，可沿横梁导轨做水平进给运动和沿刀架导轨做垂直进给运动以及将刀架摆动角度后的斜向进给运动，以加工内、外圆柱面，内、外圆锥面、端面、切槽、钻孔、扩孔、铰孔等，立柱右侧导轨上还有一侧刀架，用来加工外圆、端面及外沟槽等	适用于单件、小批生产中对大型盘类零件的加工
	双柱立式车床		双柱立式车床与单柱立式车床的区别在于双柱立式车床有两个垂直刀架，其中一个为五个工位的转塔刀架；有些双柱立式车床也有一右侧刀架，尺寸较大的双柱立式车床常不设侧刀架。其工艺范围同单柱立式车床	适用于单件、小批生产中对重型盘类零件的加工
铲齿车床			其外形与卧式车床相似，是一专门化车床，用于铲削（或铲磨）成形铣刀、齿轮滚刀、丝锥等刀具的齿背（后面），使其获得所需切削刃形状和具有规定的后角。铲齿时，刀具毛坯通过心轴安装在机床两顶尖之间做均匀速度旋转，刀架上的铲齿刀由凸轮传动做径向往复运动，以获得阿基米德螺旋线的齿背	适用于工具车间，对一些刀具进行齿背后面的铲削工作

2.1 CA6140 型卧式车床传动系统

2.1.1 机床的主要组成部件

CA6140 型卧式车床的主参数：床身上最大回转直径为 400mm，第二主参数：最大工件长度有 750mm、1000mm、1500mm、2000mm 四种。CA6140 型卧式车床的外形如图 2-1 所示，其主要组成部件及其功用为：

1）主轴箱。主轴箱 1 固定在床身 4 的左上部，其功用是支承主轴部件，并使主轴及工件以所需速度旋转。

2）刀架部件。刀架部件 2 装在床身 4 上的床鞍上。刀架部件可通过机动或手动使夹持在方刀架上的刀具做纵向、横向或斜向进给。

3）进给箱。进给箱 10 固定在床身左端前壁。进给箱中装有变速装置，用以改变机动进给的进给量或被加工螺纹的螺距。

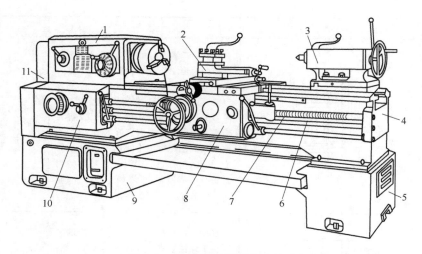

图 2-1　CA6140 型卧式车床外形

1—主轴箱　2—刀架　3—尾座　4—床身　5—右床腿　6—光杠　7—丝杠
8—溜板箱　9—左床腿　10—进给箱　11—交换齿轮变速机构

4）溜板箱。溜板箱 8 安装在床鞍下部。溜板箱通过光杠或丝杠接受自进给箱传来的运动，并将运动传给刀架部件，从而使刀架实现纵、横向进给或车螺纹运动。

5）尾座。尾座 3 安装于床身尾座导轨上，可根据工件长度调整其纵向位置。尾座上可安装后顶尖以支承长工件，也可安装孔加工刀具进行孔加工。

6）床身。床身 4 固定在左、右床腿 9 和 5 上，用以支承其他部件，并使它们保持准确的相对位置。

2.1.2　机床的传动系统

CA6140 型卧式车床的传动系统如图 2-2 所示。整个传动系统由主运动传动链、车螺纹运动传动链、纵向进给运动传动链、横向进给运动传动链及快速移动传动链组成。

1. 主运动

主运动由主电动机（7.5kW，1450r/min）经 V 带传动主轴箱内的轴 I 而输入主轴箱。轴 I 上安装有双向多片式摩擦离合器 M_1，以控制主轴的起动、停转及旋转方向。M_1 左边摩擦片接合时，主轴正转，右边接合时，主轴反转。当两边摩擦片都脱开时，主轴停转。轴 I 的运动经离合器 M_1 和双联滑移齿轮变速装置传至轴 II，再经三联滑移齿轮变速装置传至轴 III。轴 III 的运动可由两种传动路线传至主轴。当主轴 VI 上的滑移齿轮 z50 处于左边位置时，轴 III 的运动直接由齿轮 z63 传至与主轴用花键连接的滑移齿轮 z50，从而带动主轴以高速旋转；当滑移齿轮 z50 右移，脱开与轴 III 上齿轮 z63 的啮合，并通过其内齿轮与主轴上大齿轮 z58 左端齿轮啮合（即 M_2 接合）时，轴 III 运动经轴 III-IV 间及轴 IV-V 间两组双联滑移齿轮变速装置传至轴 V，再经齿轮副 $\frac{26}{58}$ 使主轴获得中、低转速。当轴 I 上摩擦离合器右边接合时，轴 I 经 M_1 和 $\frac{50}{34} \times \frac{34}{30}$ 两级齿轮副使轴 II 反转，从而使主轴得到反转转速。

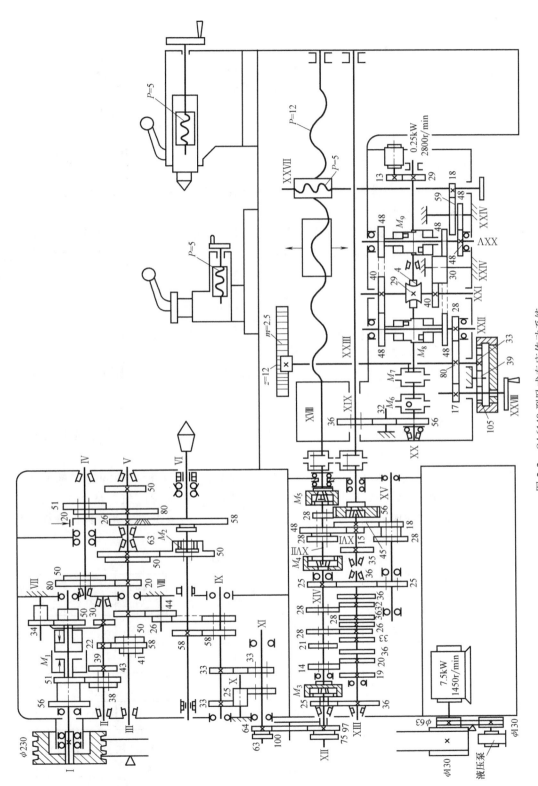

图 2-2　CA6140 型卧式车床传动系统

P—螺纹的螺距

主运动的传动路线表达式为：

$$电动机 - \frac{\phi130}{\phi230} - I - \begin{bmatrix} \overrightarrow{M_1} \\ (正转) \end{bmatrix} \begin{bmatrix} \frac{51}{43} \\ \frac{56}{38} \end{bmatrix} - II - \begin{bmatrix} \frac{39}{41} \\ \frac{22}{58} \\ \frac{30}{50} \end{bmatrix} - III - \begin{bmatrix} \frac{20}{80} \\ \frac{50}{50} \end{bmatrix} - IV - \begin{bmatrix} \frac{20}{80} \\ \frac{51}{50} \end{bmatrix} - V - \frac{26}{58}M_2 - VI(主轴)$$

$$\left(\begin{array}{c} 7.5kW \\ 1450r/min \end{array} \right) \quad \overrightarrow{M_1}(反转) - \frac{50}{34} - VII - \frac{34}{30} \qquad \frac{63}{50}$$

2. 车螺纹运动

CA6140 型卧式车床可车削米制、模数制、寸制和径节制四种标准螺纹，另外还可加工大导程螺纹、非标准螺纹及较精密螺纹。

车制螺纹时，刀架通过车螺纹传动链得到运动，两端件主轴和刀架之间必须保持严格的运动关系，即主轴每转一周，刀具移动一个被加工螺纹的导程。由此，并根据传动系统图，可得车螺纹传动链运动平衡式如下

$$1_{主轴} \times u_{定} \, u_x P_{丝} = P_h$$

式中　$u_{定}$——主轴至丝杠间全部定比传动机构的总传动比，是一常数；

　　　u_x——主轴至丝杠间换置机构的可变传动比；

　　　$P_{丝}$——机床丝杠的螺距。CA6140 型卧式车床使用单头螺纹，如螺距 P 为 12mm 的丝杠，故 $P_{丝}=12$mm；

　　　P_h——工件螺纹的导程（mm）。

上式中，$u_{定}$ 和 $P_{丝}$ 均为定值，可见，要加工不同导程的螺纹，关键是调整车螺纹传动链中换置机构的传动比。

（1）车米制螺纹。米制螺纹是应用最广泛的一种螺纹，在国家标准中规定了标准螺距值。表 2-2 列出了 CA6140 型卧式车床能车制的常用米制螺纹标准螺距值。从表中可看出，米制螺纹标准螺距值的排列成分段等差数列，其特点是每行中的螺距值按等差数列排列，每列中的螺距值又成一公比为 2 的等比数列。

表 2-2　CA6140 型卧式车床车削米制螺纹表

$u_{倍}$ ＼ P/mm ＼ $u_{基}$	$\frac{26}{28}$	$\frac{28}{28}$	$\frac{32}{28}$	$\frac{36}{28}$	$\frac{19}{14}$	$\frac{20}{14}$	$\frac{33}{21}$	$\frac{36}{21}$
$\frac{18}{45} \times \frac{15}{48} = \frac{1}{8}$	—	—	1	—	—	1.25	—	1.5
$\frac{28}{35} \times \frac{15}{48} = \frac{1}{4}$	—	1.75	2	2.25	—	2.5	—	3
$\frac{18}{45} \times \frac{35}{28} = \frac{1}{2}$	—	3.5	4	4.5	—	5	5.5	6
$\frac{28}{35} \times \frac{35}{28} = 1$	—	7	8	9	—	10	11	12

车米制螺纹时，进给箱中离合器 M_3、M_4 脱开，M_5 接合（图 2-2）。运动由主轴 VI 经齿轮副 $\frac{58}{58}$，轴 IX-XI 间换向机构，交换齿轮 $\frac{63}{100} \times \frac{100}{75}$，然后再经齿轮副 $\frac{25}{36}$，轴 XIII-XIV 间滑移齿

轮变速机构，齿轮副$\frac{25}{36}\times\frac{36}{25}$，轴 XV - XVII 间的两组滑移齿轮变速机构及离合器 M_5 传动丝杠。丝杠通过开合螺母将运动传至溜板箱，带动刀架纵向进给。车制米制螺纹进给运动的传动路线表达式为

$$主轴\ VI-\frac{58}{58}-IX-\begin{bmatrix}\dfrac{33}{33}\\(右旋螺纹)\\\dfrac{33}{25}\times\dfrac{25}{33}\\(左旋螺纹)\end{bmatrix}-XI-\frac{63}{100}\times\frac{100}{75}-XII-\frac{25}{36}-XIII-u_{XIII\text{-}XIV}$$

$$-XIV-\frac{25}{36}\times\frac{36}{25}-XV-u_{\text{-}XV\text{-}XVII}-XVII-M_5-XVIII(丝杠)-刀架$$

运动平衡式为：

$$P_{\mathrm{h}}=kP=1_{主轴}\times\frac{58}{58}\times\frac{33}{33}\times\frac{63}{100}\times\frac{100}{75}\times\frac{25}{36}\times u_{XIII\text{-}XIV}\times\frac{25}{36}\times\frac{36}{25}\times u_{XV\text{-}XVII}\times12$$

式中　P_{h}——螺纹导程（mm）；

$\quad\quad P$——螺纹螺距（mm）；

$\quad\quad k$——螺纹线数；

$\quad u_{XIII\text{-}XIV}$——轴 XIII - XIV 间可变传动比；

$\quad u_{XV\text{-}XVII}$——轴 XV - XVII 间可变传动比。

整理后可得

$$P_{\mathrm{h}}=7u_{XIII\text{-}XIV}u_{XV\text{-}XVII}$$

上式中 $u_{XIII\text{-}XIV}$ 为轴 XIII - XIV 间滑移齿轮变速机构的传动比。该滑移齿轮变速机构由固定在轴 XIII 上八个齿轮及安装在轴 XIV 上四个单联滑移齿轮构成。每个滑移齿轮可分别与轴 XIII 上的两个固定齿轮相啮合，其啮合情况分别为：$\frac{26}{28}$、$\frac{28}{28}$、$\frac{32}{28}$、$\frac{36}{28}$、$\frac{19}{14}$、$\frac{20}{14}$、$\frac{33}{21}$及$\frac{36}{21}$。相应的

八种传动比为：$\frac{6.5}{7}$、$\frac{7}{7}$、$\frac{8}{7}$、$\frac{9}{7}$、$\frac{9.5}{7}$、$\frac{10}{7}$、$\frac{11}{7}$及$\frac{12}{7}$。这八个传动比近似按等差数列排列。若取上式中 $u_{XV\text{-}XVII}=1$，则机床可通过该滑移齿轮机构的不同传动比，加工出导程分别为（6.5mm）、7mm、8mm、9mm、（9.5mm）、10mm、11mm、12mm 的螺纹，其中除括号内的外，正好是表 2-2 中最后一行的螺距值。可见，该变速机构是获得各种螺纹导程的基本变速机构，通常称为基本螺距机构，或简称为基本组，其传动比以 $u_{基}$ 表示。

上式中 $u_{XV\text{-}XVII}$ 是轴 XV - XVII 间变速机构的传动比，其值按倍数排列，用来配合基本组，扩大车削螺纹的螺距值大小，故称该变速机构为增倍机构或增倍组。增倍组有四种传动比，分别为

$$u_{倍1}=\frac{28}{35}\times\frac{35}{28}=1 \qquad\qquad u_{倍2}=\frac{18}{45}\times\frac{35}{28}=\frac{1}{2}$$

$$u_{倍3}=\frac{28}{35}\times\frac{15}{48}=\frac{1}{4} \qquad\qquad u_{倍4}=\frac{18}{45}\times\frac{15}{48}=\frac{1}{8}$$

通过 $u_{基}$ 和 $u_{倍}$ 的不同组合，就可得到表 2-2 中所列全部米制螺纹的螺距值。

将上式中的 $u_{XIII\text{-}XIV}$ 以 $u_{基}$ 代替，$u_{XV\text{-}XVII}$ 以 $u_{倍}$ 代替，可得车米制螺纹的换置公式为

$$P_h = 7u_{基} \, u_{倍}$$

（2）车模数螺纹。模数螺纹的螺距参数为模数 m，螺距值为 πm，主要用于米制蜗杆中。模数螺纹的模数值已由国家标准规定。表 2-3 列出了 CA6140 型卧式车床上所能车削的模数螺纹模数值。从表中可看出模数值的排列规律与米制螺纹螺距值一样，也成一分段等差数列。如果将表 2-3 中的模数值以螺距值（πm）代替，再与米制螺纹螺距表（表 2-2）比较，可发现，表 2-3 中每项模数螺纹螺距值为表 2-2 中相应项米制螺纹螺距值的 $\frac{\pi}{4}$ 倍。

表 2-3　CA6140 型卧式车床车削模数螺纹表

$u_{倍}$ ＼ m/mm ＼ $u_{基}$	$\frac{26}{28}$	$\frac{28}{28}$	$\frac{32}{28}$	$\frac{36}{28}$	$\frac{19}{14}$	$\frac{20}{14}$	$\frac{33}{21}$	$\frac{36}{21}$
$\frac{18}{45} \times \frac{15}{48} = \frac{1}{8}$	—	—	0.25	—	—	—	—	—
$\frac{28}{35} \times \frac{15}{48} = \frac{1}{4}$	—	—	0.5	—	—	—	—	—
$\frac{18}{45} \times \frac{35}{28} = \frac{1}{2}$	—	—	1	—	—	1.25	—	1.5
$\frac{28}{35} \times \frac{35}{28} = 1$	—	1.75	2	2.25	—	2.5	2.75	3

车模数螺纹时，交换齿轮采用 $\frac{64}{100} \times \frac{100}{97}$，其余传动路线与车米制螺纹完全一致。因为两种交换齿轮传动比的比值 $\left(\frac{64}{100} \times \frac{100}{97}\right) \Big/ \left(\frac{63}{100} \times \frac{100}{75}\right) \approx \frac{\pi}{4}$，所以，改变交换齿轮的传动比后，车模数螺纹传动链的总传动比为相应车米制螺纹传动链总传动比的 $\pi/4$ 倍。可见，只要更换交换齿轮，就可在加工米制螺纹传动路线基础上，加工出各种模数的模数螺纹。车制模数螺纹的运动平衡式为

$$P_{hm} = k\pi m = 1_{主轴} \times \frac{58}{58} \times \frac{33}{33} \times \frac{64}{100} \times \frac{100}{97} \times \frac{25}{36} \times u_{基} \times \frac{25}{36} \times \frac{36}{25} \times u_{倍} \times 12$$

式中　P_{hm}——模数螺纹导程（mm）；

　　　　m——模数螺纹的模数值（mm）；

　　　　k——螺纹线数。

整理后得

$$P_{hm} = k\pi m = \frac{7\pi}{4} u_{基} \, u_{倍}$$

$$m = \frac{7}{4k} u_{基} \, u_{倍}$$

加工线数 $k=1$ 的各种模数螺纹的 $u_{基}$ 和 $u_{倍}$ 可见表 2-3。

（3）车寸制螺纹。寸制螺纹的螺距参数为螺纹每英寸长度上的牙数 a。标准的 a 值也是按分段等差数列规律排列的。寸制螺纹的螺距值为 $\frac{1}{a}$ 英寸，折算成米制为 $\frac{25.4}{a}$ mm。可见标准寸制螺纹螺距值的特点是：分母按分段等差数列排列，且螺距值中含有 25.4 特殊因子。因此，车削寸制螺纹传动路线与车米制螺纹传动路线相比，应有两处不同：

1）基本组中主、从动传动关系应与车米制螺纹时相反，即运动应由轴XIV传至轴XIII。这样，基本组的传动比分别为$\frac{7}{6.5}$、$\frac{7}{7}$、$\frac{7}{8}$、$\frac{7}{9}$、$\frac{7}{9.5}$、$\frac{7}{10}$、$\frac{7}{11}$及$\frac{7}{12}$，形成了分母成近似等差数列排列，从而适应寸制螺纹螺距值的排列规律。

2）改变传动链中部分传动副的传动比，以引入25.4的因子。车制寸制螺纹时，交换齿轮采用$\frac{63}{100}\times\frac{100}{75}$，进给箱中轴XII的滑移齿轮$z25$右移，使$M_3$接合，轴XV上滑移齿轮$z25$左移与轴XIII上固定齿轮$z36$啮合。此时，离合器$M_4$脱开，$M_5$仍保持接合。运动由交换齿轮传至轴XII后，经离合器M_3、轴XIV及其本组机构传至轴XIII，传动方向正好与车米制螺纹时相反，其基本组传动比$u'_{基}$与车米制螺纹时的$u_{基}$互为倒数，即$u'_{基}=\frac{1}{u_{基}}$。然后运动由齿轮副$\frac{36}{25}$，增倍机构，M_5传至丝杠。车寸制螺纹的运动平衡式为

$$P_{ha}=\frac{25.4k}{a}=1_{主轴}\times\frac{58}{58}\times\frac{33}{33}\times\frac{63}{100}\times\frac{100}{75}\times u'_{基}\times\frac{36}{25}\times u_{倍}\times12$$

平衡式中，$\frac{63}{100}\times\frac{100}{75}\times\frac{36}{25}\approx\frac{25.4}{21}$，包含了25.4因子，$u'_{基}=\frac{1}{u_{基}}$，代入上式整理后得换置公式

$$P_{ha}=\frac{25.4k}{a}=\frac{4}{7}\times25.4\frac{u_{倍}}{u_{基}}$$

$$a=\frac{7k}{4}\frac{u_{基}}{u_{倍}}$$

当线数$k=1$时，a值与$u_{基}$、$u_{倍}$的关系见表2-4。

表 2-4　CA6140 型卧式车床车削寸制螺纹表

$a/(牙/in)$[①]　　$u_{基}$　$u_{倍}$	$\frac{26}{28}$	$\frac{28}{28}$	$\frac{32}{28}$	$\frac{36}{28}$	$\frac{19}{14}$	$\frac{20}{14}$	$\frac{33}{21}$	$\frac{36}{21}$
$\frac{18}{45}\times\frac{15}{48}=\frac{1}{8}$	—	14	16	18	19	20	—	24
$\frac{28}{35}\times\frac{15}{48}=\frac{1}{4}$	—	7	8	9	—	10	11	12
$\frac{18}{45}\times\frac{35}{28}=\frac{1}{2}$	$3\frac{1}{4}$	$3\frac{1}{2}$	4	$4\frac{1}{2}$	—	5	—	6
$\frac{28}{35}\times\frac{35}{28}=1$	—	—	2	—	—	—	—	3

① 　1in = 0.0254m

（4）车径节螺纹。径节螺纹用于寸制蜗杆，其螺距参数以径节DP（牙/in）来表示。标准径节的数列也是分段等差数列。径节螺纹的螺距为$\frac{\pi}{DP}\text{in}=\frac{25.4\pi}{DP}\text{mm}$。可见径节螺纹的螺距值与寸制螺纹相似，即分母是分段等差数列，且螺距值中含有25.4因子，所不同的是径节螺纹的螺距值中还具有π因子。由此可知，车制径节螺纹可采用车寸制螺纹传动路线，

但交换齿轮应与加工模数螺纹时相同，为 $\frac{64}{100} \times \frac{100}{97}$。车径节螺纹时的运动平衡式为

$$P_{hDP} = \frac{25.4k\pi}{DP} = 1_{主轴} \times \frac{58}{58} \times \frac{33}{33} \times \frac{64}{100} \times \frac{100}{97} \times u'_{基} \times \frac{36}{25} \times u_{倍} \times 12$$

平衡式中，$\frac{64}{100} \times \frac{100}{97} \times \frac{36}{25} \approx \frac{25.4\pi}{84}$，$u'_{基} = \frac{1}{u_{基}}$ 代入整理后得换置公式

$$P_{hDP} = \frac{25.4k\pi}{DP} = \frac{25.4\pi}{7} \frac{u_{倍}}{u_{基}}$$

$$DP = 7k \frac{u_{基}}{u_{倍}}$$

当加工线数 $k=1$ 的标准 DP 值径节螺纹时，$u_{基}$ 和 $u_{倍}$ 的关系见表 2-5。

表 2-5　CA6140 型卧式车床车削径节螺纹表

$DP/(牙/in)$　　　$u_{基}$　　$u_{倍}$	$\frac{26}{28}$	$\frac{28}{28}$	$\frac{32}{28}$	$\frac{36}{28}$	$\frac{19}{14}$	$\frac{20}{14}$	$\frac{33}{21}$	$\frac{36}{21}$
$\frac{18}{45} \times \frac{15}{48} = \frac{1}{8}$	—	56	64	72		80	88	96
$\frac{28}{35} \times \frac{15}{48} = \frac{1}{4}$		28	32	36		40	44	48
$\frac{18}{45} \times \frac{35}{28} = \frac{1}{2}$		14	16	18		20	22	24
$\frac{28}{35} \times \frac{35}{28} = 1$	—	7	8	9		10	11	12

由上述可见，CA6140 型卧式车床通过两组不同传动比的交换齿轮、基本组、增倍组以及轴 XII、轴 XV 上两个滑移齿轮 $z25$ 的移动（通常称这两滑移齿轮及有关的离合器为移换机构）加工出四种不同的标准螺纹。表 2-6 列出了加工四种螺纹时，进给传动链中各机构的工作状态。

表 2-6　CA6140 型卧式车床车制各种螺纹的工作调整

螺纹种类	螺距/mm	交换齿轮机构	离合器状态	移换机构	基本组传动方向
米制螺纹	P	$\frac{63}{100} \times \frac{100}{75}$	M_5 接合 M_3、M_4 脱开	轴 XII $\overleftarrow{z25}$ 轴 XV $\overrightarrow{z25}$	轴 XIII→轴 XIV
模数螺纹	$P_m = \pi m$	$\frac{64}{100} \times \frac{100}{97}$			
寸制螺纹	$P_a = \frac{25.4}{a}$	$\frac{63}{100} \times \frac{100}{75}$	M_3、M_5 接合 M_4 脱开	轴 XII $\overrightarrow{z25}$ 轴 XV $\overleftarrow{z25}$	轴 XIV→轴 XIII
径节螺纹	$P_{DP} = \frac{25.4\pi}{DP}$	$\frac{64}{100} \times \frac{100}{97}$			

（5）车大导程螺纹。当需要车削导程大于表 2-2～表 2-5 所列值的大导程螺纹时，如加

工多头（线）螺纹、油槽等，可通过扩大主轴至轴Ⅸ之间传动比倍数来进行加工。具体为：将轴Ⅸ右端的滑移齿轮 $z58$ 右移，使之与轴ⅩⅢ上的齿轮 $z26$ 啮合。此时，主轴至轴Ⅸ的传动路线为

$$\text{主轴 VI} - \frac{58}{26} - \text{V} - \frac{80}{20} - \text{IV} - \begin{bmatrix} \frac{50}{50} \\ \frac{80}{20} \end{bmatrix} - \text{III} - \frac{44}{44} - \text{VIII} - \frac{26}{58} - \text{IX}$$

主轴至轴Ⅸ间扩大的传动比为

$$u_{\text{扩}1} = \frac{58}{26} \times \frac{80}{20} \times \frac{50}{50} \times \frac{44}{44} \times \frac{26}{58} = 4$$

$$u_{\text{扩}2} = \frac{58}{26} \times \frac{80}{20} \times \frac{80}{20} \times \frac{44}{44} \times \frac{26}{58} = 16$$

与车削常用螺纹时，主轴至轴Ⅸ间的传动比 $u_{\text{常}} = \frac{58}{58} = 1$ 相比，传动比分别扩大了 4 倍和 16 倍，即可使被加工螺纹导程扩大 4 倍或 16 倍。

应当指出的是，加工大导程螺纹时，主轴Ⅵ-轴Ⅲ间传动联系为主传动链及车螺纹传动链公有，此时主轴只能以较低速度旋转。具体说，当 $u_{\text{扩}} = 16$ 时，主轴转速为 $10\sim32\text{r/min}$（最低六级转速）；当 $u_{\text{扩}} = 4$ 时，主轴转速为 $40\sim125\text{r/min}$（较低六级转速）。主轴转速高于 125r/min 时，则不能加工大导程螺纹，但这对实际加工并无影响，因为从操作可能性看，只能在主轴低速旋转时，才能加工大导程螺纹。通过扩大螺距机构，机床可车削导程为 $14\sim192\text{mm}$ 的米制螺纹 24 种，模数为 $3.25\sim48\text{mm}$ 的模数螺纹 28 种，径节为 $1\sim6$ 牙/in 的径节螺纹 13 种。

（6）车非标准及较精密螺纹。车制非标准螺纹，或较精密的螺纹时，可将离合器 M_3、M_4 和 M_5 全部接合，使轴ⅩⅡ、轴ⅩⅣ、轴ⅩⅦ和丝杠联成一体，所要求的螺纹导程值可通过选配交换齿轮架齿轮齿数来得到。由于主轴至丝杠的传动路线大为缩短，从而减少传动累积误差，加工出具有较高精密的螺纹。运动平衡式为

$$P_{\text{h}} = 1_{\text{主轴}} \times \frac{58}{58} \times \frac{33}{33} \times u_{\text{交}} \times 12$$

式中　$u_{\text{交}}$——交换齿轮传动比。
化简后得换置公式

$$u_{\text{交}} = \frac{a}{b} \frac{c}{d} = \frac{P_{\text{h}}}{12}$$

3. 纵向与横向进给运动

CA6140 型卧式车床做机动进给时，从主轴Ⅵ至进给箱轴ⅩⅦ的传动路线与车削螺纹时的传动路线相同。轴ⅩⅦ上滑移齿轮 $z28$ 处于左位，使 M_5 脱开，从而切断进给箱与丝杠的联系。运动由齿轮副 $\frac{28}{56}$ 及联轴器传至光杠ⅩⅨ，再由光杠通过溜板箱中的传动机构，分别传至齿轮齿条机构或横向进给丝杠ⅩⅩⅦ，使刀架做纵向或横向机动进给。纵、横向机动进给的传动路线表达式为

$$主轴 \text{VI} - \begin{bmatrix} 米制螺纹传动路线 \\ 寸制螺纹传动路线 \end{bmatrix} - \text{XVII} - \frac{28}{56} - \text{XIX}(光杠) -$$

$$\frac{36}{32} \times \frac{32}{56} M_6(超越离合器) - M_7(安全离合器) - \text{XX} - \frac{4}{29} - \text{XXI}$$

$$\begin{bmatrix} \begin{bmatrix} \dfrac{40}{48} - M_9 \uparrow \\ \dfrac{40}{30} \times \dfrac{30}{48} - M_9 \downarrow \end{bmatrix} - \text{XXV} - \dfrac{48}{48} \times \dfrac{59}{18} - \text{XXVII}(丝杠) - 刀架(横向进给) \\ \begin{bmatrix} \dfrac{40}{48} - M_8 \uparrow \\ \dfrac{40}{30} \times \dfrac{30}{48} - M_8 \downarrow \end{bmatrix} - \text{XXII} - \dfrac{28}{80} - \text{XXIII} - z12 - 齿条 - 刀架(纵向进给) \end{bmatrix}$$

溜板箱内的双向齿式离合器 M_8 及 M_9 分别用于纵、横向机动进给运动的接通、断开及控制进给方向。CA6140 型卧式车床可以通过四种不同的传动路线来实现机动进给运动，从而获得纵向和横向进给量各 64 种。以下以纵向进给传动为例，介绍不同的传动路线。

1）运动经车常用米制螺纹传动路线传动，运动平衡式为

$$f_纵 = 1_{主轴} \times \frac{58}{58} \times \frac{33}{33} \times \frac{63}{100} \times \frac{100}{75} \times \frac{25}{36} \times u_基 \times \frac{25}{36} \times \frac{36}{25} \times u_倍$$

$$\times \frac{28}{56} \times \frac{36}{32} \times \frac{32}{56} \times \frac{4}{29} \times \frac{40}{48} \times \frac{28}{80} \times \pi \times 2.5 \times 12$$

式中　$f_纵$ ——纵向进给量（mm/r）。

化简后得

$$f_纵 = 0.71 u_基 \, u_倍$$

通过该传动路线，可得到 0.08~1.22mm/r 32 种正常进给量。

2）运动经车常用寸制螺纹路线传动，运动平衡式为

$$f_纵 = 1_{主轴} \times \frac{58}{58} \times \frac{33}{33} \times \frac{63}{100} \times \frac{100}{75} \times \frac{1}{u_基} \times \frac{36}{25} \times u_倍 \times \frac{28}{56}$$

$$\times \frac{36}{32} \times \frac{32}{56} \times \frac{4}{29} \times \frac{40}{30} \times \frac{30}{48} \times \frac{28}{80} \times \pi \times 2.5 \times 12$$

化简得

$$f_纵 = 1.474 \frac{u_倍}{u_基}$$

在 $u_倍 = 1$ 时，可得 0.86~1.58mm/r 8 种较大进给量，$u_倍$ 为其他值时，所得进给量与上述米制螺纹路线所得进给量重复。

3）当主轴以 10~125r/min 低速旋转时，可通过扩大螺距机构及寸制螺纹路线传动，从而得到进给量为 1.71~6.33mm/r 16 种加大进给量，以满足低速、大进给量强力切削和精车的需要。

4）当主轴以 450~1400r/min 高速旋转时（其中 500r/min 除外）将轴IX上滑移齿轮 $z58$ 右移。主轴运动经齿轮副 $\frac{50}{63} \times \frac{44}{44} \times \frac{26}{58}$ 传至轴IX，再经米制螺纹路线传动 $\left(使用 u_倍 = \frac{1}{8}\right)$，可得

到 0.028~0.054mm/r 8 种细进给量，以满足高速、小进给量精车的需要。

纵向机动进给量的大小及相应传动机构的传动比可见表 2-7。

表 2-7　纵向机动进给量 $f_纵$　　　　　　（单位：mm/r）

传动路线 类　型	细进给量	正常进给量				较大 进给量	加大进给量			
							4	16	4	16
$u_倍$ $u_基$	1/8	1/8	1/4	1/2	1	1	1/2	1/8	1	1/4
26/28	0.028	0.08	0.16	0.33	0.66	1.59	3.16		6.33	
28/28	0.032	0.09	0.18	0.36	0.71	1.47	2.93		5.87	
32/28	0.036	0.10	0.20	0.41	0.81	1.29	2.57		5.14	
36/28	0.039	0.11	0.23	0.46	0.91	1.15	2.28		4.56	
19/14	0.043	0.12	0.24	0.48	0.96	1.09	2.16		4.32	
20/14	0.046	0.13	0.26	0.51	1.02	1.03	2.05		4.11	
33/21	0.050	0.14	0.28	0.56	1.12	0.94	1.87		3.74	
36/21	0.054	0.15	0.30	0.61	1.22	0.86	1.71		3.42	

横向进给量同样可通过上述四种传动路线传动获得，只是以同样传动路线传动时，横向进给量为纵向进给量的一半。

4. 刀架的快速移动

刀架的纵、横向快速移动由装在溜板箱右侧的快速电动机（0.25kW，2800r/min）传动。电动机的运动由齿轮副 $\dfrac{13}{29}$ 传至轴 XX，然后沿机动工作传动路线，传至纵向进给齿轮齿条副或横向进给丝杠，获得刀架在纵向或横向的快速移动。轴 XX 左端的超越离合器 M_6 保证了快速移动与工作进给不发生运动干涉。

2.1.3　机床主运动的转速图

图 2-3 所示为 CA6140 型卧式车床主运动的转速图。

由传动系统图和传动路线表达式，主轴可近似得到 2×3×(2×2+1) = 30 级转速，但由于轴Ⅲ-Ⅴ间的四种传动比为

$$u_1 = \frac{50}{50} \times \frac{51}{50} \approx 1 \qquad\qquad u_2 = \frac{20}{80} \times \frac{51}{50} \approx \frac{1}{4}$$

$$u_3 = \frac{50}{50} \times \frac{20}{80} \approx \frac{1}{4} \qquad\qquad u_4 = \frac{20}{80} \times \frac{20}{80} \approx \frac{1}{16}$$

其中 $u_2 \approx u_3$，可见轴Ⅲ-Ⅴ间只有三种不同传动比。故主轴实际获得 2×3×(3+1) = 24 级不同的转速。同理，主轴的反转转速级数为：3×(3+1) = 12 级。

主轴的转速可按下列运动平衡式计算

$$n_主 = 1450 \times \frac{130}{230} \times (1-\varepsilon) u_{Ⅰ-Ⅱ} \, u_{Ⅱ-Ⅲ} \, u_{Ⅲ-Ⅵ}$$

式中　　　　$n_主$——主轴转速（r/min）；

　　　　　　ε——V 带传动的滑动系数，可取 $\varepsilon = 0.02$；

u_{I-II}、u_{II-III}、u_{III-VI}——轴 I - II、II - III、III - VI 间的可变传动比。

　　例如，由图 2-2 主传动链中齿轮啮合情况，可计算出

$$n_主 = 1450 \times \frac{130}{230} \times (1 - 0.02) \times \frac{51}{43} \times \frac{22}{58} \times \frac{63}{50} \text{r/min}$$

$$\approx 450 \text{r/min}$$

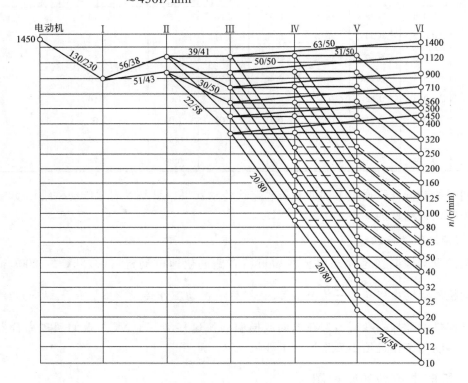

图 2-3　CA6140 型卧式车床主运动转速图

2.2　CA6140 型卧式车床的主要部件结构

2.2.1　主轴箱

　　主轴箱主要由主轴部件、传动机构、开停与制动装置、操纵机构及润滑装置等组成。为了便于了解主轴箱内各传动件的传动关系，传动件的结构、形状、装配方式及其支承结构，常采用展开图的形式表示。图 2-4 所示为 CA6140 型卧式车床主轴箱的展开图，它基本上按主轴箱内各传动轴的传动顺序，沿其轴线取剖切面，展开绘制而成，如图 2-5 所示。展开图中有些有传动关系的轴在展开后被分开了，如轴 III 和轴 IV、轴 IV 和轴 V 等，从而使有的齿轮副也被分开了，在读图时应予以注意。

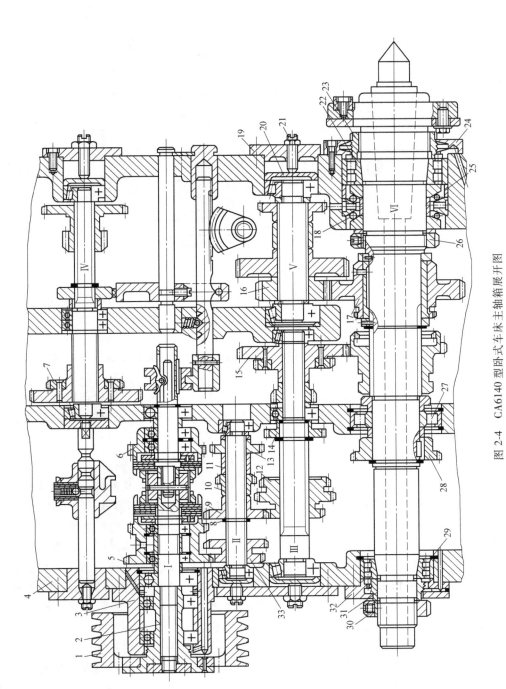

图 2-4 CA6140 型卧式车床主轴箱展开图

1—带轮 2—花键套 3—法兰 4—主轴箱体 5—双联空套齿轮 6—空套齿轮 7、33—双联滑移齿轮 8—半圆环 9、10、13、14、28—固定齿轮
11、25—三联滑移齿轮 12—三联固定齿轮 15—双列圆柱滚子轴承 16、17—斜齿轮 18—双向推力角接触球轴承 19—盖板 20—轴承压盖 21—调整螺钉
22、29—双列圆柱滚子轴承 23、26、30—螺母 24、32—轴承端盖 27—圆柱滚子轴承 31—套筒

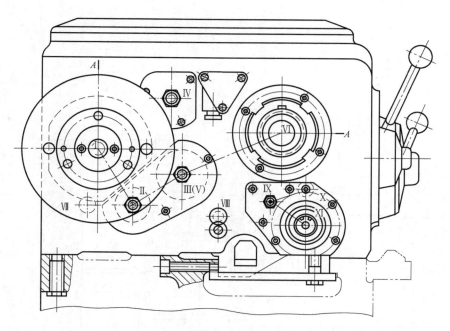

图 2-5　主轴箱展开图的剖切方式

1. 卸荷式带轮

主电动机通过带传动使轴Ⅰ旋转，为提高轴Ⅰ旋转的平稳性，轴Ⅰ上的带轮 1 采用了卸荷结构。如图 2-4 所示，带轮 1 通过螺钉与花键套 2 联成一体，支承在法兰 3 内的两个深沟球轴承上。法兰 3 则用螺钉固定在主轴箱体 4 上。当带轮 1 通过花键套 2 的内花键带动轴Ⅰ旋转时，胶带的拉力经轴承、法兰 3 传至箱体，这样使轴Ⅰ免受胶带拉力，减少轴的弯曲变形，提高了传动平稳性。

2. 双向式多片摩擦离合器及制动机构

轴Ⅰ上装有双向式多片摩擦离合器，用以控制主轴的起动、停止及换向，如图 2-6 所示。轴Ⅰ右半部为空心轴，在其右端安装有可绕圆柱销 11 摆动的元宝形摆块 12。元宝形摆块下端弧形尾部卡在拉杆 9 的缺口槽内。当拨叉 13 由操纵机构控制，拨动滑套 10 右移时，摆块 12 绕圆柱销 11 顺时针摆动，其尾部拨动拉杆 9 向左移动。拉杆 9 通过固定在其左端的长销 6，带动压套 5 和螺母 4 压紧左离合器的内、外摩擦片 2、3，从而将轴Ⅰ的运动传至空套其上的双联齿轮 1，使主轴得到正转。当滑套 10 向左移动时，元宝形摆块绕圆柱销 11 逆时针摆动，从而使拉杆 9 通过压套 5、螺母 7，使右离合器内、外摩擦片压紧，并使轴Ⅰ运动传至齿轮 8，再经由安装在轴Ⅶ上的中间轮 z34，将运动传至轴Ⅱ（参见图 2-2），从而使主轴反向旋转。当滑套处于中间位置时，左、右离合器的内、外摩擦片均松开，主轴停转。

为了在摩擦离合器松开后，克服惯性作用，使主轴迅速制动，在主轴箱轴Ⅳ上装有制动装置，如图 2-7 所示。制动装置由通过花键与轴Ⅳ连接的制动轮 7、制动钢带 6、杠杆 4 以及调整装置等组成。制动带内侧固定一层铜丝石棉以增大制动摩擦力矩。制动带一端通过调节螺钉 5 与箱体 1 联接，另一端固定在杠杆 4 上端。当杠杆 4 绕杠杆支承轴 3 逆时针摆动时，拉动制动带，使其包紧在制动轮上，并通过制动带与制动轮之间的摩擦力使主轴得到迅

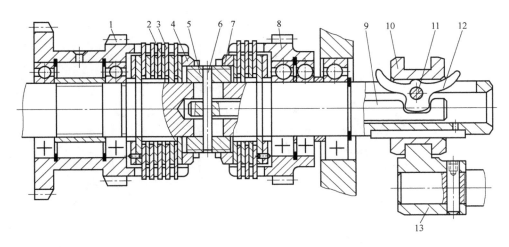

图 2-6 双向式多片摩擦离合器

1—双联齿轮　2—内摩擦片　3—外摩擦片　4、7—螺母　5—压套　6—长销　8—齿轮

9—拉杆　10—滑套　11—圆柱销　12—元宝形摆块　13—拨叉

速制动。制动摩擦力矩的大小可用调节装置中调节螺钉 5 进行调整。

摩擦离合器和制动装置必须得到适当调整。若摩擦离合器中摩擦片间的间隙过大，压紧力不足，不能传递足够的摩擦力矩，会使摩擦片间发生相对打滑，这样会使摩擦片磨损加剧，导致主轴箱内温度升高，严重时会使主轴不能正常转动；若间隙过小，不能完全脱开，也会使摩擦片间相对打滑和发热，还会使主轴制动不灵。制动装置中制动带松紧程度也应适当，要求停车时，主轴能迅速制动；开车时，制动带应完全松开。

双向式多片摩擦离合器与制动装置采用同一操纵机构控制，以协调两机构的工作，如图 2-8 所示。当抬起或压下手柄 7 时，通过曲柄 9、拉杆 10、曲柄 11 及扇形齿轮 13，使齿条轴 14 向右或向左移动，再通过元宝形摆块 3、拉杆 16 使左边或右边离合器接合（参见图 2-6），

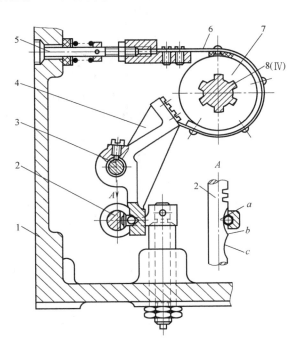

图 2-7 制动装置

1—箱体　2—齿条轴　3—杠杆支承轴　4—杠杆　5—调节螺钉

6—制动钢带　7—制动轮　8—轴Ⅳ

从而使主轴正转或反转。此时杠杆 5 下端位于齿条轴圆弧形凹槽内，制动带处于松开状态。当操纵手柄 7 处于中间位置时，齿条轴 14 和滑套 4 也处于中间位置，摩擦离合器左、右摩擦片组都松开，主轴与运动源断开。这时，杠杆 5 下端被齿条轴两凹槽间凸起部分顶起，从而拉紧制动带，使主轴迅速制动。

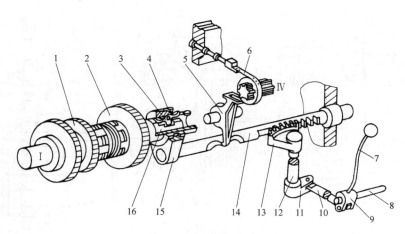

图 2-8 摩擦离合器及制动装置的操纵机构

1—双联齿轮 2—齿轮 3—元宝形摆块 4—滑套 5—杠杆 6—制动带 7—手柄 8—操纵杆
9、11—曲柄 10、16—拉杆 12—轴 13—扇形齿轮 14—齿条轴 15—拨叉

3. 传动轴及其支承的结构

主轴箱内传动轴转速较高，通常采用角接触球轴承或圆锥滚子轴承支承，一般采用二支承结构，对较长的传动轴，为提高刚度，也采用三支承，如轴Ⅲ的两端各有一个圆锥滚子轴承，中间还有一深沟球轴承作为附加支承（参见图2-4）。在传动轴靠箱体外壁一端有轴承间隙调整装置，可通过螺钉、压盖推动轴承外圈，同时调整传动轴两端轴承的间隙。传动轴上的齿轮一般通过花键与其相联接。齿轮的轴向固定通常采用弹性挡圈、隔套、轴肩和半圆环等实现。例如轴Ⅴ上的三个固定齿轮通过左、右两端顶在轴承内圈上的挡圈，以及中间的隔套而得以轴向固定。空套齿轮与传动轴之间，装有滚动轴承或铜套，如轴Ⅰ上的齿轮就是通过轴承空套在轴上的。

4. 主轴部件及其支承

主轴部件主要由主轴、主轴支承及安装在主轴上的齿轮组成（图2-4）。主轴是外部有花键，内部空心的阶梯轴。主轴的内孔可通过长的棒料或用于通过气动、液压或电动夹紧装置机构。在拆卸主轴顶尖时，还可由孔穿过拆卸钢棒。主轴前端加工有莫氏6号锥度的锥孔，用于安装前顶尖。

主轴部件采用三支承结构，前后支承处分别装有 D3182121 和 E3182115 双列圆柱滚子轴承，中间支承为 E32216 圆柱滚子轴承。双列圆柱滚子轴承具有旋转精度高、刚度好、调整方便等优点，但只能承受径向载荷。前支承处还装有一个 60° 角接触的双向推力角接触球轴承，用以承受左、右两个方向的轴向力。轴承的间隙对主轴回转精度有较大影响，使用中由于磨损导致间隙增大时，应及时进行调整。调整前轴承时，先松开轴承右端螺母23，再拧开左端螺母26上的紧定螺钉，然后拧动螺母26，通过轴承18左、右内圈及垫圈，使轴承22的内圈相对主轴锥形轴颈右移。在锥面作用下，轴承内圈径向外涨，从而消除轴承间隙。后轴承的调整方法与前轴承类似，但一般情况下，只需调整前轴承即可。推力轴承的间隙由垫圈予以控制，如间隙增大，可通过磨削垫圈来进行调整。

由于采用三支承结构的箱体加工工艺性较差，前、中、后三个支承孔很难保证有较高的同轴度。主轴安装时，易产生变形，影响传动件精确啮合，工作时噪声及发热较大。所以，目前有的 CA6140 型卧式车床的主轴部件采用二支承结构，如图 2-9 所示。在二支承的主轴部件结构中，前支承仍采用 D3182121 双列圆柱滚子轴承。后支承采用 D46215 角接触球轴承，承受径向力及向右的轴向力；向左方向的轴向力则由后支承中 D8215 推力球轴承承受。滑移齿轮 1 （$z=50$）的套筒上加工有两个槽，左边槽为拨叉槽，右边燕尾槽中，均匀安装着四块平衡块（图中未表示），用以调整轴的平稳性。前支承 D3182121 轴承的左侧安装有减振套 2。该减振套与隔套 3 之间有 0.02~0.03mm 的间隙，在间隙中存有油膜，起到阻尼减振作用。

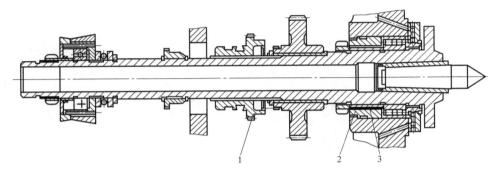

图 2-9　采用二支承结构的主轴部件

1—滑移齿轮　2—减振套　3—隔套

主轴前端与卡盘或拨盘等夹具接合部分采用短锥法兰式结构，如图 2-10 所示。主轴 1 以前端短锥和轴肩端面作为定位面，通过四个螺柱将卡盘或拨盘固定在主轴前端，而由安装在轴肩端面的两圆柱形端面键 3 传递转矩。安装时先把螺母 6 及螺柱 5 安装在卡盘座 4 上，然后将带螺母的螺柱从主轴轴肩和锁紧盘 2 的孔中穿过，再将锁紧盘拧过一个角度，使四个螺柱进入锁紧盘圆弧槽较窄的部位，把螺母卡住，拧紧螺母 6 和螺钉 7 就可把卡盘紧固在轴端。短锥法兰式轴端结构具有定心精度高，轴端悬伸长度小，刚度好，安装方便等优点，应用较多。

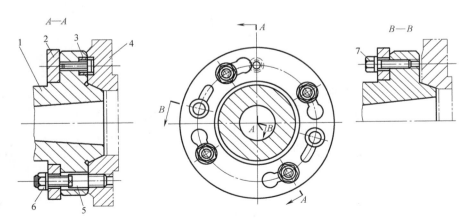

图 2-10　主轴前端结构

1—主轴　2—锁紧盘　3—圆柱形端面键　4—卡盘座　5—螺柱　6—螺母　7—螺钉

63

5. 六级变速操纵机构

如图 2-11 所示，是六级变速操纵机构示意图。主轴箱内轴Ⅲ可通过轴Ⅰ-Ⅱ间双联滑移齿轮机构及轴Ⅱ-Ⅲ间三联滑移齿轮机构得到六级转速，控制这两个滑移齿轮机构的是一个单手柄六级变速操纵机构（图 2-11a），转动手柄 9 可通过链轮、链条带动装在轴 7 上的盘形凸轮 6 和曲柄 5 上的拨销 4 同时转动。手柄轴和轴 7 的传动比为 1：1，因而手柄旋转 1周，盘形凸轮 6 和曲柄 5 上的拨销 4 也均转过 1 周。盘形凸轮 6 上的封闭曲线槽由半径不同的两段圆弧和过渡直线组成。杠杆 11 上端有一销 10 插入盘形凸轮的曲线槽内，下端也有一销嵌于拨叉 12 的槽内。当盘形凸轮 6 上大半径圆弧的曲线槽转至杠杆 11 上端销 10 处时，

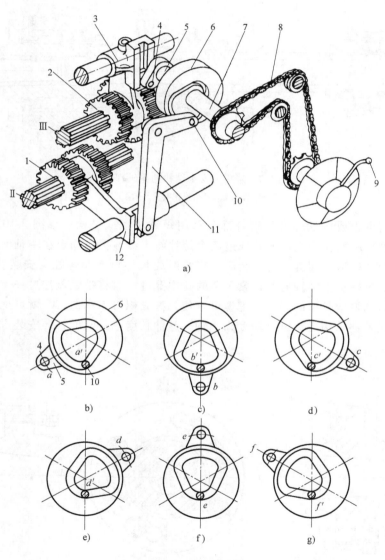

图 2-11 六级变速操纵机构

1—双联滑移齿轮 2—三联滑移齿轮 3、12—拨叉 4—拨销 5—曲柄
6—盘形凸轮 7—轴 8—链条 9—手柄 10—销 11—杠杆

销 10 往下移动（图 2-11b、c、d），带动杠杆 11 顺时针摆动，从而使双联滑移齿轮 1 处于左位；当盘形凸轮 6 上小半径圆弧曲线槽转至销 10 处时，销 10 往上移动（图 2-11e、f、g），从而使双联滑移齿轮 1 处于右位。曲柄 5 上的拨销 4 上装有滚子，并嵌入拨叉 3 的槽内。轴 7 带动曲柄 5 转动时，拨销 4 绕轴 7 转动，并通过拨叉 3 使三联滑移齿轮 2 被拨至左、中、右不同位置（图 2-11b~g）。顺序每次转动手柄 60°，就可通过双联滑移齿轮 1 左右不同位置与三联滑移齿轮 2 左、中、右三个不同位置的组合，而使轴 Ⅲ 得到六级转速。单手柄操纵六级变速的组合情况见表 2-8。

表 2-8　单手柄操纵六级变速的组合情况

曲柄 5 上的销位置	a	b	c	d	e	f
三联滑移齿轮 2 位置	左	中	右	右	中	左
杠杆 11 下端的销位置	a'	b'	c'	d'	e'	f'
双联滑移齿轮 1 位置	左	左	左	右	右	右
齿轮工作情况（图 2-2）	$\frac{39}{41}\times\frac{56}{38}$	$\frac{22}{58}\times\frac{56}{38}$	$\frac{30}{50}\times\frac{56}{38}$	$\frac{30}{50}\times\frac{51}{43}$	$\frac{22}{58}\times\frac{51}{43}$	$\frac{39}{41}\times\frac{51}{43}$

6. 润滑装置

CA6140 型卧式车床主轴箱采用液压泵供油循环润滑系统，如图 2-12 所示。主电动机通过带轮带动液压泵 3，将左床腿油池内润滑油经网式滤油器 1、精滤油器 5 和油管 6 输入分油器 8，由分油器上伸出的油管 7、9 分别对轴 Ⅰ 上摩擦离合器和主轴前轴承进行直接供油。其他传动件由分油器径向孔喷出的油，经高速齿轮溅散而得到润滑。分油器上另有一油管 10 通向油标 11，以便观察润滑系统工作是否正常。各处流回到主轴箱底部的润滑油经回油管流回油池。采用这种箱外循环润滑的方式，可使升温后的油得以冷却，从而降低主轴箱温度，减少主轴箱的热变形。另外，润滑油在回流时，还可将主轴箱内污物及时排出，减少传动件的磨损。

2.2.2　进给箱

进给箱主要由基本螺距机构、增倍机构、变换螺纹种类的移换机构及操纵机构等组成。箱内主要传动轴以两组同心轴的形式布置，如图 2-13 所示。

1. 进给箱的轴结构及轴承调整

轴 Ⅻ、ⅩⅣ、ⅩⅦ 及丝杠布置在同一轴线上。轴 ⅩⅣ 两端以半月键连接两个内齿离合器，并以套在离合器上的两个深沟球轴承 3、4 支承在箱体上。内齿离合器的内孔中安装有圆锥滚子轴承，分别作为轴 Ⅻ 右端及轴 ⅩⅦ 左端的支承。轴 ⅩⅦ 右端由轴 ⅩⅧ 左端内齿离合器孔内的圆锥滚子轴承支承。轴 ⅩⅧ 由固定在箱体上的支承套 6 支承，并通过联轴器与丝杠相连，两侧的推力球轴承 5 和 7 分别承受丝杠工作时所产生的两个方向的轴向力。松开锁紧螺母 8，然后拧动其

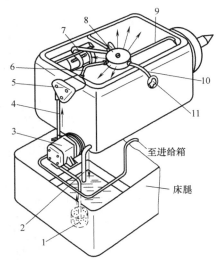

图 2-12　主轴箱润滑系统
1—网式滤油器　2—回油管　3—液压泵
4、6、7、9、10—油管
5—精滤油器　8—分油器　11—油标

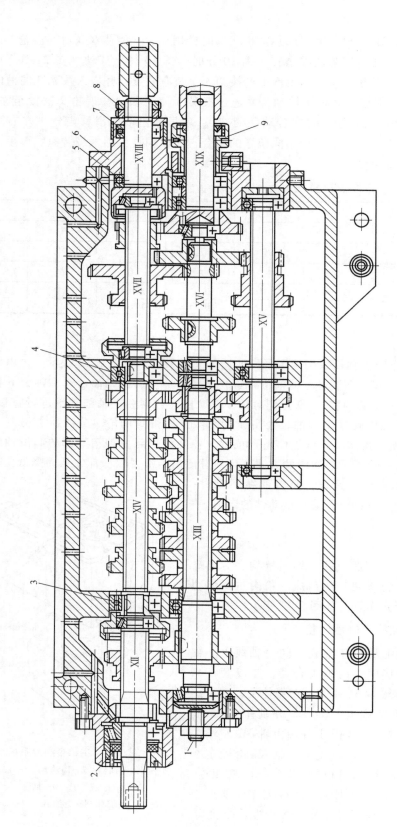

图 2-13 进给箱结构图

1—调节螺钉 2、9—调整螺母 3、4—深沟球轴承 5—推力球轴承 6—支承套 7—推力球轴承 8—锁紧螺母

左侧的调整螺母，可调整轴 XVIII 两侧推力轴承间隙，以防止丝杠在工作时做轴向窜动。拧动轴 XII 左端的调整螺母 2，可以通过轴承内圈、内齿离合器端面及轴肩而使同心轴上的所有圆锥滚子轴承的间隙得到调整。

轴 XIII、XVI 及 XIX 组成另一同心轴组。轴 XIII 及 XVI 上的圆锥滚子轴承可通过轴 XIII 左端调节螺钉 1 进行调整。轴 XIX 上角接触球轴承可通过右侧调整螺母 9 进行调整。

2. 基本组变速操纵机构

图 2-14 所示为基本组变速操纵机构的工作原理图。轴 XIV 上四个滑移齿轮（图 2-13）由一个手轮 6 通过四个杠杆 2 集中操纵。杠杆 2 一端装有拨叉 1，嵌在滑移齿轮的环形槽内。杠杆摆动时，可通过拨叉 1 使滑移齿轮换位。杠杆 2 的另一端装有长销 5。四个长销穿过进给箱前盖 4，插入手轮 6 内侧的环形槽内，并在圆周上均匀分布。手轮 6 环形槽上有两个间隔 45°，直径略大于槽宽的圆孔 C 和 D。在孔内分别装有带内斜面的圆压块 10 和带外斜面的圆压块 11（图 2-14a）。每次变速时，手轮转动角度为 45°或其倍数，这样，总有一个（也只有一个）圆压块压向四个长销中的一个。当外斜圆压块或内斜圆压块转至某一长销处，则迫使长销沿径向外移（图 2-14c）或内移（图 2-14d），并经杠杆、拨叉使相应滑移齿轮，根据杠杆旋转方向，移动到左边或右边的啮合位置。未被圆压块压动的三个长销，均位于环形槽内，此时与其相应的滑移齿轮位于中间，不与轴 XIII 上齿轮啮合（图 2-14b）。

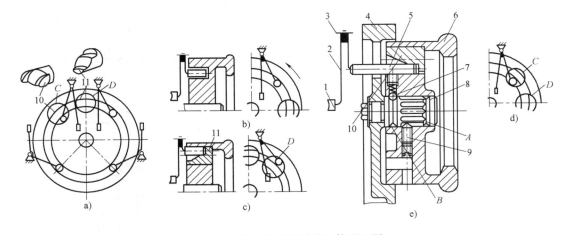

图 2-14　基本组变速操纵机构原理图

1—拨叉　2—杠杆　3—杠杆回转支点　4—前盖　5—长销　6—手轮　7—钢球　8—轴
9—定位螺钉　10、11—圆压块　A、B—V 形槽　C、D—圆孔

需变速时，先将手轮 6 向右拉出，使定位螺钉 9 处于 A 槽位置（图 2-14e），然后才能转动手轮。当手轮转至需要位置后，再将其推回到原来位置，在回推过程中使内斜圆压块或外斜圆压块压向某一长销，从而实现变速。轴 8 上加工有八条轴向 V 形槽，可通过定位螺钉 9 对手轮 6 进行周向定位。手轮 6 的轴向定位由钢球 7 嵌入轴 8 左端环形槽内实现。

3. 移换机构及光、丝杠转换的操纵原理

如图 2-15 所示，表示了移换机构及光、丝杠转换的操纵原理。空心轴 3 上固定一带有偏心圆槽的盘形凸轮 2。偏心圆槽的 a、b 点与圆盘回转中心的距离均为 l；c、d 点与回转中心的距离均为 L。杠杆 4、5、6 用于控制移换机构，杠杆 1 用于控制光、丝杠传动的转换。

转动装在空心轴 3 上的操纵手柄，就可通过盘形凸轮的偏心槽使杠杆上插入偏心槽的销改变离圆盘回转中心的距离（l 或 L），并使杠杆摆动，从而通过与杠杆连接的拨叉使滑移齿轮移位，以得到各种不同传动路线。设图 2-15 所示凸轮位置为起始位置（0°），依次顺时针转动手柄 90°，传动方式的转变可见表 2-9。

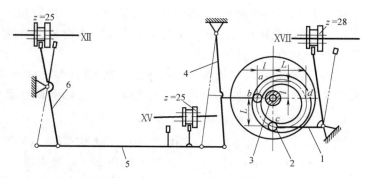

图 2-15　移换机构及光、丝杠转换操纵机构原理图
1、4、5、6—杠杆　2—盘形凸轮　3—空心轴

表 2-9　螺纹种类及丝、光杠转换表

滑移齿轮位置 ＼ 凸轮旋转角度/(°)	0	90	180	270
$z=25$（XII）	左	右	右	左
$z=25$（XV）	右	左	左	右
$z=28$（XVII）	左	左	右	右
	接通米制路线光杠进给	接通寸制路线光杠进给	接通寸制路线丝杠进给	接通米制路线丝杠进给

4. 增倍组操纵机构

增倍组通过位于轴 XV 及轴 XVII 上两个双联滑移齿轮滑移变速，而使增倍组获得四种成倍数关系的传动比。轴 XV 上双联齿轮应有左、右两不同位置，而轴 XVII 上的双联齿轮除了变速外，在加工非标准螺纹时，要通过 $z28$ 与内齿离合器 M_4 啮合，使运动直传丝杠。因此，该滑移齿轮在轴向有三个工作位置，其中左位用于接通 M_4，中、右位用于变速，如图2-16所示（并参见图2-2）。

图 2-16 为增倍组操纵机构原理图。变速时，通过手柄轴 7 带动齿轮 8。齿轮 8 上装有插入滑板 5 弧形槽内的偏心销 2。齿轮 8 转动时可通过偏心销 2、弧形槽带动滑板 5 在导杆 6 上滑动。滑板 5 上装有控制轴 XVII 上双联滑移齿轮 3 的拨叉 4，从而使双联滑移齿轮 3 获得左、中、右三个位置。齿轮 8 与一齿数为其一半的小齿轮 11 啮合。齿轮 8 转动一周时，小齿轮 11 转动两周，从而通过安装在小齿轮 11 上的偏心销 10 及拨叉

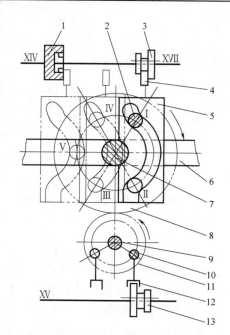

图 2-16　增倍组操纵机构工作原理
1—内齿离合器 M_4　2—偏心销　3、13—双联滑移齿轮
4、12—拨叉　5—滑板　6—导杆　7—手柄轴
8—齿轮　9—轴　10—偏心销　11—小齿轮

12 使轴 XV 上双联滑移齿轮 13 左右移动两个循环，而在同时，轴 XVII 上的双联齿轮 3 左右移动一个循环。这样，转动手柄轴 7 一周，就得到了四种不同的齿轮组合。表 2-10 表明了增倍组机构工作情况的转换。

表 2-10　增倍组机构工作情况转换表

偏心销 2 所处位置 齿轮所处位置	I	II	III	IV	V
轴 XVII 上双联滑移齿轮	右	右	中	中	左
轴 XV 上双联滑移齿轮	右	左	右	左	空
$u_{倍}$	$\dfrac{18}{45}\times\dfrac{15}{48}=\dfrac{1}{8}$	$\dfrac{28}{35}\times\dfrac{15}{48}=\dfrac{1}{4}$	$\dfrac{18}{45}\times\dfrac{35}{28}=\dfrac{1}{2}$	$\dfrac{28}{35}\times\dfrac{35}{28}=1$	M_4 接合直传丝杠

2.2.3　溜板箱

溜板箱内包含以下机构：实现刀架快慢移动自动转换的超越离合器，起过载保护作用的安全离合器，接通、断开丝杠传动的开合螺母机构，接通、断开和转换纵、横向机动进给运动的操纵机构以及避免运动干涉的互锁机构等。其中超越离合器及安全离合器在溜板箱中的位置可参阅机床传动系统图（图 2-2）。

1. 纵、横向机动进给操纵机构

图 2-17 所示为纵、横向机动进给操纵机构。纵、横向机动进给的接通、断开和换向由一个手柄集中操纵。手柄 1 通过销轴 2 与轴向固定的轴 23 相联接。向左或向右扳动手柄 1

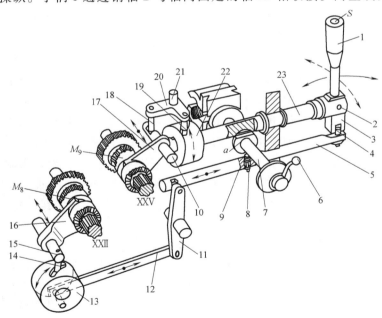

图 2-17　纵、横向机动进给操纵机构

1、6—手柄　2、21—销轴　3—手柄座　4、9—球头销　5、7、23—轴　8—弹簧销　10、15—轴　11、20—杠杆　12—连杆　13—圆柱形凸轮　14、18、19—圆销　16、17—拨叉　22—凸轮　a—凸肩　S—按钮

时，手柄下端缺口通过球头销 4 拨动轴 5 轴向移动，然后经杠杆 11、连杆 12、偏心销使圆柱形凸轮 13 转动。圆柱形凸轮 13 上的曲线槽通过圆销 14、轴 15 和拨叉 16，拨动离合器 M_8 与空套在轴ⅩⅫ上两个空套齿轮之一啮合，从而接通纵向机动进给，并使刀架向左或向右移动。

向前或向后扳动手柄 1 时，通过手柄座 3 带动轴 23 转动，并使轴 23 左端凸轮 22 随之转动，从而通过凸轮 22 上的曲线槽推动圆销 19，并使杠杆 20 绕销轴 21 摆动。杠杆 20 上另一圆销 18 通过轴 10 上缺口，带动轴 10 轴向移动，并通过固定在轴上的拨叉，拨动离合器 M_9，使之与轴ⅩⅩⅤ上两空套齿轮之一啮合，从而接通横向机动进给。

纵、横向机动进给机构的操纵手柄扳动方向与刀架进给方向一致，给使用带来方便。手柄在中间位置时，两离合器均处于中间位置，机动进给断开。按下操纵手柄顶端的按钮 S，接通快速电动机，可使刀架按手柄位置确定的进给方向快速移动。由于超越离合器的作用，即使机动进给时，也可使刀架快速移动，而不会发生运动干涉。

2. 开合螺母机构

如图 2-18 所示，是开合螺母机构图。开合螺母机构用来接通或断开丝杠传动，它由上、下两个半螺母 5 和 4 组成（图 2-18a）。两个半螺母安装在溜板箱后壁的燕尾导轨上，可上下移动。上、下半螺母背面各装有一圆柱销 6，圆柱销 6 的另一端分别插在操纵手柄左端圆盘 7 的两条曲线槽中（图 2-18b）。扳动手柄 1 使圆盘 7 逆时针转动，圆盘 7 端面的曲线槽迫使两圆柱销 6 相互靠近，从而使上、下半螺母合拢，与丝杠啮合，接通车螺纹运动。若扳动手柄 1，使圆盘顺时针转动，则圆盘 7 上的曲线槽使两圆柱销 6 分开，并使上、下半螺母随之分开，与丝杠脱离啮合，从而断开车螺纹运动。

需调整开合螺母与丝杠啮合间隙时，可拧动螺钉 10，调整销钉 9 的轴向位置，通过限定开合螺母合拢时的距离来调整开合螺母与丝杠的啮合间隙（图 2-18c）。开合螺母与燕尾导轨间的间隙可用螺钉 12 经平镶条 11 进行调整（图 2-18d）。

3. 互锁机构

溜板箱内的互锁机构是为了保证纵、横向机动进给和车螺纹进给运动不同时接通，以避免机床损坏而设置的，如图 2-19 所示。

操纵手柄轴 7 的凸肩 a 上带有一削边和一 V 形槽（图 2-19，并参见图 2-17）。轴 23 上铣削有能与凸肩相配的键槽，轴 5 的小孔内装有弹簧销 8。在手柄轴 7 凸肩与支承套 24 之间有一球头销 9。当纵、横向进给及车螺纹运动均未接通时，凸肩 a 未进入轴 23 的键槽中，球头销 9 头部与凸肩 a 的 V 形槽相切。球头销 9 与弹簧销 8 的接触界面正好位于支承套 24 与轴 5 相切之处。因而此时可根据加工要求转动手柄轴 7 或通过进给操纵手柄转动轴 23 或移动轴 5，以便接通三种进给运动中的一种。

如转动手柄轴 7，合上开合螺母，由于手柄轴 7 上的凸肩 a 进入轴 23 的键槽之中，使轴 23 不能转动。另外，凸肩的圆周部分将球头销 9 下压，使其一部分在支承套 24 内，一部分压缩弹簧销 8 进入轴 5 的小孔中，使轴 5 不能移动。这样就保证了接通车螺纹运动后，不能再接通纵、横向机动进给。如移动轴 5 接通纵向进给运动，轴 5 小孔中的弹簧销 8 与球头销 9 脱离接触。球头销 9 被移动轴 5 的圆周表面顶住，其上端又卡在凸肩 a 的 V 形槽中，因此操纵手柄被锁住，无法转动使开合螺母合拢。如转动轴 23，接通横向进给运动，这时轴 23 上键槽不再对准凸肩 a，于是凸肩 a 被轴 23 顶住，操纵手柄无法转动，不能使开合螺母

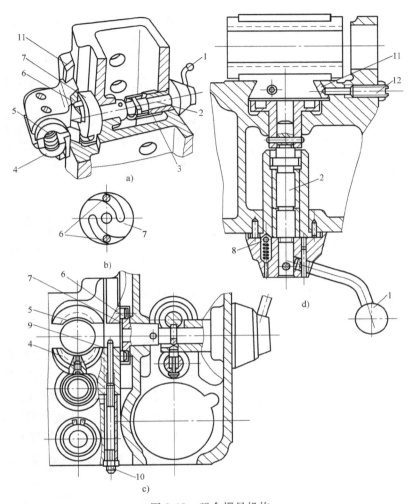

图 2-18　开合螺母机构

1—手柄　2—轴　3—轴承套　4—下半螺母　5—上半螺母　6—圆柱销　7—圆盘
8—定位钢球　9—销钉　10、12—螺钉　11—平镶条

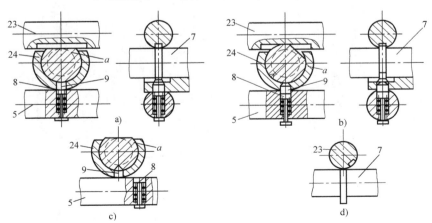

图 2-19　互锁机构工作原理

5、23—轴　7—手柄轴　8—弹簧销　9—球头销　24—支承套　a—凸肩

合拢。由此可见，由于互锁机构的作用，合上开合螺母后，不能再接通纵、横向进给运动，而接通了纵向或横向进给运动后，就无法再接通车螺纹运动。

操纵进给方向手柄的面板上开有十字槽，以保证手柄向左或向右扳动后，不能前、后扳动；反之，向前或向后扳动后，不能左、右扳动。这样就实现了纵向与横向机动进给运动之间的互锁。

2.3 其他常见车床简介

2.3.1 立式车床

一些径向尺寸大而轴向尺寸相对较小的大型零件，难于在卧式车床上装夹、找正，通常要使用立式车床进行加工。立式车床布局的主要特点是主轴垂直布置，安装工件的圆形工作台面水平布置。这样的布局使工件的安装、找正便于进行，另外工件及工作台的重量均布在工作台导轨及推力轴承上，对减少磨损，保持机床工作精度有利。

立式车床有单柱立式车床和双柱立式车床两种，单柱立式车床加工直径一般小于1600mm；双柱立式车床最大加工直径已达25000mm以上，如图2-20所示。

单柱立式车床外形图（图2-20a），工作台2及装夹其上的工件由安装在底座1内的垂直主轴带动而实现主运动。立柱3的垂直导轨上装有横梁5和侧刀架7，在横梁的水平导轨上装有垂直刀架4。侧刀架7可沿立柱导轨做垂向进给，还可沿刀架滑座的导轨做横向进给，主要用于车外圆、端面、沟槽和倒角。垂直刀架4可在横梁5导轨上移动做横向进给，还可沿刀架滑座的导轨做垂向进给，以车削外圆、端面、沟槽等表面。如将垂直刀架4滑座扳转一定角度，垂直刀架4还可做斜向进给，以加工内外圆锥面。垂直刀架4上通常装有一个五角形转塔刀架，在转塔刀架上除了安装车刀外，还可安装各种孔加工刀具以扩大机床的工艺范围。横梁5平时夹紧在立柱3上，为适应工件的高度，可松开夹紧装置，使横梁5沿

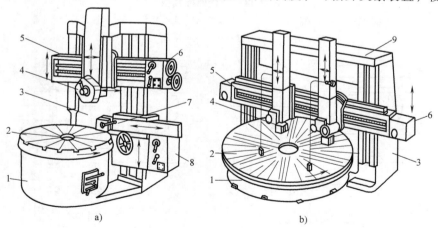

a) 　　　　　　　　　　　　b)

图 2-20　立式车床外形

1—底座　2—工作台　3—立柱　4—垂直刀架　5—横梁　6—垂直刀架进给箱
7—侧刀架　8—侧刀架进给箱　9—顶梁

立柱 3 导轨上下移动，调整刀架高度。

双柱立式车床（图 2-20b）的结构及运动特点与单柱立式车床相似，不同之处是双柱立式车床具有两根立柱，在立柱顶端连接一顶梁 9，三者构成封闭框架，因而具有较高刚度。另外，在横梁 5 上，装有两个垂直刀架 4，其中一个也往往带有转塔刀架，以作孔加工用。

2.3.2　回轮、转塔车床

卧式车床的方刀架上最多只能装四把刀具，尾座只能安装一把孔加工刀具，且无机动进给。因而，应用卧式车床加工一些形状较为复杂，特别是带有内孔和内、外螺纹的工件时，需要频繁换刀、对刀、移动尾座以及试切、测量尺寸等，从而使得辅助时间延长，生产率降低，劳动强度增大。特别在批量生产中，卧式车床的这种不足表现更为突出。为了缩短辅助时间，提高生产效率，在卧式车床的基础上，研制了回轮、转塔车床。回轮、转塔车床与卧式车床的主要区别是取消了尾座和丝杠，并在床身尾部装有一可沿床身导轨纵向移动并可转位的多工位刀架。回轮、转塔车床能完成卧式车床上的各种工序，但由于没有丝杠，所以只能用丝锥或板牙加工较短的内、外螺纹。根据多工位刀架的结构及回转方式，又可将此类车床分为转塔式和回轮式两种。

1. 滑鞍转塔车床

如图 2-21 所示，是滑鞍转塔车床的外形图。滑鞍转塔车床上除了前刀架 3 外，还有一可绕垂直轴线回转的转塔刀架 4（图 2-21a）。转塔刀架 4 呈六角形，可通过各种辅具安装车刀或孔加工刀具（图 2-21b）。转塔刀架 4 主要用于加工内、外圆柱面及内、外螺纹；前刀架 3 可做纵、横向进给，用于加工大圆柱面和端面，以及切槽、切断等。

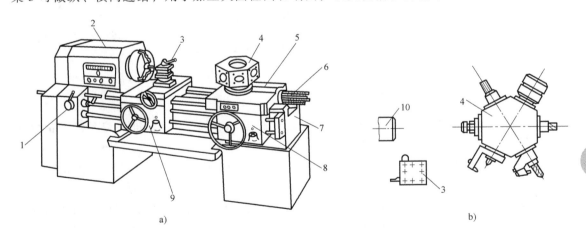

图 2-21　滑鞍转塔车床

1—进给箱　2—主轴箱　3—前刀架　4—转塔刀架　5—纵向溜板　6—定程装置　7—床身
8—转塔刀架溜板箱　9—前刀架溜板箱　10—主轴

机床加工前，根据工件加工工艺过程，预先调整好刀具位置，同时调整好机床上纵向和横向的行程挡块位置。在加工时，完成一个工步，刀架转位一次，进行下一工步，直至工件加工结束。由于不需拆装刀具，以及对刀、测量尺寸，大大提高了生产效率。但机床加工前调整刀具及行程挡块所费时间较多，故这种机床只用于成批生产。

2. 回轮车床

如图 2-22 所示，为回轮车床外形（图 2-22a）。回轮车床没有前刀架，但布置有回轮刀架 4。该刀架能绕与主轴轴线平行的自身轴线回转，从而进行换刀。回轮刀架 4 的端面有若干安装刀具用的轴向孔，通常为 12 或 16 个（图 2-22b）。当刀具孔转到最高位置时，其轴线与主轴轴线在同一直线上。回轮刀架 4 可随纵向溜板 5 做纵向进给，进行车削内圆、外圆、钻孔、扩孔、铰孔和加工螺纹等工序。回轮刀架 4 缓慢旋转时，可实现横向进给，进行切槽、切断、车端面等工序。回轮车床主要使用棒料毛坯，加工小直径工件。

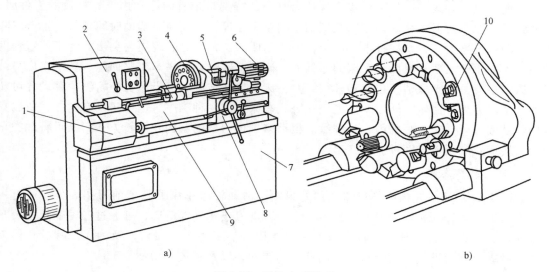

a)   b)

图 2-22　回轮车床外形

1—进给箱　2—主轴箱　3—刚性纵向定程机构　4—回轮刀架　5—纵向溜板　6—纵向定程机构
7—底座　8—溜板箱　9—床身　10—横向定程机构

2.3.3　铲齿车床

铲齿车床是一种专门化车床，用于铲削成形铣刀、齿轮滚刀、丝锥等刀具的后面（刀齿齿背），使其获得所需的切削刃形状和所要求的后角。

铲齿车床的外形与卧式车床相似，如图 2-23 所示。所不同的是，取消了进给箱和光杠，刀架的纵向机动进给只能通过丝杠传动，进给量大小由交换齿轮进行调整。

如图 2-24 所示，是铲齿车床铲削齿背的工作原理图。铲削时，刀具毛坯通过心轴装夹在铲齿车床前、后顶尖上，并由主轴带动旋转。当一个刀齿转至加工位置时，凸轮 2 的上升曲线，通过从动销 1，使刀架带着铲齿刀向工件中心切入，从齿背上切下一层金属。当凸轮 2 的上升曲线最高点转到从动销 1 处，即转过 α_1，工件相应转过 β_1，铲刀铲至刀齿齿背延长线上的 E 点，完成一个刀齿铲削。随后，凸轮 2 的下降曲线与从动销 1 相接触，刀架在弹簧 3 的作用下，迅速后退。凸轮 2 转过 α_2，刀架退至起始位置。此时，工件相应转过 β_2，使下一个刀齿进入加工位置。由此可知，工件每转过一个刀齿，凸轮 2 转一周。若工件有 z 个齿，则工件转一周，凸轮 2 应转过 z 周。凸轮 2 与主轴间的这种运动关系，由交换齿轮进行调整。铲削后的齿背形状取决于凸轮 2 上升曲线形状，一般为阿基米德螺旋线。由于加工

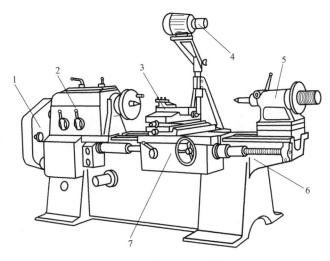

图 2-23 铲齿车床外形

1—交换齿轮机构 2—主轴箱 3—刀架 4—带轮 5—尾座 6—床身 7—溜板箱

余量大，应分几刀铲削，因而工件每一转后，刀架应横向朝工件移动一定距离，直到达到所需形状和尺寸为止。

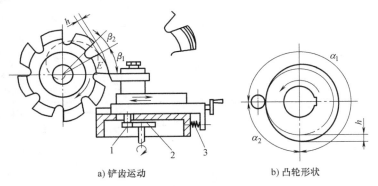

a) 铲齿运动　　　　　　　b) 凸轮形状

图 2-24 铲齿原理

1—从动销 2—凸轮 3—弹簧

第3章 铣床

铣床可加工水平的和垂直的平面、沟槽、键槽、T形槽、燕尾槽、螺纹、螺旋槽，以及齿轮、链轮、棘轮、花键轴和各种成形表面等，用锯片铣刀还可以进行切断等工作。如图3-1所示，是在铣床上加工的各种典型表面。铣床的主运动是铣刀的旋转运动，进给运动可以是工件的回转或曲线运动。一般情况下，铣床具有相互垂直的三个方向上的调整运动。同时，其中任一方向的调整运动也可以成为进给运动。

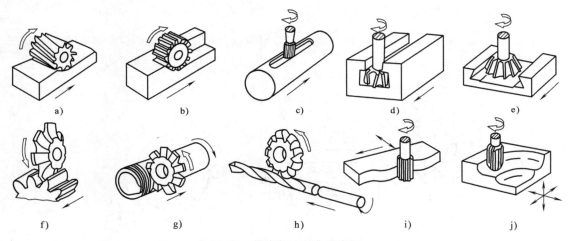

图 3-1　铣床加工的典型表面

铣床的类型很多，根据机床布局和用途分为升降台式铣床（卧式和立式）、工作台不升降铣床、龙门铣床、工具铣床、仿形铣床及专门化铣床等。常用铣床的工艺特点和适用范围见表3-1。

表 3-1　常用铣床的工艺特点和适用范围

类型	机床运动及加工示意图	工艺特点	适用范围
工作台不升降铣床		升降台不能升降，机床刚度好。工作台只有纵向和横向进给运动或快速移动。主轴可沿轴线方向做轴向进给或调位移动	用于对大中型工件的平面及导轨面等的加工

（续）

类型	机床运动及加工示意图	工 艺 特 点	适 用 范 围
卧式万能升降台铣床		主轴水平布置,工作台可沿纵向、横向和垂直三个方向做进给运动或快速移动。工作台可在水平面内做±45°的回转,以调整需要的角度,适应于螺旋表面的加工。机床刚度好,生产率高,工艺范围广	用于加工平面、斜面、沟槽和成形表面。使用机床附件如立铣头、分度头及回转工作台,可扩大加工范围如铣削螺旋表面、分齿零件的局部表面等
立式铣床		主轴垂直布置,除工作台能做三个相互垂直方向的进给运动和快速移动外,主轴可沿轴线做进给或调位移动,又能在垂直平面内调整一定角度	用于加工平面、斜面、沟槽、台阶面和封闭轮廓表面
工具铣床		有相互垂直的两个主轴1和2。主轴2能做横向移动。工作台不做横向移动,但能在三个垂直平面内回转一定角度,提高机床的万能性。机床常配有分度头、回转工作台等附件	用于工具、机修车间加工形状复杂的零件,如各类刀具的刀槽、刀齿,工具、夹具和模具等
龙门铣床		横梁和立柱上分别安装铣头,每个铣头都有独自的主运动、进给运动和调位移动。工件紧固在工作台上做纵向直线进给运动,可用多把铣刀同时加工几个表面,生产率高	用于对大中型工件的加工,如床身导轨、箱体机座等的平面和成形表面加工
仿形铣床		靠模2和工件13一起安装在固定的工作台1上,触销3和铣刀12一起装在铣头11上。铣头11可做垂直及水平进给运动,也可以做轴向进给运动	用于加工立体成形表面,如锻模、压模、叶片、螺旋桨的曲面等

3.1 X6132 型万能升降台铣床

万能升降台铣床与一般升降台铣床的主要区别在于工作台除了能在相互垂直的三个方向上做调整或进给外，还能绕垂直轴线在±45°范围内回转，从而扩大了机床的工艺范围。X6132 型万能升降台铣床是一种卧式铣床，其主参数为工作台面宽度（320mm），第二主参数为工作台面长度（1250mm）。工作台纵向、横向、垂向的最大行程分别为 800mm、300mm、400mm。

3.1.1 主要组成部件

X6132 型万能升降台铣床由底座 1、床身 2、悬梁 3、刀杆支架 4、主轴 5、工作台 6、床鞍 7、升降台 8 及回转盘 9 等组成，如图 3-2 所示。床身 2 固定在底座 1 上，用以安装和支承其他部件。床身 2 内装有主轴部件、主变速传动装置及其变速操纵机构。悬梁 3 安装在床身 2 顶部，并可沿燕尾导轨，调整前、后位置。悬梁 3 上的刀杆支架 4 用以支承刀杆，以提高其刚性。升降台 8 安装在床身 2 前侧面垂直导轨上，可做上下移动。升降台 8 内装有进给运动传动装置及其操纵机构。升降台 8 的水平导轨上装有床鞍 7，可沿主轴 5 轴线方向做横向移动。床鞍 7 上装有回转盘 9，回转盘 9 上面的燕尾导轨上安装有工作台 6。因此，工作台 6 除了可沿导轨做垂直于主轴 5 轴线方向的纵向移动外，还可通过回转盘 9，绕垂直轴线在±45°范围内调整角度，以便铣削螺旋表面。

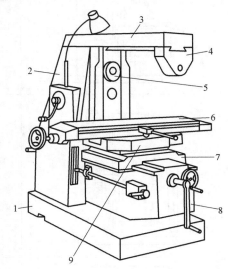

图 3-2 X6132 型万能升降台铣床外形图
1—底座 2—床身 3—悬梁 4—刀杆支架 5—主轴
6—工作台 7—床鞍 8—升降台 9—回转盘

3.1.2 机床的传动系统

1. 主运动

如图 3-3 所示，为 X6132 型万能升降台铣床的传动系统图。主运动由主电动机（7.5kW、1450r/min）驱动，经 $\frac{\phi150}{\phi290}$（单位为 mm）带轮传动至轴Ⅱ，再由轴Ⅱ-Ⅲ间和轴Ⅲ-Ⅳ间两组三联滑移齿轮变速组，以及轴Ⅳ-Ⅴ间双联滑移齿轮变速组，使主轴获得 18 级转速（30~1500r/min）。主轴的旋转方向由电动机改变正、反转向而得以变向。主轴的制动由安装在轴Ⅱ的电磁制动器 M 进行控制。

2. 进给运动

X6132 型万能升降台铣床的工作台可以做纵向、横向和垂向三个方向的进给运动，以及

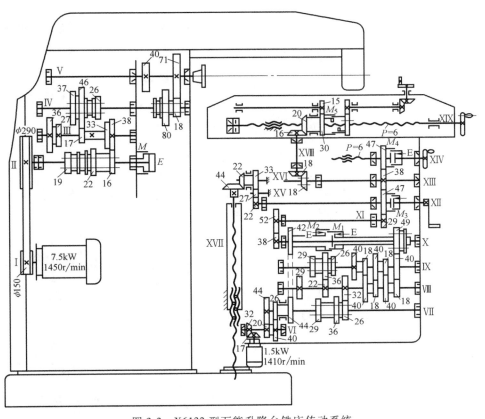

图 3-3　X6132 型万能升降台铣床传动系统

快速移动。进给运动由进给电动机（1.5kW、1410r/min）驱动。电动机的运动经一对锥齿轮 $\dfrac{17}{32}$ 传至轴Ⅵ，然后根据轴Ⅹ上电磁摩擦离合器 M_1、M_2 的接合情况，分两条路线传动。如轴Ⅹ上离合器 M_1 脱开、M_2 啮合，轴Ⅵ的运动经齿轮副 $\dfrac{40}{26}$、$\dfrac{44}{42}$ 及离合器 M_2 传至轴Ⅹ。这条路线可使工作台做快速移动。如轴Ⅹ上离合器 M_2 脱开，M_1 接合，轴Ⅵ的运动经齿轮副 $\dfrac{20}{44}$ 传至轴Ⅶ，再经轴Ⅶ-Ⅷ间和轴Ⅷ-Ⅸ间两组三联滑移齿轮变速组以及轴Ⅷ-Ⅸ间的曲回机构，经离合器 M_1，将运动传至轴Ⅹ。这是一条使工作台做正常进给的传动路线。

　　轴Ⅷ-Ⅸ间的曲回机构工作原理，如图 3-4 所示。轴Ⅹ上的单联滑移齿轮 $z=49$ 有三个啮合位置。当滑移齿轮 $z49$ 在 a 啮合位置时，轴Ⅸ的运动直接由齿轮副 $\dfrac{40}{49}$ 传到轴Ⅹ，滑移齿轮在 b 啮合位置时，轴Ⅸ的运动经曲回机构齿轮副 $\dfrac{18}{40}$ $\dfrac{18}{40}$ $\dfrac{40}{49}$ 传到轴Ⅹ；滑移齿轮在 c 啮合位置时，轴Ⅸ的运动经曲回

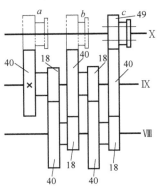

图 3-4　曲回机构原理图

机构齿轮副 $\dfrac{18}{40}\dfrac{18}{40}\dfrac{18}{40}\dfrac{18}{40}\dfrac{40}{49}$ 传到轴X。因而，通过轴X上单联滑移齿轮 $z49$ 的三种啮合位置，可使曲回机构得到三种不同的传动比

$$u_a = \frac{40}{49}$$

$$u_b = \frac{18}{40} \times \frac{18}{40} \times \frac{40}{49}$$

$$u_c = \frac{18}{40} \times \frac{18}{40} \times \frac{18}{40} \times \frac{18}{40} \times \frac{40}{49}$$

轴X的运动可经过离合器 M_3、M_4、M_5 以及相应的后续传动路线，使工作台分别得到垂向、横向及纵向的移动。进给运动的传动路线表达式为

$$电动机\substack{1.5\mathrm{kW}\\1410\mathrm{r/min}} - \frac{17}{32} - Ⅵ - \begin{bmatrix} \frac{20}{44} - Ⅶ - \begin{bmatrix} \frac{29}{29} \\ \frac{36}{22} \\ \frac{26}{32} \end{bmatrix} - Ⅷ - \begin{bmatrix} \frac{29}{29} \\ \frac{22}{36} \\ \frac{32}{26} \end{bmatrix} - Ⅸ - \begin{bmatrix} \frac{40}{49} \\ \frac{18}{40} \times \frac{18}{40} \times \frac{18}{40} \times \frac{18}{40} \times \frac{40}{49} \\ \frac{18}{40} \times \frac{18}{40} \times \frac{40}{49} \end{bmatrix} \substack{M_1\ 接合\\ (工作\\ 进给)} \\ \frac{40}{26} \times \frac{44}{22} - M_2\ 接合 (快速) \end{bmatrix}$$

$$- Ⅹ - \frac{38}{52} - Ⅺ - \frac{29}{47} - \begin{bmatrix} \frac{47}{38} - Ⅻ - \begin{bmatrix} \frac{18}{18} - Ⅷ - \frac{16}{20} - M_5\ 接合 - ⅪⅩ (纵向进给) \\ \frac{38}{47} - M_4\ 接合 - ⅪⅤ (横向进给) \end{bmatrix} \\ M_3\ 接合 - Ⅻ - \frac{22}{27} - ⅩⅤ - \frac{27}{33} - ⅩⅥ - \frac{22}{44} - Ⅻ (垂向进给) \end{bmatrix}$$

在理论上，铣床在相互垂直三个方向上均可获得 $3\times3\times3=27$ 种不同进给量，但由于轴Ⅶ-Ⅸ间的两组三联滑移齿轮变速组的 $3\times3=9$ 种传动比中，有三种是相等的，即

$$\frac{26}{32} \times \frac{32}{26} = \frac{29}{29} \times \frac{29}{29} = \frac{36}{22} \times \frac{22}{36} = 1$$

所以，轴Ⅶ-Ⅸ间的两个变速组只有 7 种不同传动比。因而，轴X上的滑移齿轮 $z49$ 只有 $7\times3=21$ 种不同转速。由此可知，X6132型万能升降台铣床的纵、横、垂向三个方向的进给量均为 21 级，其中，纵向及横向的进给量范围为 $10\sim1000\mathrm{mm/min}$，垂向进给量范围为 $3.3\sim333\mathrm{mm/min}$。

3.1.3 主要部件结构

1. 主轴部件

由于铣床采用多齿刀具，铣削力周期变化，易引起振动，要求主轴部件具有较高刚性及抗振性，因此主轴 1 采用三支承结构，如图 3-5 所示。前支承 6 采用 D 级精度的圆锥滚子轴承，用于承受径向力和向左的轴向力；中间支承 4 采用 E 级精度的圆锥滚子轴承，以承受径向力和向右的轴向力；后支承 2 为 G 级单列深沟球轴承，只承受径向力。主轴的回转精

度主要由前支承及中间支承来保证。调整主轴轴承间隙时，先将悬梁移开，并拆下床身盖板，露出主轴部件。然后拧松中间支承左侧螺母 11 上的锁紧螺钉 3，用专用勾头扳手勾住螺母 11，再用一短铁棍通过主轴前端的端面键 8 扳动主轴顺时针旋转，使中间支承的内圈向右移动，从而使中间支承的间隙得以消除；如继续转动主轴，使其向左移动，并通过轴肩带动前支承 6 的内圈左移，从而消除前支承 6 的间隙。调整后，主轴应以 1500r/min 转速试运转 1h，轴承温度不得超过 60℃。

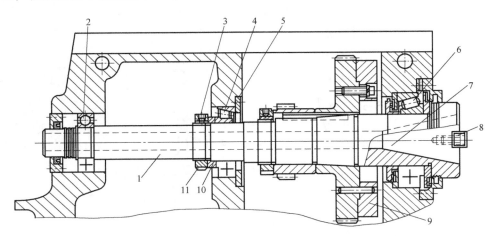

图 3-5　主轴部件结构

1—主轴　2—后支承　3—锁紧螺钉　4—中间支承　5—轴承盖　6—前支承　7—锥孔
8—端面键　9—飞轮　10—隔套　11—螺母

在主轴大齿轮上用螺钉和定位销紧固一飞轮 9。在切削加工中，可通过飞轮的惯性使主轴运转平稳，以减轻铣刀间断切削引起的振动。

主轴是空心轴，前端有 7∶24 精密锥孔 7 和精密定心外圆柱面。主轴端面镶有两个端面键 8。刀具或刀杆以锥柄与锥孔配合定心，并由从尾部穿过中心孔的拉杆拉紧。铣刀锥柄上开有与端面键相配的缺口，以使主轴经端面键传递扭矩。

2. 孔盘变速操纵机构

X6132 型万能升降台铣床的主运动及进给运动的变速都采用了孔盘变速操纵机构进行控制。

1）孔盘变速机构工作原理。如图 3-6 所示，为利用孔盘变速操纵机构控制三联滑移齿轮的原理图。孔盘变速操纵机构主要由孔盘 4、齿条轴 2 和 2′、齿轮 3 及拨叉 1 组成（图 3-6a）。

孔盘 4 上划分了几组直径不同的圆周，每个圆周又划分成 18 等分，根据变速时滑移齿轮不同位置的要求，这 18 个位置分为钻有大孔、钻有小孔或未钻孔三种状态。齿条轴 2、2′上加工出直径分别为 D 和 d 的两段台肩。直径为 d 的台肩能穿过孔盘上的小孔，而直径为 D 的台肩只能穿过孔盘上的大孔。变速时，先将孔盘右移，使其退离齿条轴，然后根据变速要求，转动孔盘一定角度，再使孔盘左移复位。孔盘在复位时，可通过孔盘上对应齿条轴之处为大孔、小孔或无孔的不同情况，而使滑移齿轮获得三种不同位置，从而达到变速目的。三种工作状态分别为：①孔盘上对应齿条轴 2 的位置无孔，而对应齿条轴 2′的位置为大孔。孔

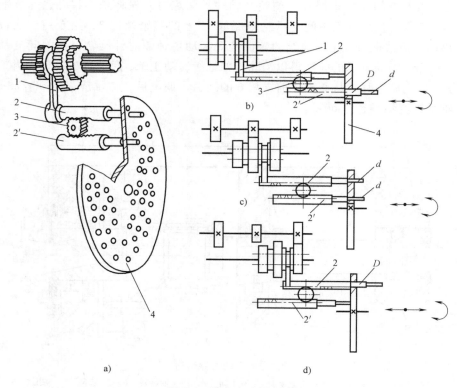

图 3-6 孔盘变速原理图

1—拨叉 2、2′—齿条轴 3—齿轮 4—孔盘

盘复位时，向左顶齿条轴 2，并通过拨叉 1 将三联滑移齿轮推到左位。齿条轴 2′则在齿条轴 2 及齿轮 3 的共同作用下右移，台肩 D 穿过孔盘上的大孔（图 3-6b）；②孔盘对应两齿条轴的位置均为小孔，齿条轴上的小台肩 d 穿过孔盘上小孔，两齿条轴均处于中间位置，从而通过拨叉 1 使滑移齿轮处于中间位置（图 3-6c）；③孔盘上对应齿条轴 2 的位置为大孔，对应齿条轴 2′的位置无孔，这时孔盘顶齿条轴 2′左移，从而通过齿轮 3 使齿条轴 2 的台肩穿过大孔右移，并使齿轮处于右位（图 3-6d）。

2）主变速操纵机构的结构及操作。X6132 型万能升降台铣床的主变速操纵机构的结构如图 3-7 所示。变速时，将手柄 1 向外拉出，则手柄 1 绕销轴 2 转动，脱开定位销 3 在手柄槽中的定位，然后按逆时针方向转动手柄 1 约 250°，经操纵盘 9 及平键使齿轮套筒 4 转动，再经齿轮 5 使齿条轴 11 向右移动（图 3-7b）。齿条轴 11 再通过拨叉 12，拨动孔盘 8 向右退离齿条轴，为孔盘 8 转位做好准备。按所需主轴转速，转动速度盘 10，并经与其用键相联接的齿轮轴及一对锥齿轮而使孔盘 8 转动一定角度（图 3-7d）。最后将手柄 1 扳回原位并定位，同时使孔盘复位，推动齿条轴做相应位移，并使滑移齿轮到达新的啮合位置，实现转速的变换。

变速时，为了使滑移齿轮在进入新的位置时，易于啮合，变速机构中布置了控制主电动机的微动开关 7（图 3-7d）。当孔盘转动时，可通过齿轮 5 上的凸块 6、微动开关 7，从而使主电动机做瞬时转动，并带动传动齿轮缓慢转动，给滑移齿轮进入新的啮合位置创造条件。

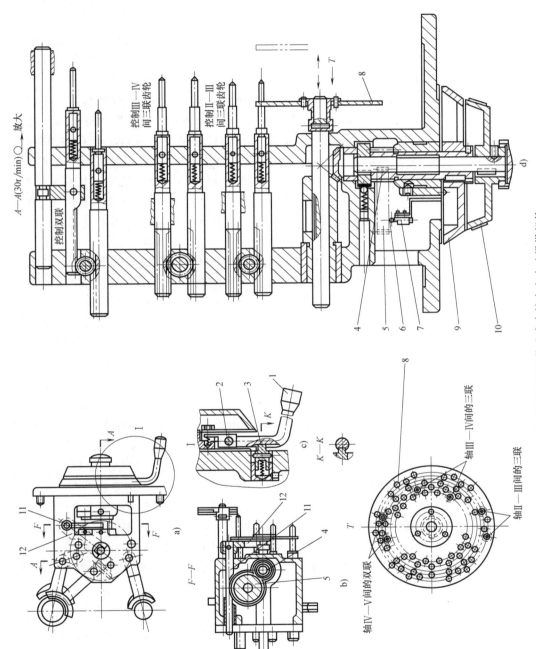

图 3-7　X6132 型万能升降台铣床主变速操纵机构

1—手柄　2—销轴　3—定位销　4—齿轮套筒　5—齿轮　6—凸块　7—微动开关　8—孔盘　9—操纵盘　10—速度盘　11—齿条轴　12—拨叉

A—A(30r/min)Ω 放大

控制双联

控制Ⅲ—Ⅳ间三联齿轮

控制Ⅱ—Ⅲ间三联齿轮

T

8

4
5
6
7
9
10

d)

a)

b)

c)

K—K

I

F—F

轴Ⅲ—Ⅳ间的三联

轴Ⅱ—Ⅲ间的三联

轴Ⅳ—Ⅴ间的双联

T

83

3. 工作台及顺铣机构

如图 3-8 所示，为 X6132 型万能升降台铣床工作台结构图。整个工作台部件由工作台 6、床鞍 1 及回转盘 2 三层组成，并安装在升降台上（图 3-2）。工作台 6 可沿回转盘 2 上的燕尾导轨做纵向移动，并可通过床鞍 1 与升降台相配的矩形导轨做横向移动。工作台不做横向移动时，可通过手柄 13 经偏心轴 12 的作用将床鞍夹紧在升降台上。工作台可连同回转盘，一起绕锥齿轮轴 XIII 的轴线回转 ±45°。回转盘转至所需位置后，可用螺栓 14 和两块弧形压板 11 固定在床鞍上。纵向进给丝杠 3 的一端通过滑动轴承及前支架 5 支承；另一端由圆锥滚子轴承、推力球轴承及后支架 9 支承。轴承的间隙可通过螺母 10 进行调整。回转盘左端安装有双螺母，右端装有带端面齿的空套锥齿轮。离合器 M_5 以花键与花键套筒 8 相联接，而花键套筒 8 又以滑键 7 与铣有长键槽的纵向进给丝杠相联接。因此，当 M_5 左移与空套锥齿轮的端面齿啮合，轴 XIII 的运动就可由锥齿轮副、离合器 M_5、花键套筒 8 传至纵向进给丝杠，使其转动。由于双螺母既不能转动又不能轴向移动，所以纵向进给丝杠在旋转时，同时做轴向移动，从而带动工作台 6 纵向进给。纵向进给丝杠 3 的左端空套有手轮 4，将手轮向前推，压缩弹簧，使端面齿离合器接合，便可手摇工作台纵向移动。纵向进给丝杠的右端有带键槽的轴头，可以安装交换齿轮。

如图 3-9 所示，是 X6132 型万能升降台铣床顺铣机构的工作原理图。铣床在进行切削加工时，如进给方向与切削力 F 的水平分力 F_x 相反，称为逆铣（图 3-9a）；若进给方向与水平分力 F_x 相同，则称为顺铣（图 3-9b）。若工作台向右移动，则丝杠螺纹的左侧为工作表面，与螺母螺纹的右侧相接触（图 3-9a、b 中 I）。当采用逆铣法切削时，切削力水平分力 F_x 的方向向左，正好使丝杠螺纹左侧面紧靠在螺母螺纹右侧面，因而工作台运动平稳。当采用顺铣法切削时，水平分力 F_x 方向向右，当切削力足够大时，就会使丝杠螺纹左侧面与螺母脱开，导致工作台向右窜动。由于铣床采用多刃工具，切削力不断变化，从而使工作台在丝杠与螺母间隙范围内来回窜动，影响加工质量。为了解决顺铣时工作台窜动的问题，X6132 型万能升降台铣床设有顺铣机构（图 3-9c）。齿条 5 在弹簧 6 的作用下右移，使冠状齿轮 4 按箭头方向旋转，并通过左、右螺母 1、2 外圆的齿轮，使两者做相反方向转动（方向如图 3-9c 中箭头所示），从而使左螺母 1 的螺纹左侧与丝杠螺纹右侧靠紧，右螺母 2 的螺纹右侧与丝杠螺纹左侧靠紧。顺铣时，丝杠的轴向力由左螺母 1 承受。由于丝杠与左螺母 1 之间摩擦力的作用，使左螺母 1 有随丝杠转动的趋势，并通过冠形齿轮使右螺母 2 产生与丝杠反向旋转的趋势，从而消除了右螺母 2 与丝杠间的间隙，不会产生轴向窜动。逆铣时，丝杠的轴向力由右螺母 2 承受，两者之间产生较大摩擦力，因而使右螺母 2 有随丝杠一起转动，从而通过冠状齿轮使左螺母 1 产生与丝杠反向旋转的趋势，使左螺母 1 螺纹左侧与丝杠螺纹右侧间产生间隙，减少丝杠的磨损。

4. 工作台的进给操纵机构

X6132 型万能升降台铣床进给运动的接通及断开通过离合器来控制，其中控制纵向进给运动采用端面齿离合器 M_5；控制垂向及横向进给运动的为电磁离合器 M_3 及 M_4（图 3-3）。进给运动的进给方向由进给电动机改变转向而控制。

1）纵向进给操纵机构。如图 3-10 所示，为纵向进给操纵机构结构简图。拨叉轴 6 上装有弹簧 7，在弹力的作用下，拨叉轴 6 具有向左移动的趋势。操纵手柄 23 在中间位置时，

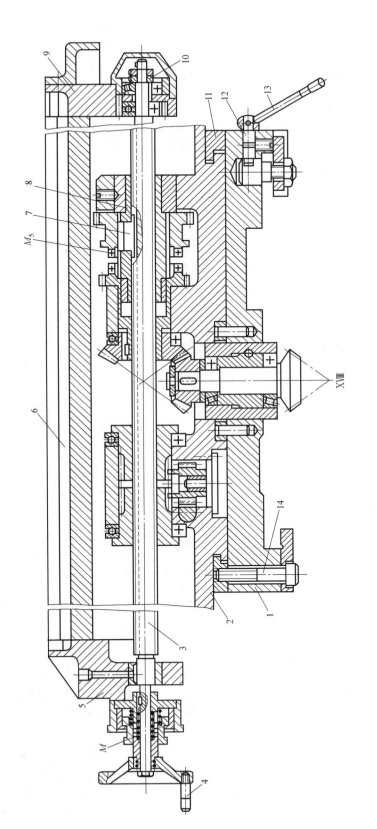

图 3-8　X6132 型万能升降台铣床工作台结构

1—床鞍　2—回转盘　3—纵向进给丝杠　4—手轮　5—前支架　6—工作台　7—滑键　8—花键套筒　9—后支架
10—螺母　11—弧形压板　12—偏心轴　13—手柄　14—螺栓

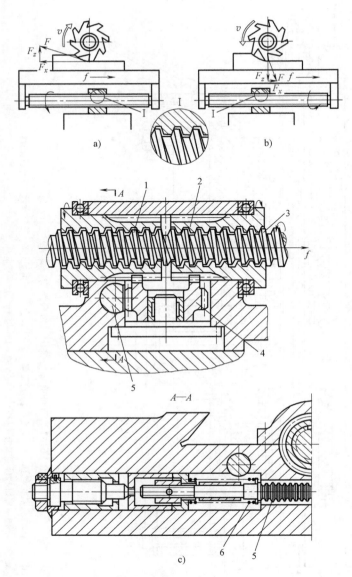

图 3-9　X6132 型万能升降台铣床顺铣机构工作原理
1—左螺母　2—右螺母　3—右旋丝杠　4—冠状齿轮　5—齿条　6—弹簧

凸块 1 顶住拨叉轴 6，使其不能在弹力作用下左移，端面齿离合器 M_5 无法啮合，从而使纵向进给运动断开。此时，手柄 23 下部的压块 16 也处于中间位置，使控制进给电动机正转或反转的微动开关 17（S1）及微动开关 22（S2）均处于放松状态，从而使进给电动机停止转动。

　　将手柄 23 向右扳动时，压块 16 也向右摆动，压动微动开关 17，使进给电动机正转。同时，手柄 23 中部叉子 14 逆时针转动，并通过销 12 带动套筒 13、摆块 11 及固定在摆块 11 上的凸块 1 逆时针转动，使其凸出点离开拨叉轴 6，从而使拨叉轴 6 及拨叉 5 在弹簧 7 的作用下左移，并使端面齿离合器 M_5 右半部 4 左移，与左半部接合，接通工作台向右的纵向进给运动。

将手柄 23 向左扳动时，凸块 1 顺时针转动，同样不能顶住拨叉轴 6，端面齿离合器 M_5 也能得以接合，同时压块 16 向左摆动，压动微动开关 22，使进给电动机反向旋转，从而使工作台得到向左的纵向进给运动。

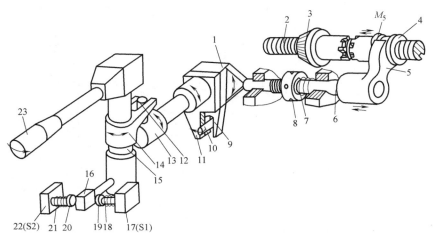

图 3-10　纵向进给操纵机构简图

1—凸块　2—纵向丝杠　3—空套锥齿轮　4—端面齿离合器 M_5 右半部　5—拨叉　6—拨叉轴　7、18、21—弹簧　
8—调整螺母　9、14—叉子　10、12—销　11—摆块　13—套筒　15—垂直轴　16—压块　
17—微动开关 S1　19、20—可调螺钉　22—微动开关 S2　23—手柄

机床侧面另有一手柄可通过杠杆（图中未示出）及销 10 拨动凸块 1 下部的叉子 9，从而使凸块 1 及压块 16 摆动，进而控制纵向进给运动。

2）横向和垂向进给操纵机构。横向和垂向进给运动由一个可以前后、上下扳动的手柄 1 进行操纵，如图 3-11 所示。前后扳动手柄 1，可通过手柄前端的球头带动轴 4 及与轴 4 用销联接的鼓轮 9 做轴向移动；上下扳动手柄 1 时，可通过毂体 3 上的扁槽、平键 2、轴 4 使鼓轮 9 在一定角度范围内来回转动。在鼓轮两侧安装着四个微动开关，其中 S3 及 S4 用于控制进给电动机的正转和反转；S7 用于控制电磁离合器 M_4；S8 用于控制电磁离合器 M_3。鼓轮 9 的圆周上，加工出带斜面的槽（如图 3-11 所示 E—E、F—F 截面及立体简图）。鼓轮在移动或转动时，可通过槽上的斜面使顶销 5、6、7、8 压动或松开微动开关 S7、S8、S3 及 S4，从而实现工作台前后、上下的横向或垂向进给运动。

向前扳动手柄 1 时，鼓轮 9 向左移动，并通过斜面压下顶销 7，从而使微动开关 S3 动作，进给电动机正转；与此同时，顶销 5 脱离凹槽，处于鼓轮圆周上，压动微动开关 S7，使控制横向进给的电磁离合器 M_4 通电压紧工作，从而实现工作台向前的横向进给运动。向后扳动手柄 1 时，鼓轮 9 向右移动，顶销 8 被鼓轮 9 上的斜面压下，微动开关 S4 动作，顶销 5 处于鼓轮圆周上，压住微动开关 S7，使离合器 M_4 通电工作。此时，工作台得到向后的横向进给运动。

向上扳动手柄 1 时，鼓轮 9 逆时针转动，顶销 8 被斜面压下，微动开关 S4 动作，进给电动机反转，此时顶销 6 处于鼓轮 9 圆周表面上，从而压动微动开关 S8，使电磁离合器 M_3 吸合。这样就使工作台向上移动。向下扳动手柄时，鼓轮 9 顺时针转动，顶销 7 被斜面压

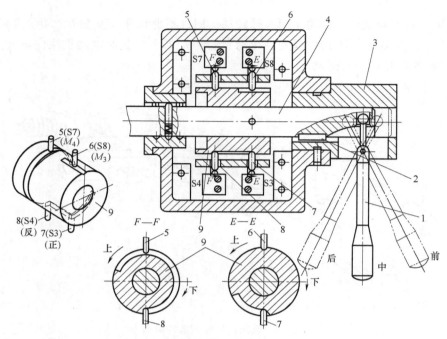

图 3-11　横向和垂向进给操纵机构示意图

1—手柄　2—平键　3—壳体　4—轴　5、6、7、8—顶销　9—鼓轮

下，触动微动开关 S3，进给电动机正转，此时顶销 6 仍处于鼓轮 9 的圆周面上，使离合器 M_3 工作，从而使工作台向下移动。

操作手柄 1 处于中间位置时，顶销 7、8 均位于鼓轮的凹槽之中，微动开关 S3 和 S4 均处于放松状态，进给电动机不运转。同时顶销 5、6 也均位于鼓轮 9 的槽中，放松微动开关 S7 和 S8，使电磁离合器 M_4 及 M_3 均处于失电不吸合状态，故工作台的横向和垂向均无进给运动。

3.2　利用万能分度头铣螺旋槽

3.2.1　万能分度头的用途和传动系统

万能分度头（简称分度头）是铣床常用的一种附件，用来扩大机床的工艺范围。分度头安装在铣床工作台上，被加工工件支承在分度头主轴顶尖与尾座顶尖之间或安装于卡盘上。利用分度头可进行以下工作：

1）使工件绕分度头主轴轴线回转一定角度，以完成等分或不等分的分度工作。例如用于加工方头、六角头、花键、齿轮及多齿刀具等。

2）通过分度头使工件的旋转与工作台丝杠的纵向进给保持一定运动关系，以加工螺旋槽、螺旋齿轮及阿基米德螺旋线凸轮等。

3）用卡盘夹持工件，使工件轴线相对于铣床工作台倾斜一定角度，以加工与工件轴线

相交成一定角度的平面、沟槽及直齿锥齿轮等。

　　如图 3-12 所示，为 FW250 型万能分度头的外形及传动系统。主轴 9 安装在回转体 8 内，回转体 8 以两侧轴颈支承在底座 10 上，并可绕其轴线，沿底座 10 的环形导轨转动，使主轴在水平线以下 6°至水平线以上 90°范围内调整倾斜角度。主轴前端有一莫氏锥孔，用以安装支承工件的顶尖；主轴前端还有一定位锥面，可用于自定心卡盘的定位及安装。分度头侧轴 5 可装上交换齿轮，以建立与工作台丝杠的运动联系。在分度头侧面可装上分度盘 3，分度盘在若干不同圆周上均布着不同的孔数。转动分度手柄 11，经传动比为 1:1 的齿轮副和 1:40 的蜗杆副，带动主轴 9 回转。通过分度手柄 11 转过的转数，及装在手柄槽内分度定位销 12 插入分度盘上孔的位置，就可使主轴转过一定角度，进行分度。万能分度常用的分度方法有：直接分度法、简单分度法及差动分度法等。这些分度方法的工作原理及使用场合可查阅有关资料。

3.2.2　铣螺旋槽的调整计算

　　如图 3-13 所示，是在万能升降台铣床上利用万能分度头铣切螺旋槽时，应做的调整及计算：

　　1) 工件支承在工作台上的分度头与尾座顶尖之间，扳动工作台绕垂直轴线，偏转角度 β（β 为工件螺旋角），使铣刀旋转平面与工件螺旋槽方向一致（图 3-13a）。

　　2) 在分度头侧轴 5 与工作台丝杠间装上交换齿轮架及一组交换齿轮（图 3-13b），以使工作台带着工件做纵向进给的同时，将丝杠运动经交换齿轮、侧轴 5 及分度头内部的传动系统使主轴带动工件做相应回转。此时，应松开紧固螺钉 1（图 3-12），并将插销 J 插入分度盘孔内，以便通过锥齿轮，将运动传至手柄轴。

　　3) 加工多头螺旋槽或螺旋齿轮等工件时，加工完一条螺旋槽后，应将工件退离加工位置，然后通过分度头使工件分度。

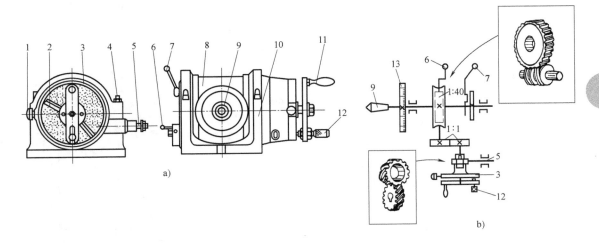

图 3-12　FW250 型万能分度头

1—紧固螺钉　2—分度叉　3—分度盘　4—螺母　5—侧轴　6—蜗杆脱落手柄　7—主轴锁紧手柄

8—回转体　9—主轴　10—底座　11—分度手柄　12—分度定位销　13—刻度盘

可见，为了在铣螺旋槽时，保证工件的直线移动与其绕自身轴线回转之间保持一定运动关系，由交换齿轮将进给丝杠与分度头主轴之间的运动联系起来，构成了一条内联系传动链。该传动链的两端件及运动关系为：工作台纵向移动一个工件螺旋槽螺距 P——工件旋转一周。由此，根据图 3-13b 所示传动系统，可列出运动平衡式为

$$\frac{P}{P_{丝杠}} \times \frac{38}{24} \times \frac{24}{38} \times \frac{z_1}{z_2} \cdot \frac{z_3}{z_4} \times \frac{1}{1} \times \frac{1}{1} \times \frac{1}{40} = 1$$

式中　　$P_{丝杠}$——工作台纵向进给丝杠螺距，$P_{丝杠} = 6\text{mm}$；

$\dfrac{P}{P_{丝杠}}$——工作台移动螺旋槽一个螺距 P 时，纵向丝杠应转过的转数；

z_1、z_2、z_3、z_4——交换齿轮的齿数。

整理后可得换置公式

$$\frac{z_1 z_3}{z_2 z_4} = \frac{40 P_{丝杠}}{P} = \frac{240}{P}$$

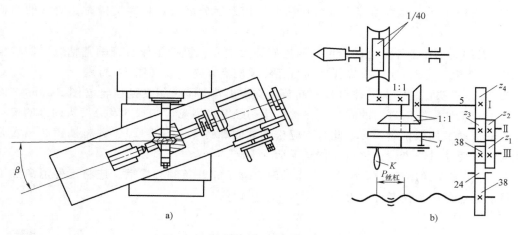

a)　　　　　　　　　　　　　　　　b)

图 3-13　铣螺旋槽的调整及传动联系

K—手柄　J—插销

螺旋槽的螺距 P 由图 3-14 可知为

$$P = \pi D \cot\beta$$

式中　P——螺旋槽的螺距（mm）；

　　　D——工件计算直径（mm）；

　　　β——螺旋角。

对于螺旋角为 β，法向模数为 m_n，端面模数为 m_s，齿数为 z 的螺旋齿轮的螺旋螺距为

$$P = \frac{\pi m_s z}{\tan\beta}$$

因为　$m_s = m_n/\cos\beta$

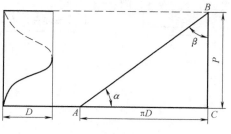

图 3-14　螺旋线的导程

所以　$P = \dfrac{\pi m_n z}{\sin\beta}$

3.2.3　交换齿轮齿数配换方法

FW250 型分度头有一套五倍数的交换齿轮，共 12 个，齿数分别为：20、25、30、35、40、50、55、60、70、80、90、100；较早的分度头使用 12 个四倍数交换齿轮，齿数分别为：24、24、28、32、40、44、48、56、64、72、80、100。

确定交换齿轮齿数的根本依据是交换齿轮组的传动比，常用的方法有因子分解法和直接查表法。

1. 因子分解法

如果传动比可化为分数时，可将分子分母进行分解，经过一定换算，而确定交换齿轮的齿数。

〰〰〰〰〰〰〰〰〰〰〰〰〰〰〰〰〰〰〰〰〰〰〰〰〰〰〰〰〰〰〰〰〰〰〰

例 1　用 FW250 分度头加工一条螺旋槽，已知工件计算直径为 60mm，螺旋角 $\beta = 30°$，试选择交换齿轮。

解　$u_{交} = \dfrac{z_1 z_3}{z_2 z_4} = \dfrac{240}{P} = \dfrac{240}{\pi \times 60 \times \cot 30°} = 0.7350825 \approx \dfrac{36}{49} = \dfrac{6 \times 6}{7 \times 7} = \dfrac{30 \times 60}{70 \times 35}$

即　$z_1 = 30$、$z_2 = 70$、$z_3 = 60$、$z_4 = 35$。

在选用交换齿轮时应满足下列条件：

1）选用的交换齿轮齿数应是分度头配套交换齿轮所具有的。

2）在选择交换齿轮时，除满足传动比要求外，还必须考虑交换齿轮架结构的限制（参见图 3-13b）。因此，所选齿轮的齿数应满足以下关系式

$$z_1 + z_2 > z_3 + 15 \text{（避免 } z_3 \text{ 与轴 Ⅲ 相碰）}$$

$$z_3 + z_4 > z_2 + 15 \text{（避免 } z_2 \text{ 与轴 Ⅰ 相碰）}$$

$$\left.\begin{array}{l} \dfrac{m}{2}(z_1 + z_2 + z_3 + z_4) > A_{Ⅰ-Ⅲ} \\[2mm] \dfrac{m}{2}(z_3 + z_4) < A_{Ⅰ-Ⅱ\max} \\[2mm] \dfrac{m}{2}(z_1 + z_2) < A_{Ⅱ-Ⅲ\max} \end{array}\right\} \text{（使齿数和满足轴间距要求）}$$

式中　z_1、z_2、z_3、z_4——所选交换齿轮齿数；

　　　　m——交换齿轮模数；

　　　$A_{Ⅰ-Ⅲ}$——轴 Ⅰ 与轴 Ⅲ 间中心距；

$A_{Ⅰ-Ⅱ\max}$、$A_{Ⅱ-Ⅲ\max}$——轴 Ⅰ 与轴 Ⅱ，轴 Ⅱ 与轴 Ⅲ 间可调最大中心距。

3）应保证由于交换齿轮传动比误差而引起的零件精度误差在允许范围内。例 1 中，

$$z_1 + z_2 = 30 + 70 = 100 > z_3 + 15 = 60 + 15 = 75$$

$$z_3 + z_4 = 60 + 35 = 90 > z_2 + 15 = 70 + 15 = 85$$

因而符合要求。

另外，传动比 $u_{交实} = \dfrac{36}{49} = 0.7346939$ 与要求传动比 $u_{交} = 0.7350825$ 有少许误差，因而加

工出螺旋槽的螺旋角也略有误差。实际的螺旋角为

$$\beta_{实} = \arctan \frac{240}{\pi \times 60 \times 0.7346939} = 29°59'10''$$

$$\Delta\beta = \beta_{实} - \beta = 29°59'10'' - 30° = -50''$$

可见误差很小，满足一般螺旋槽的加工精度。

2. 直接查表法

因子分解法计算比较烦琐，在加工中往往根据螺旋槽的导程或交换齿轮组的速比，直接查表求得交换齿轮齿数，常用的有速比、导程交换齿轮表及对数交换齿轮表。前者由交换齿轮组的速比或螺旋槽的导程查取对应交换齿轮齿数；后者根据交换齿轮组速比之对数查得交换齿轮齿数。

例2 在铣床上，利用 FW250 分度头铣削一个 $m_n = 3mm$，螺旋角 $\beta = 41°24'$ 的螺旋齿轮，齿数 $z = 25$，工作台进给丝杠螺距为 6mm，试确定交换齿轮齿数。

解

$$P_h = \frac{\pi m_n z}{\sin\beta} = \frac{\pi \times 3 \times 25}{\sin 41°24'} mm = 356.291 mm$$

表 3-2 为部分速比、导程交换齿轮表，从表中可查得接近 356.291mm 的导程值为 356.36mm；对应的交换齿轮齿数为：$z_1 = 55$、$z_2 = 35$、$z_3 = 30$、$z_4 = 70$。由此交换齿轮组加工出的螺旋齿轮的螺旋角为

$$\beta_{实} = \arcsin \frac{\pi m_h z}{P_h} = \arcsin \frac{\pi \times 3 \times 25}{356.36} = 41°23'25''$$

表 3-2 部分速比、导程交换齿轮表

导程/mm	交 换 齿 轮				导程/mm	交 换 齿 轮			
	z_1	z_2	z_3	z_4		z_1	z_2	z_3	z_4
294.00	80	35	25	70	347.62	90	40	35	100
294.55	80	60	55	90	349.09	55	40	50	100
297.00	100	55	40	90	350.00	80	70	60	100
298.67	90	70	50	80	352.00	100	55	30	80
299.22	70	60	55	80	352.65	70	40	35	90
—	—	—	—	—	355.56	90	80	60	100
300.00	80	50	35	70	356.36	55	35	30	70
301.71	100	55	35	80	360.00	80	60	35	70
302.40	100	70	50	90	363.64	55	25	30	100
304.76	90	80	70	100	365.71	90	60	35	80

3.3　其他常见铣床简介

　　除了以上介绍的万能升降台铣床外，在机械加工中，还经常使用各种其他类型的铣床。例如，主轴垂直布置的立式升降台铣床，工具车间常用的万能工具铣床，用于加工大、中型工件的龙门铣床等。各类铣床根据其使用要求的不同，在机床布局和运动方式上均各有特点。

3.3.1　立式升降台铣床

　　这类铣床与上述万能升降台铣床的区别主要是主轴立式布置，与工作台面垂直，如图3-15 所示。主轴 2 安装在立铣头 1 内，可沿其轴线方向进给或经手动调整位置。立铣头 1 可根据加工要求，在垂直平面内向左或向右在 45°范围内回转，使主轴与台面倾斜成所需角度，以扩大铣床的工艺范围。立式铣床的其他部分，如工作台 3、床鞍 4 及升降台 5 的结构与卧式升降台铣床相同。在立式铣床上可安装面铣刀或立铣刀加工平面、沟槽、斜面、台阶、凸轮等表面。

3.3.2　龙门铣床

　　龙门铣床在布局上以两根立柱 5、7 及顶梁 6 与床身 10 构成龙门式框架，并由此而得名，如图3-16 所示。通用的龙门铣床一般有 3~4 个铣头，分别安装在左右立柱和横梁 3 上。每个铣头都是一个独立的主运动传动部件，其中包括单独的驱动电动机、变速机构、传动机构、操纵机构及主轴部件等部分。横梁 3 上的两个垂直铣头 4、8 可沿横梁导轨，做水平方向的位置调整。横梁本身及立柱上的两个水平铣头 2、9 可沿立柱上的导轨调整垂直方向位

93

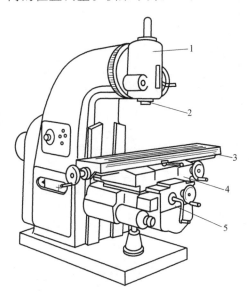

图 3-15　立式升降台铣床

1—立铣头　2—主轴　3—工作台

4—床鞍　5—升降台

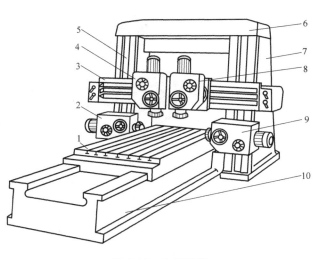

图 3-16　龙门铣床

1—工作台　2、9—水平铣头　3—横梁　4、8—垂直铣头

5、7—立柱　6—顶梁　10—床身

置。各铣刀的切削深度均由主轴套筒带动铣刀主轴沿轴向移动来实现。加工时，工作台带动工件做纵向进给运动。由于采用多刀同时切削几个表面，加工效率较高，另外，龙门铣床不仅可做粗加工、半精加工，还可进行精加工，所以这种机床在成批和大量生产中得到广泛应用。

3.3.3 万能工具铣床

万能工具铣床的基本布局与万能升降台铣床相似，但配备有多种附件，因而扩大了机床的万能性。如图 3-17 所示，为万能工具铣床外形及其附件。机床安装着主轴座 1、固定工作台 2，此时的机床功能与卧式升降台铣床相似，只是机床的横向进给运动由主轴座 1 的水平移动来实现，而纵向进给运动与垂向进给运动仍分别由固定工作台 2 及升降台 3 来实现（图3-17a）。根据加工需要，机床还可安装其他图示附件，如可倾工作台（图 3-17b），回转工作台（图 3-17c），机用虎钳（图 3-17d），分度装置（如图 3-17e 所示，利用该装置，可在垂直平面内调整角度，其上端顶尖可沿工件轴向调整距离），立铣头（图 3-17f），插削头（如图 3-17g 所示，用于插削工件上键槽）。

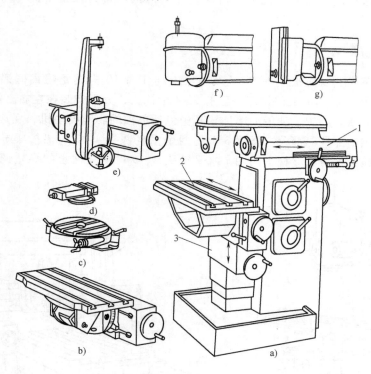

图 3-17　万能工具铣床
1—主轴座　2—固定工作台　3—升降台

由于万能工具铣床具有较强的万能性，故常用于工具车间，加工形状较复杂的各种切削刀具、夹具及模具零件等。

第4章 钻床和镗床

钻床和镗床都是用途广泛的孔加工机床。钻床可以用钻头直接加工出精度不太高的孔，也可以通过钻孔—扩孔—铰孔的工艺手段加工精度要求较高的孔，利用夹具还可以加工要求有一定位置精度的孔系。另外，钻床还可以攻螺纹、锪孔和锪端面等。钻床在加工时，工件一般不动，刀具则一边做旋转的主运动，一边做轴向进给运动。

镗床主要用于加工尺寸较大、精度要求较高的孔，特别适用于加工分布在不同位置上，孔距精度、位置精度要求很严格的孔系。除了镗孔外，镗床还可以完成钻孔、扩孔、铰孔等工作，大部分镗床还具有铣削的功能。镗床在加工时，以刀具的旋转为主运动，而进给运动则根据机床类型和加工情况由刀具或由工件来完成。

钻床的主要类型有：台式钻床、立式钻床、摇臂钻床、铣钻床和中心孔钻床等，其主参数一般为最大钻孔直径。镗床的主要类型有：立式镗床、卧式镗床、坐标镗床及精镗床等。镗床的主参数根据机床类型不同，由镗轴直径、工作台宽度或最大镗孔直径来表示。常用钻床、镗床的工艺特点和适用范围见表4-1。

表 4-1 常用钻床、镗床的工艺特点和适用范围

类型	机床运动及加工示意图	工艺特点	适用范围
台式钻床		主轴由带轮传动做主体运动，转速较高。主轴轴向进给用手工操作，主轴箱绕立柱回转及上、下移动。结构简单，易操作，但劳动强度大	适用于单件、小批生产，主要加工直径小于13mm的孔，也可用于攻螺纹
立式钻床		主轴箱通过变速机构使主轴旋转和机动轴向进给，当加工至深度后能自动断开传动链；主轴箱可以沿床身导轨做上、下移动。操作简便，但每加工完一个孔，需要移动工件对好位置再钻，劳动强度大	适用于在中、小型工件上钻孔、扩孔、铰孔和攻螺纹
摇臂钻床		工件一次装夹后，就能顺序地加工各个不同位置的孔。机床的变速机构、摇臂升降、回转及夹紧由液压传动来实现。使用方便，生产率高	适用于单件、小批生产。主要用于钻孔、扩孔、铰孔和攻螺纹

（续）

类型	机床运动及加工示意图	工艺特点	适用范围
可调式多轴立式钻床		工件安装在工作台上，主轴轴线位置可根据加工孔的位置进行调整，以适应多孔同时加工。多轴箱可沿立柱上、下移动，并完成半自动工作循环。生产率高	适用于多孔工件的成批生产
双面金刚镗床		机床用硬质合金镗刀进行加工，工作时转速极高，而背吃刀量和进给量都很小。机床刚度高，加工精度很高，主轴中心线位置按工件孔距可进行调整。工件安装在工作台上，工作台则可沿床身导轨由液压传动实现半自动进给工作循环	适用于高精度、细的表面粗糙度轮廓值的孔加工。广泛用于加工汽车、拖拉机中的连杆、轴瓦、气缸体、气缸套、活塞等
单柱立式坐标镗床		主轴箱和工作台的位移量都由精密坐标测量装置来保证，能保证很高的孔距精度	适用于精密孔系的钻、铰及镗孔加工。广泛用于发动机缸体、箱体和夹具、模具的加工
卧式坐标镗床		工件安装在工作台上，工作台可精密分度或回转，并实现纵、横向进给运动。位移量由精密坐标测量装置来保证。机床刚度好	机床能一次安装工件便完成几个平面上的孔的加工工作。其余同单柱立式坐标镗床的适用范围
双柱坐标镗床		工件安装在工作台上做横向进给运动，主轴箱除随横梁在立柱导轨上做上、下位移外，还能沿横梁做纵向移动。位移量由精密坐标测量装置来保证。机床刚度好	适用于大、中型复杂的精密孔系加工。广泛用于气缸体、箱体、机座等零件的孔系加工

4.1 Z3040 型摇臂钻床

4.1.1 主要组成部件

　　如图 4-1 所示，为 Z3040 型摇臂钻床的外形图。主要组成部件为：底座、立柱、摇臂、主轴箱等。工件和夹具可安装在底座 1 或工作台 8 上。立柱为双层结构，内立柱 2 安装于底座 1 上，外立柱 3 可绕内立柱 2 转动，并可带着夹紧在其上的摇臂 5 摆动。主轴箱 6 可在摇臂水平导轨上移动。通过摇臂和主轴箱的上述运动，可以方便地在一个扇形面内调整主轴 7 至被加工孔的位置。另外，摇臂 5 可沿外立柱 3 轴向上下移动，以调整主轴箱及刀具的高度。

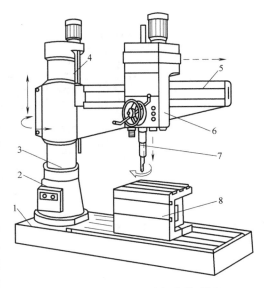

图 4-1　Z3040 型摇臂钻床外形图

1—底座　2—内立柱　3—外立柱　4—摇臂升降丝杠
5—摇臂　6—主轴箱　7—主轴　8—工作台

4.1.2　机床的传动系统

摇臂钻床具有主轴旋转、主轴轴向进给、主轴箱沿摇臂水平导轨的移动、摇臂的摆动及摇臂沿立柱的升降五个运动。前两个运动为表面成形运动，后三个运动为调整位置的辅助运动。Z3040 型摇臂钻床的传动系统图，如图 4-2 所示。

由于钻床轴向进给量以主轴每一转时，主轴轴向移动量来表示，所以钻床的主传动系统及进给系统由同一电动机驱动，主变速机构及进给变速机构均装在主轴箱内。

1. 主运动

主电动机由轴 I 经齿轮副 $\frac{35}{55}$ 传至轴 II，并通过轴 II 上双向多片式摩擦离合器 M_1，使运动由 $\frac{37}{42}$ 或 $\frac{36}{36} \times \frac{36}{38}$ 传至轴 III，从而控制主轴做正转或反转。轴 III—VI 间有三组由液压操纵机构控制的双联滑移齿轮组；轴 VI—主轴 VII 间有一组内齿式离合器（M_3）变速组，运动可由轴 VI 通过齿轮副 $\frac{20}{80}$ 或 $\frac{61}{39}$ 传至轴 VII，从而使主轴获得 16 级转速，转速范围为 25～2000r/min。当轴 II 上双向多片式摩擦离合器 M_1 处于中间位置，切断主传动联系时，通过多片式液压制动器 M_2 使主轴制动。主运动传动路线表达式为

$$
\text{电动机} - \underset{\substack{3\text{kW}\\1440\text{r/min}}}{\text{I}} - \frac{35}{55} - \text{II} - \begin{bmatrix} M_1 \uparrow - \frac{37}{42} \\ (\text{换向}) \\ M_1 \downarrow - \frac{36}{36} \times \frac{36}{38} \end{bmatrix} - \text{III} - \begin{bmatrix} \frac{29}{47} \\ \frac{38}{38} \end{bmatrix}
$$

$$
- \text{IV} - \begin{bmatrix} \frac{20}{50} \\ \frac{39}{31} \end{bmatrix} - \text{V} - \begin{bmatrix} \frac{22}{44} \\ \frac{44}{34} \end{bmatrix} - \text{VI} - \begin{bmatrix} \frac{20}{80} \\ M_3 - \frac{61}{39} \end{bmatrix} - \text{VII}（\text{主轴}）
$$

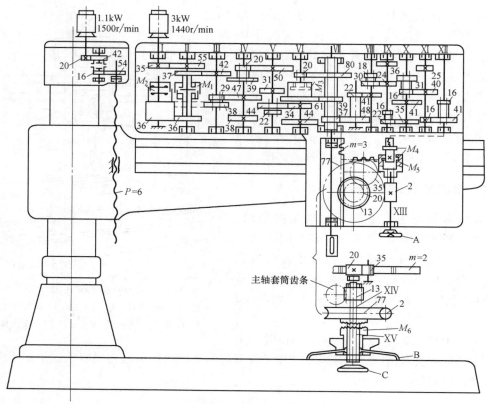

图 4-2　Z3040 型摇臂钻床传动系统图

A、C—手轮　B—手柄　P—丝杠的螺距

2. 轴向进给

主轴的旋转运动由齿轮副$\frac{37}{48}\times\frac{22}{41}$传至轴Ⅷ，再经轴Ⅷ—Ⅻ间四组双联滑移齿轮变速组传至轴Ⅻ。轴Ⅻ经安全离合器M_5（常合），内齿式离合器M_4，将运动传至轴Ⅷ，然后经蜗杆副$\frac{2}{77}$、离合器M_6使空心轴Ⅷ上的$z=13$小齿轮传动齿条，从而使主轴套筒连同主轴一起做轴向进给运动。传动路线表达式如下

$$主轴Ⅶ—\frac{37}{48}\times\frac{22}{41}—Ⅷ—\begin{bmatrix}\frac{18}{36}\\\frac{30}{24}\end{bmatrix}—Ⅸ—\begin{bmatrix}\frac{16}{41}\\\frac{22}{35}\end{bmatrix}—Ⅹ—\begin{bmatrix}\frac{16}{40}\\\frac{31}{25}\end{bmatrix}—Ⅺ—\begin{bmatrix}\frac{16}{41}\\\frac{40}{16}\end{bmatrix}—Ⅻ—M_5—M_4(合)—$$

$$—Ⅷ—\frac{2}{77}—M_6(合)—Ⅷ—z13—齿条(m=3mm)—主轴轴向进给$$

脱开离合器M_4，合上离合器M_6，可用手轮 A 使主轴做微量轴向进给；将M_4、M_6都脱开，可用手柄 B 操纵，使主轴做手动粗进给，或使主轴做快速上下移动。

主轴箱沿摇臂导轨的移动，可由手轮 C，通过装在空心轴Ⅷ内的轴ⅩⅤ及齿轮副$\frac{20}{35}$，使

$z = 35$ 齿轮在固定于摇臂上的齿条（$m = 2\text{mm}$）上滚动，从而带动主轴箱沿摇臂导轨移动。

摇臂的升降运动由装在立柱顶部的升降电动机（1.1kW）驱动。在松开夹紧机构后，电动机可经减速齿轮副 $\dfrac{20}{42} \times \dfrac{16}{54}$ 传动升降丝杠（丝杠的螺距 $P = 6\text{mm}$）旋转，使固定在摇臂上的螺母连同摇臂沿立柱做升降运动。

4.1.3　主要部件结构

1. 主轴部件

Z3040 型摇臂钻床主轴部件的结构应保证主轴既能做旋转运动，又能做轴向移动，因而采用了双层结构，即将主轴 1 通过轴承支承在主轴套筒 2 内，主轴套筒 2 则装在主轴箱体的镶套 13 中，如图 4-3 所示。传动齿轮可通过主轴尾部的花键，使主轴旋转。小齿轮 4 可通过加工在主轴套筒 2 侧面的齿条，使主轴套筒 2 连同主轴一起做轴向移动。与主轴尾部花键相配的传动齿轮以轴承支承在主轴箱体上（图 4-2），而使主轴卸荷。这样既能减少主轴弯曲变形，又可使主轴移动轻便。

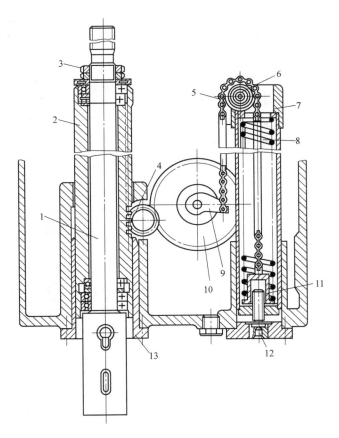

图 4-3　Z3040 型摇臂钻床主轴部件结构

1—主轴　2—主轴套筒　3—螺母　4—小齿轮　5—链条　6—链轮　7—弹簧
座　8—弹簧　9—凸轮　10—齿轮　11—套　12—内六角圆柱头螺钉　13—镶套

Z3040 型摇臂钻床加工时，主轴要承受较大的轴向力，但径向力不大，且对旋转精度要求不太高，因此 Z3040 型摇臂钻床主轴的径向支承采用深沟球轴承，并且不设轴承间隙调整装置。为增加主轴部件刚度，主轴前端布置了两个深沟球轴承。钻削时产生的向上轴向力，由主轴前端的推力球轴承承受。主轴后端的推力球轴承主要承受空转时主轴的重量或某些加工方法中产生的向下切削力。推力轴承的间隙可由后支承上面的螺母 3 进行调整。

主轴前端有一 4 号莫氏锥孔，用以安装和紧固刀具。在这部位还开有两个横向扁尾孔，上面一个可与刀柄相配，以传递扭矩，并可用专用的卸刀扳手插入孔中旋转，从而卸下刀具，如图 4-4 所示；下面的一个用于在特殊加工方式下固定刀具，如倒括端面时，需将楔块穿过扁尾孔将刀具锁紧，以防止刀具在向下切削力作用下，从主轴锥孔中掉下。

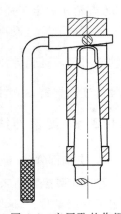

图 4-4　扁尾孔的作用

为了防止主轴因自重下落，以及使操纵主轴升降轻便，在 Z3040 型摇臂钻床内设有一圆柱弹簧—凸轮平衡机构（图 4-3）。该装置主要由弹簧 8、链条 5、链轮 6、凸轮 9 及齿轮 10 等组成。弹簧 8 的弹力通过套 11、链条 5、凸轮 9、齿轮 10、小齿轮 4 作用在主轴套筒 2 上，与主轴的重量相平衡。主轴上下移动时，转动齿轮 10 和凸轮 9，并拉动链条 5 改变弹簧 8 的压缩量，使弹力发生变化，但同时由于凸轮 9 的转动，改变了链条至凸轮 9 及齿轮 10 回转中心的距离，即改变了力臂大小，从而使力矩保持不变。例如，当主轴下移时，齿轮 10 及凸轮 9 顺时针方向转动，通过链条 5 使弹簧 8 缩短，从而加大了弹力；但同时，由于链条 5 与凸轮 9 回转中心靠近而缩小了力臂，从而使平衡力矩保持不变。平衡力可通过内六角圆柱头螺钉 12 调整弹簧压缩量来调节。

2. 立柱

Z3040 型摇臂钻床的立柱采用圆柱形的内外两层立柱组成，如图 4-5 所示。内立柱 4 用螺钉固定在底座 8；外立柱 6 通过上部的推力球轴承 2 和深沟球轴承 3 及下部的滚柱链 7 支承在内立柱上。摇臂 5 以其一端的套筒部分套在外立柱 6 上，并用滑键联接（图中未示出）。调整主轴上下位置时，先将夹紧机构松开，此时，在平板弹簧 1 的作用下，使外立柱相对于内立柱向上抬起 0.2～0.3mm，从而使内、外立柱下部的圆锥配合面 A 脱离接触，这时，外立柱和摇臂能轻便地绕内立柱转动。摇臂位置调整好后，利用夹紧机构产生的向下夹紧力使平板弹簧 1 变形，外立柱下移并压紧在圆锥面 A 上，依靠摩擦力将外立柱锁紧在

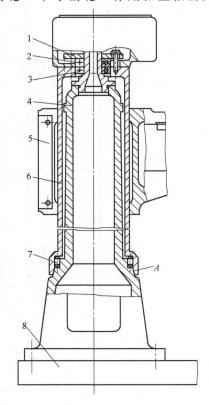

图 4-5　立柱结构

1—平板弹簧　2—推力球轴承　3—深沟球轴承
4—内立柱　5—摇臂　6—外立柱　7—滚柱链
8—底座　A—圆锥面

内立柱上。

3. 夹紧机构

Z3040 型摇臂钻床的主轴箱、摇臂及外立柱，在调整好位置后，必须用各自的夹紧机构夹紧，以保证机床在切削时，有足够的刚度和定位精度。如图 4-6 所示，为 Z3040 型摇臂钻床的摇臂与立柱间的夹紧机构。该夹紧机构由液压缸 8、菱形块 15、垫块 17、夹紧杠杆 3、9，连接块 2、10、13、21 等组成。

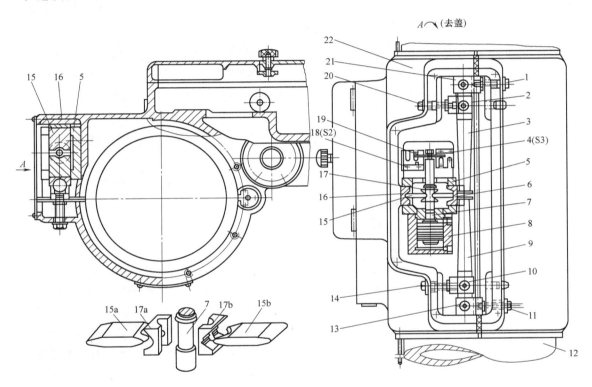

图 4-6　摇臂夹紧机构

1、11—螺钉　2、10、13、21—连接块　3、9—夹紧杠杆　4、18—行程开关　5—座　6、16—顶块
7—活塞杆　8—液压缸　12—外立柱　14、20—螺钉　15—菱形块　15a—左菱形块　15b—右菱形块
17—垫块　17a—左垫块　17b—右垫块　19—弹簧片　22—摇臂

摇臂 22 与外立柱 12 配合的套筒上开有纵向切口，因而套筒在受力后能产生弹性变形而抱紧在立柱上。液压缸 8 内活塞杆 7 的两个台肩间卡装着两个垫块 17a 及 17b；在垫块的 V 形槽中顶着两个菱形块 15a 和 15b。需夹紧摇臂时，通过操纵机构，使液压油进入液压缸 8 下腔，活塞杆 7 上移，通过垫块将菱形块抬起，变成水平位置（图示位置）。左菱形块 15a 通过顶块 16 撑紧在摇臂筒壁上；右菱形块 15b 则通过顶块 6 推动夹紧杠杆 3 和 9。夹紧杠杆 3 和 9 的一端分别通过销钉装有连接块 2、10、13、21。这四个连接块又分别通过螺钉 1、20、14 和 11 与摇臂套筒切口两侧的筒壁相连接。当夹紧杠杆 3 和 9 被菱形块推动，绕销钉摆动时，便通过连接块及紧固螺钉将摇臂套筒切口两侧的筒壁拉紧，从而使摇臂抱紧立柱而得到夹紧。当活塞杆 7 向上移动到终点时，菱形块略向上倾斜，超过水平位置约 0.5mm，

从而产生自锁，以保证在摇臂夹紧后，停止供液压油，摇臂也不会松开。当压力油进入液压缸8上腔，活塞杆7向下移动，并带动菱形块恢复原来向下倾斜位置，此时夹紧杠杆不再受力，摇臂套筒依靠自身弹性而松开。摇臂夹紧力的大小可通过螺钉1、20、14和11进行调整。活塞杆7上端装有弹簧片19，当活塞杆向上或向下移动到终点位置时，即摇臂处于夹紧或松开状态时，弹簧片触动行程开关4（S3）或18（S2），发出相应电信号，通过电液控制系统与摇臂的升降移动保持联锁。

4.2 TP619型卧式铣镗床

卧式铣镗床的工艺范围十分广泛，除镗孔外，还可钻孔、扩孔和铰孔；可铣削平面、成形面及各种沟槽；还可在平旋盘上安装车刀车削端面、短圆柱面、内外环形槽及内外螺纹等。因此，工件安装在卧式铣镗床上，往往可完成大部分，甚至全部加工工序。卧式铣镗床特别适合于加工形状、位置要求严格的孔系，因而常用来加工尺寸较大、形状复杂，具有孔系的箱体、机架、床身等零件。

TP619型卧式铣镗床是具有固定平旋盘的铣镗床，是T619型卧式铣镗床的变形产品。该机床主参数为镗轴直径（90mm），工作台工作面积为1100mm×950mm，主轴最大行程630mm，平旋盘径向刀架最大行程为160mm。

4.2.1 主要组成部件及其运动

TP619型卧式铣镗床由床身1、主轴箱9、上工作台5、平旋盘7和前、后立柱8、2等组成，如图4-7所示。主轴箱9安装在前立柱垂直导轨上，可沿导轨上下移动。主轴箱装有主轴部件、平旋盘、主运动和进给运动的变速机构及操纵机构等。机床的主运动为主轴6或平旋盘7的旋转运动。根据加工要求，镗轴可做轴向进给运动或平旋盘上径向刀具溜板在随平旋盘旋转的同时，做径向进给运动。工作台由下滑座3、上滑座4和上工作台5组成。工

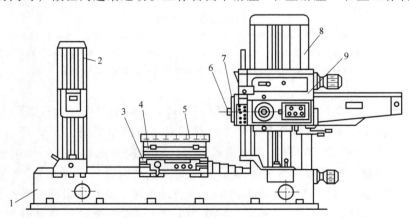

图4-7 TP619型卧式铣镗床外形

1—床身 2—后立柱 3—下滑座 4—上滑座 5—上工作台 6—主轴
7—平旋盘 8—前立柱 9—主轴箱

作台可随下滑座沿床身导轨做纵向移动，也可随上滑座沿下滑座顶部导轨做横向移动。上工作台 5 还可在沿上滑座 4 的环形导轨上绕垂直轴线转位，以便加工分布在不同面上的孔。后立柱 2 的垂直导轨上有支承架用以支承较长的镗杆，以增加镗杆的刚性。支承架可沿后立柱导轨上下移动，以保持与镗轴同轴；后立柱可根据镗杆长度做纵向位置调整。

由此可见，卧式铣镗床可根据加工情况，做以下工作运动：镗轴和平旋盘的旋转主运动，镗轴的轴向进给运动，平旋盘刀具溜板的径向进给运动，主轴箱的垂直进给运动，工作台的纵、横向进给运动。机床还可做以下辅助运动：工作台纵、横向及主轴箱垂直方向的调位移动，工作台转位，后立柱的纵向及后支承架的垂直方向的调位移动。

如图 4-8 所示，为卧式铣镗床的典型加工工序以及机床的运动方式。

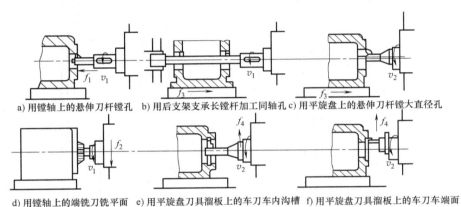

a) 用镗轴上的悬伸刀杆镗孔　b) 用后支架支承长镗杆加工同轴孔　c) 用平旋盘上的悬伸刀杆镗大直径孔

d) 用镗轴上的端铣刀铣平面　e) 用平旋盘刀具溜板上的车刀车内沟槽　f) 用平旋盘刀具溜板上的车刀车端面

图 4-8　卧式铣镗床的典型加工工序以及机床的运动方式

4.2.2　机床的传动系统

1. 主运动

主运动包括镗轴的旋转运动及平旋盘的旋转运动。由 TP619 型卧式铣镗床的传动系统图可看出，主电动机的运动经由轴 I ~ V 间的几组变速组传至轴 V 后，可分别由轴 V 上的单联滑移齿轮 K（$z = 24$）或单联滑移齿轮 H（$z = 17$）将运动传向主轴或平旋盘，如图 4-9 所示。

TP619 型卧式铣镗床在主传动系统中采用了一个多轴变速组（轴 III ~ V 间），该变速组由安装在轴 III 上固定齿轮 $z = 52$，固定宽齿轮 $z = 21$，安装在轴 IV 上的三联滑移齿轮，安装在轴 V 上的固定齿轮 $z = 62$ 及固定宽齿轮 $z = 35$ 等组成，如图 4-10 所示。当三联滑移齿轮处于图示中间位置时，变速组传动比为 $\frac{21}{50} \times \frac{50}{35}$；当滑移齿轮处于左边位置时，传动比为 $\frac{21}{50} \times \frac{22}{62}$；当滑移齿轮处于右边位置时，传动比为 $\frac{52}{31} \times \frac{50}{35}$。可见该变速组共有三种不同传动比，其传递运动路线及扩大转速级数的特性，如图 4-11 所示。

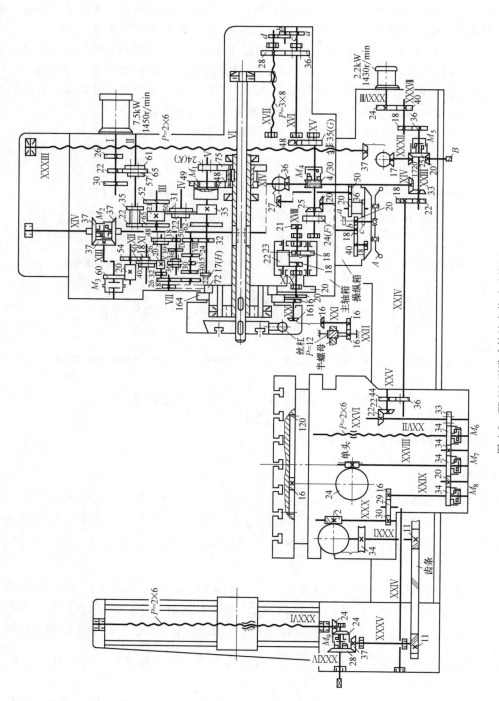

图 4-9 TP619 型卧式铣镗床传动系统图

A—操纵轮 B—手柄 P—丝杠的螺距

主运动传动路线表达式为

$$主电动机—\text{I}\underset{\substack{1450\text{r/min}}}{\overset{\substack{7.5\text{kW}}}{—}}\begin{bmatrix}\dfrac{26}{61}\\[2pt]\dfrac{22}{65}\\[2pt]\dfrac{30}{57}\end{bmatrix}—\text{II}—\begin{bmatrix}\dfrac{22}{65}\\[2pt]\dfrac{35}{52}\end{bmatrix}—\text{III}—\begin{bmatrix}\dfrac{52}{31}—\text{IV}—\dfrac{50}{35}\\[2pt]\dfrac{21}{50}—\text{IV}—\dfrac{50}{35}\\[2pt]\dfrac{21}{50}—\text{IV}—\dfrac{22}{62}\end{bmatrix}$$

$$—\text{V}—\begin{cases}\begin{bmatrix}\dfrac{24}{75}(\text{齿轮}K\text{处于右位})\\[4pt]M_1\text{合}(\text{齿轮}K\text{处于左位})—\dfrac{49}{48}\end{bmatrix}—\text{VI}（\text{镗轴}）\\[10pt]\text{齿轮}H\text{左移}—\dfrac{17}{22}\times\dfrac{22}{26}—\text{VII}—\dfrac{18}{72}—\text{平旋盘}\end{cases}$$

由 TP619 型卧式铣镗床镗轴转速图（图4-11）中可知，中间转速部分有 13 级重复转速，故镗轴只能得到 8～1250r/min23 级转速。平旋盘有 18 级转速，转速范围为 4～200r/min。

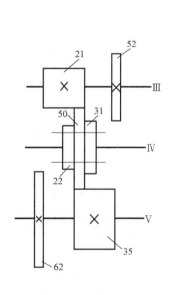

图 4-10　轴Ⅲ～Ⅴ间的多轴变速组

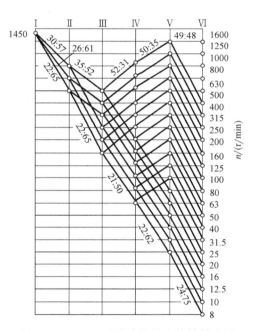

图 4-11　TP619 型卧式铣镗床镗轴转速图

2. 进给运动

1）进给系统的传动路线。进给运动包括：镗轴轴向进给、平旋盘刀具溜板径向进给、主轴箱垂向进给、工作台纵横向进给及工作台的圆周进给等。进给运动由主电动机驱动，各进给传动链的一端为镗轴或平旋盘，另一端为各进给运动执行件。各传动链采用公用换置机构，即自轴Ⅷ至轴Ⅻ间的各变速组是公用的，运动传至垂直光杠ⅩⅣ后，再经由不同的传动路线，实现各种进给运动。进给运动传动路线表达式为

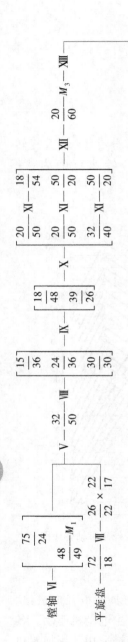

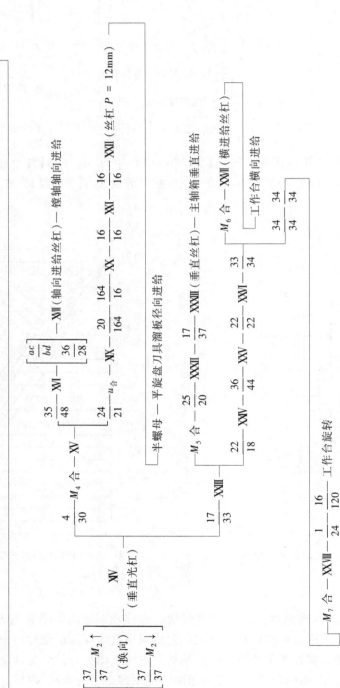

2）进给运动的操纵。机床设有一个带两手柄的操纵轮 A（图 4-9），该手轮有前、中、后三个位置，依次实现机动进给、手动大进给或快速移动及手动微量进给。如将操纵轮 a 的手把向前（近操作者）拉，通过杠杆作用，使中间轴上齿轮 $z = 20$ 处于 "a" 位置，不与其他齿轮啮合，同时通过电液控制，使端面齿离合器 M_4 啮合，从而接通了机动进给。当将手把扳至中间位置（图示位置）时，齿轮 $z = 20$ 处于 "b" 位置与齿轮 $z = 18$ 啮合，转动手轮就可经齿轮副 $\frac{20}{18}$ 及锥齿轮副 $\frac{20}{25}$ 使轴 XV 转动，从而使镗轴或平旋盘刀具溜板得到快速移动。此时，在电液控制下，使离合器 M_4 脱离啮合，切断机动进给传动链。如将手把向后（离开操作者）推，齿轮 $z = 20$ 处于 "c" 位置，与齿轮 $z = 36$ 啮合。这时转动操纵轮 A，就可通过齿轮副 $\frac{20}{36}$、$\frac{20}{50}$ 及锥齿轮副 $\frac{27}{36}$，蜗杆副 $\frac{4}{30}$，传动轴 XV。由于在传动路线中增加了几对降速齿轮副，故而可使镗轴或平旋盘刀具溜板得到微量进给。此时，在电液控制下，离合器 M_4 得以接合，而 M_3 脱离接合，断开机动进给传动链。

3）平旋盘刀具溜板的径向进给。利用平旋盘车大端面及较大的内外环形槽时，需要刀具一面随平旋盘绕主轴轴线旋转，一面随刀具溜板做径向进给。如图 4-12 所示，为平旋盘刀具溜板径向进给原理图。

平旋盘由安装其上的齿轮 $z = 72$ 带动旋转，其本身又可通过两条传动路线，经合成机构合成后，由合成机构输出轴左端齿轮 $z = 20$ 传动空套在平旋盘上的大齿轮 $z = 164$。这两条传动路线分别为：一条由齿轮 $z = 72$ 经进给传动链，最后由齿轮 $z = 21$ 传至合成机构输入轴及右太阳轮 $z = 23$（如图 4-9 所示传动系统及传动路线表达式）；另一条由齿轮 $z = 72$ 经合成机构壳体（行星架）上的齿轮 $z = 20$，传至合成机构。大齿轮 $z = 164$ 通过安装在平旋盘上的齿轮 $z = 16$、锥齿轮副 $\frac{16}{16}$、齿轮副 $\frac{16}{16}$、丝杠及安装在刀具溜板上的半螺母与刀具溜板保持传动联系。如果大齿轮 $z = 164$ 的转速

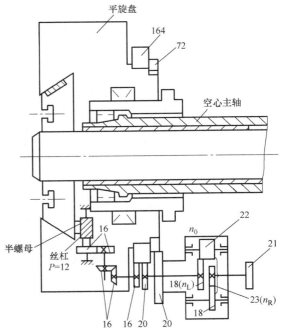

图 4-12 平旋盘刀具溜板径向进给传动原理
P—螺纹的螺距

及转向与齿轮 $z = 72$ 相同，即大齿轮 $z = 164$ 与平旋盘保持相对静止，上述联系大齿轮与刀具溜板的各传动件只随平旋盘绕平旋盘轴线做公转，而不做自转，则刀具溜板不做径向进给。如果大齿轮 $z = 164$ 与齿轮 $z = 72$ 的转速或转向不同，大齿轮 $z = 164$ 相对平旋盘转动，并使 $z = 16$ 小齿轮做自转，从而通过锥齿轮副 $\frac{16}{16}$ 及丝杠副使刀具溜板做径向进给。

从传动系统图及传动路线表达式可知，刀具溜板的径向进给是通过轴 XV 上齿轮 $z = 24$ 左移与合成机构输入轴右端齿轮 $z = 21$ 啮合而接通的。反之，当两者未啮合，$z = 21$ 不转动，则刀具溜板就无径向进给。其传动关系可由以下推导得知。

设合成机构行星架转速，即齿轮 $z=20$ 的转速为 n_0，右太阳轮 $z=23$ 的转速为 n_R，左太阳轮 $z=18$ 的转速为 n_L，由行星轮系运动关系可知

$$\frac{n_L-n_0}{n_R-n_0}=(-1)^3\frac{23\times18\times22}{18\times22\times18}=-\frac{23}{18}$$

如进给传动链未接通，即右太阳轮静止不动，$n_R=0$，得

$$\frac{n_L-n_0}{-n_0}=-\frac{23}{18}$$

整理得

$$n_L=\frac{41}{18}n_0 \tag{4-1}$$

又设大齿轮 $z=164$ 转速为 n_{164}，齿轮 $z=72$ 的转速（即平旋盘转速）为 $n_{平}$，由图 4-12 可知

$$n_{平}=n_0\times\frac{20}{72}$$

$$n_{164}=n_L\times\frac{20}{164} \tag{4-2}$$

将式(4-1)代入式(4-2)得

$$n_{164}=\frac{41}{18}n_0\times\frac{20}{164}=n_0\times\frac{20}{72}=n_{平}$$

由此可见，当进给链断开，右太阳轮不转时，大齿轮与平旋盘转速转向相同，两者保持相对静止，刀具溜板只随平旋盘做公转而不做径向进给，而只有当轴 XV 上齿轮 $z=24$ 左移，接通进给传动链，使合成机构右太阳轮转动时，才能使大齿轮 $z=164$ 与平旋盘产生相对转动，从而使刀具溜板做径向进给。

从以上分析也可看到，平旋盘经齿轮 $z=72$，合成机构壳体齿轮 $z=20$，再经合成机构传动大齿轮 $z=164$ 的这条传动链的作用是使大齿轮与平旋盘同步转动；而另一条传动链，即进给传动链才能使大齿轮与平旋盘产生转速差，从而使刀具溜板得到径向进给。所以刀具溜板径向进给量，可由进给传动链计算而得。计算刀具溜板径向进给量的运动平衡式为

$$f_{溜板}=1_{平旋盘}\times u_o u_f u_{合}\times\frac{20}{164}\times\frac{164}{16}\times\frac{16}{16}\times12$$

式中 $f_{溜板}$——刀具溜板径向进给量，mm/r；

    u_o——径向进给传动链中定比机构传动比；

    u_f——径向进给链中变速机构传动比；

    $u_{合}$——合成机构传动比，$u_{合}=\dfrac{n_L-n_0}{n_R-n_0}=-\dfrac{23}{18}$。

整理后可得

$$f_{溜板}=3.81u_f$$

刀具溜板径向进给量可由变速机构变换，得到 18 级进给量（0.08~12mm/r），进给方向可由离合器 M_2 控制（图 4-9）。

4.2.3 主轴部件结构

TP619 型卧式铣镗床的主轴部件结构，如图 4-13 所示。镗轴套筒 3 采用三支承结构，前

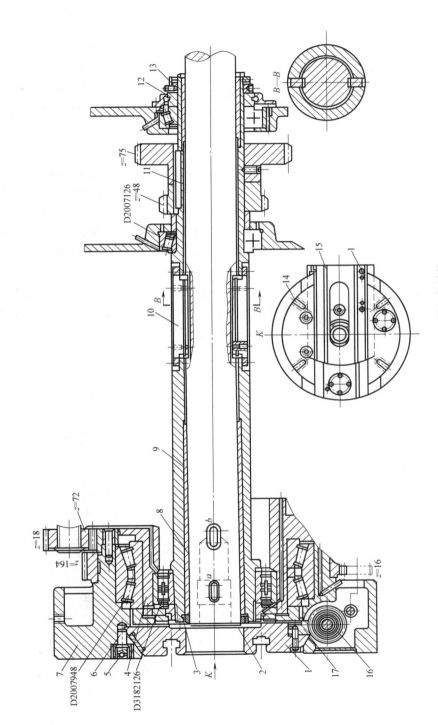

图 4-13　TP619 型卧式铣镗床主轴部件结构

1—平旋盘刀具溜板　2—镗轴　3—镗轴套筒　4—法兰盘　5—螺塞　6—销钉　7—平旋盘
8、9—前支承衬套　10—后支承衬套　11—平键　12—后支承衬套　13—调整螺母
14—径向 T 形槽　15—T 形槽　16—丝杠　17—半螺母

支承为 D3182126 型双列圆柱滚子轴承，中间及后支承为 D2007126 型圆锥滚子轴承，三支承均安装在箱体孔中。镗轴 2 由压入镗轴套筒 3 的三个精密前支承衬套 8、9 和后支承衬套 12 作为前后支承，以保证有较高的旋转精度和平稳的轴向进给运动。镗轴前端有一精密的 1 : 20 锥孔，用以安装镗杆或其他刀具。镗轴前部还加工有 a、b 两个腰形孔，其中孔 a 用于拉镗孔或倒括端面时，插入楔块，以防止镗杆被切削力拉出，孔 b 用于拆卸刀具。镗轴 2 的旋转运动由 $z=75$ 或 $z=43$ 齿轮通过平键 11 使镗轴套筒 3 旋转，然后由镗轴套筒上两个对称分布的导键 10 传动而得到。镗轴上开有两条长键槽，一方面可以接受由导键传来的转矩，另外在镗轴轴向进给时，还可起导向作用。

平旋盘 7 通过 D2007948 型双列圆锥滚子轴承支承在固定于箱体上的法兰盘 4 上。平旋盘由用定位销及螺钉联接其上的齿轮 $z=72$ 传动。传动刀具溜板的大齿轮 $z=164$ 空套在平旋盘 7 的外圆柱面上。平旋盘 7 端面铣有四条径向 T 形槽 14，平旋盘刀具溜板 1 上铣有两条 T 形槽 15（K 向视图），供安装刀架或刀盘之用。

平旋盘刀具溜板 1 可在平旋盘 7 的燕尾导轨上做径向进给运动，导轨的间隙可由镶条进行调整。如不需要做径向进给运动时，可由螺塞 5 通过销钉 6，将刀具溜板锁紧在平旋盘上，以增加刚性。

4.3　其他常见钻、镗床简介

4.3.1　其他常见钻床简介

除了摇臂钻床外，机械加工中还使用各种其他类型钻床。以下就常见的立式钻床、可调多轴立式钻床及台式钻床等做一简介。

1. 立式钻床

立式钻床的外形如图 4-14 所示。主轴 2 通过主轴套筒安装在进给箱 3 上，并与工作台 1 的台面垂直。变速箱 4 及进给箱 3 内布置有变速装置及操纵机构，通过同一电动机驱动，分别实现主轴的旋转主运动和轴向进给运动。利用进给箱右侧的操纵手柄，可方便地使主轴接通或断开机动进给，并可手动进给或实现主轴快速升降。进给操纵机构具有定程切削装置，可使刀具钻孔至预定深度时，停止机动进给，或使丝锥攻完螺纹后，自动反转退出。工作台和进给箱均安装在立柱 5 的方形导轨上，并可沿导轨上下移动，调整位置，以适应不同高度工件的加工。

由于立式钻床的主轴在水平面的位置是固定的，必须通过移动工件才能使主轴及刀具轴线与被加工孔中心线重合。因此，立式钻床只用于加工中、小型工件，且被加工孔数也不宜过多。

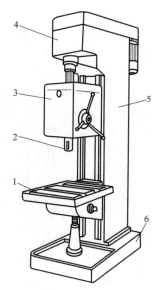

图 4-14　立式钻床

1—工作台　2—主轴　3—进给箱
4—变速箱　5—立柱　6—底座

2. 可调多轴立式钻床

可调多轴立式钻床是立式钻床的变形品种。机床布局基本与立式钻床相似，其主要特点是主轴箱上装有若干主轴，主轴在水平面内的位置可根据被加工件上孔的位置进行调整，如图 4-15 所示。加工时，主轴箱带着全部主轴沿立柱导轨垂直进给，对工件上多孔进行同时加工。进给运动通常采用液压传动，并可实现半自动工作循环。这种钻床能较灵活地适应工件的变化，且采用多刀切削，生产率高，常用于成批生产中。

3. 台式钻床

台式钻床简称台钻，是一种放在台面上使用的小型钻床。台钻钻孔直径一般在 13mm 以下，最小可以加工十分之几毫米的孔，主要用于电器、仪表工业以及一般机器制造业的钳工、装配工作中。

台式钻床布局形状与立式钻床相似，但结构比较简单，如图 4-16 所示。由于台钻加工孔径很小，主轴转速往往很高，为保持主轴运转平稳，采用带传动，并用塔轮机构进行变速。主轴的轴向进给运动一般为手动。工件安放在工作台或底座上。主轴箱可沿立柱调整位置，以适应工件高度。

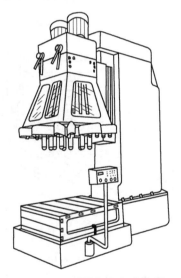

图 4-15　可调多轴立式钻床

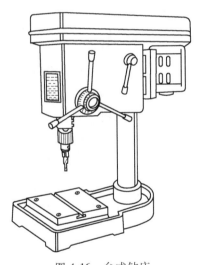

图 4-16　台式钻床

4.3.2　其他常见镗床简介

1. 坐标镗床

坐标镗床是一种主要用于加工精密孔系的高精度机床。这种机床装备有测量坐标位置的精密测量装置，其坐标定位精度可达 0.002~0.01mm，从而保证刀具和工件具有精确的相对位置。因此，坐标镗床不但可以保证被加工孔本身达到很高的尺寸和形状精度，而且可以不采用导向装置，保证孔间中心距及孔至某一基面间距离达到很高的精度。坐标镗床除了能完成镗孔、钻孔、扩孔、铰孔、锪端面、切槽及铣平面等工作外，还能进行精密刻线和划线，以及孔距和直线尺寸的精密测量等工作。坐标镗床主要用于工具车间中加工夹具、模具和量具等，也可用于生产车间加工精度要求高的工件。

坐标镗床按其布局形式有单柱、双柱和卧式坐标镗床三种形式。

1）单柱坐标镗床。图 4-17 所示为单柱坐标镗床外形。主轴 2 的旋转主运动由安装在立柱 4 内的电动机，经主传动机构传动而实现。主轴通过精密轴承支承在主轴套筒中，并可随套筒做轴向进给。主轴箱 3 可沿立柱导轨做垂直方向的位置调整，以适应工件的不同高度。主轴在水平面上的位置是固定的，镗孔坐标位置由工作台 1 沿床鞍 5 导轨的纵向移动和床鞍沿床身 6 导轨的横向移动来确定。

这种机床工作台的三个侧面敞开，操作较方便，但主轴箱 3 悬臂安装在立柱 4 上，工作台尺寸越大，主轴中心线离立柱也就越远，影响机床刚度和加工精度，所以这种机床一般为中、小型机床。

2）双柱坐标镗床。这种机床一般属大型机床，为了保证机床具有足够刚度，采用了两个立柱、顶梁和床身构成龙门框架的布局形式，并将工作台直接支承在床身导轨上，如图 4-18 所示。主轴箱 5 安装在可沿立柱 3、6 导轨调整上下位置的横梁 2 上。镗孔的坐标位置由主轴箱沿横梁导轨水平移动及工作台 1 沿床身 8 导轨的移动来确定。

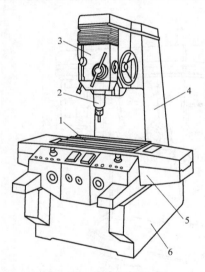

图 4-17　单柱坐标镗床

1—工作台　2—主轴　3—主轴箱
4—立柱　5—床鞍　6—床身

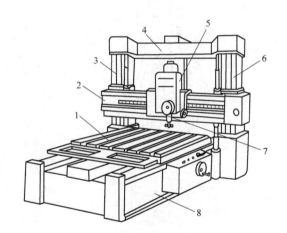

图 4-18　双柱坐标镗床

1—工作台　2—横梁　3、6—立柱　4—顶梁
5—主轴箱　7—主轴　8—床身

3）卧式坐标镗床。该机床的主轴水平布置与工作台面平行，如图 4-19 所示。安装工件的工作台由下滑座 7、上滑座 1 及回转工作台 2 组成。镗孔坐标由下滑座 7 沿床身 6 导轨横向移动和主轴箱 5 沿立柱 4 导轨垂直移动来确定。进给运动可由主轴 3 轴向移动完成，也可由上滑座沿下滑座导轨纵向移动来完成。由于主轴采用卧式布置，工件高度不受限制，且安装方便。回转工作台可做精密分度，以便工件在一次安装中，完成几个面上的孔加工，不但保证了加工精度，而且提高了生产率。

2. 坐标镗床的精密测量系统

坐标镗床具有高精度加工性能，不但是由于机床零部件的制造精度、装配精度很高，并具有良好的刚性和抗振性，而且因为机床的工作台、主轴箱等运动部件配有精密坐标测量装置，能实现工件和刀具的精密定位。

1）精密刻线尺—光屏读数头坐标测量装置。这种测量装置主要由精密刻线尺、光学放大系统及读数头三部分组成。如图 4-20 所示，为 T4145 型单柱坐标镗床工作台纵向位移光学测量装置的工作原理。由线胀系数小，不易氧化生锈的合金材料制成的，并刻有间距为 1mm 线纹的精密刻线尺 3 安装在工作台底面的矩形槽中，刻线面向下。精密刻线尺的一端与工作台连接，并可随工作台一起做纵向移动。光学放大系统安装在床鞍上，其工作原理如图 4-20b 所示。由光源 8 发出的光，经聚光镜 7、滤色镜 6、反光镜 5 和前物镜 4 投射到精密刻线尺 3 的刻线面上。精密刻线尺上被照亮的线纹，通过前物镜 4、反光镜 9、后物镜 10、反光镜 13、12 和 11，投影成

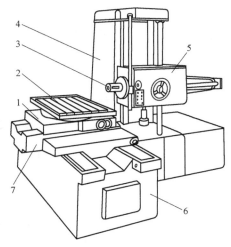

图 4-19　卧式坐标镗床

1—上滑座　2—回转工作台　3—主轴　4—立柱
5—主轴箱　6—床身　7—下滑座

像于光屏读数头的光屏 1 上。操作者可通过目镜 2，清晰地观察到放大的线纹象。因为物镜的总放大倍数为 40 倍，所以精密刻线尺上间距为 1mm 的线纹，投射到光屏的线纹象距离为 40mm。光屏上刻有 0~10 共 11 组等距离的双刻线，相邻两双刻线之间的距离为 4mm，如图 4-21 所示。因而，如果从目镜上观察到刻线尺线纹象从某一组双刻线中间移到相邻一组双刻线中间，说明精密刻线尺以及工作台的实际移动距离为 $4 \times \dfrac{1}{40} \text{mm} = 0.1 \text{mm}$。

光屏 1 镶嵌在可沿滚动导轨 17 移动的框架 16 中。由于弹簧 18 的作用，框架 16 通过装在其一端孔中的钢球 19，始终顶紧在阿基米德螺旋线内凸轮 14 的工作表面上。刻度盘 15 可带着阿基米德螺旋线内凸轮 14 转动，并推动框架 16 连同光屏 1 一起沿着垂直于双刻线的

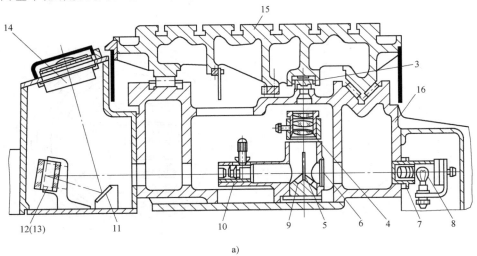

a)

图 4-20　T4145 型单柱坐标镗床工作台纵向位移光学测量装置

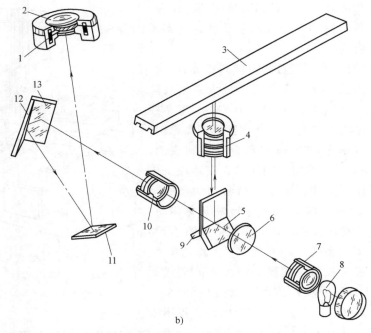

b)

图 4-20 T4145 型单柱坐标镗床工作台纵向位移光学测量装置（续）

1—光屏 2—目镜 3—精密刻线尺 4—前物镜 5、9、11、12、13—反光镜
6—滤色镜 7—聚光镜 8—光源 10—后物镜 14—光屏读数头 15—工作台 16—床鞍

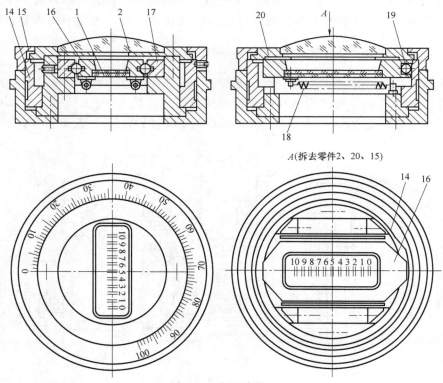

A(拆去零件2、20、15)

图 4-21 光屏读数头

1—光屏 2—目镜 14—阿基米德螺旋线内凸轮 15—刻度盘 16—框架 17—滚动导轨 18—弹簧 19—钢球 20—盖

方向做微量移动。刻度盘 15 的端面上，刻有 100 格圆周等分线。刻度盘 15 每转动一格，阿基米德螺旋线内凸轮推动光屏移动 0.04mm，刻线尺在光屏上的投射线纹象也相对光屏上双刻线移动 0.04mm。可见刻度盘 15 转动一格，工作台需移动 $0.04 \times \frac{1}{40}$ mm = 0.001mm，才能使投射线纹象与双刻线恢复原有相对位置。

进行坐标测量时，工作台移动量的毫米整数值由装在工作台上的粗读数标尺读取，毫米以下的小数部分由光屏读数头读取。在每次测量前，应先调整零位，具体是转动刻度盘 15，使其刻线对准零位，然后通过专门手把移动前物镜 4，将线纹象调到光屏上 "0" 双刻线组的中间。调零后即可进行测量，如要求工作台移动 81.435mm，可按以下三步进行：

其一，先根据粗读数标尺中的读数，将工作台移动 81mm。

其二，边移动工作台边观察光屏 1，使线纹象移至 "4" 双刻线组的正中，即使工作台又移动了 0.4mm。

其三，将读数头刻度盘转动 35 格，使线纹象偏离双刻线正中，接着微量移动工作台，使线纹象重回到 "4" 双刻线组正中。在这一步中，工作台又移动 0.035mm。至此，工作台一共移动了 81.435mm。

2）光栅—数字显示器坐标测量装置。光栅是在长条形（或圆形）的光学玻璃或反光金属尺表面刻上间距相等，分布极密的平行线纹所构成。图 4-22 所示为光栅坐标测量装置工作原理图。光栅上两相邻刻线之间的距离 W 称为节距（图 4-22a）。光栅节距越小，测量精度越高。根据机床测量精度要求的不同，一般光栅节距在 0.01~0.05mm 之间，即线纹密度为每 mm20 条到 100 条。

光栅测量的工作原理是利用两个平行放置的光栅所形成的莫尔条纹来确定机床部件的位移量。光栅 3 安装在机床的固定部件上，称为指示光栅；光栅 4 安装在机床的移动部件上，称为标尺光栅。两光栅互相平行，并保持 0.1~0.5mm 的间隙。指示光栅 3 可在自身平面内偏转，使其线纹相对标尺光栅线纹成一很小倾斜角 θ（图 4-22b）。当光源 1 经聚光镜 2 射出的平行光束照射到光栅上时，由于光栅上不透光线纹的遮光作用，产生几条明暗相间的粗条纹，称为莫尔条纹。莫尔条纹的节距 B 比光栅节距 W 大得多，倾斜角 θ 越小，节距 B 越大。当标尺光栅随移动部件移动时，莫尔条纹随之移动，并使明暗条纹发生变化。这种变化通过缝隙板 5 为光电元件 6 所接收，并转变为电信号（图 4-22c）。当标尺光栅 4 随机床部件移动一个节距 W，莫尔条纹相应移动一个节距 B；光电元件 6 接收的光强度发生一次周期变化，于是输出一个正弦波电信号，经电子系统放大，计数后，便在数码显示器 7 中以数码显示出机床部件的正确位移量。由于光栅具有位移测量精度高、数码显示、读数直观方便等优点，因而在坐标镗床上的应用日益增多。

3. 精镗床

精镗床是一种高速镗床，采用硬质合金刀具（以前这种机床常采用金刚石刀具，并称为金刚镗床），以很高的切削速度，极小的切削深度和进给量对工件内孔进行精细镗削。工件的尺寸精度可达 0.003~0.005mm，表面粗糙度 $Ra = 0.16~1.25\mu m$。精镗床主要用于批量加工连杆轴瓦、活塞、液压泵壳体、气缸套等零件的精密孔。

图 4-23 所示为单面卧式精镗床的外形。主轴箱 1 固定在床身 4 上，主轴 2 由电动机通过带轮直接带动以高速旋转。工件通过夹具安装在工作台 3 上，工作台沿床身导轨做低速平

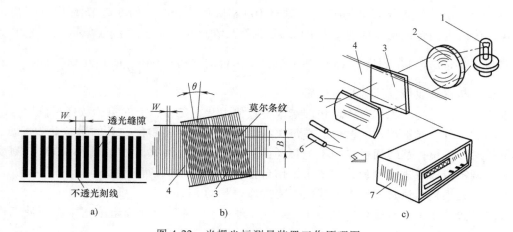

图 4-22 光栅坐标测量装置工作原理图

1—光源 2—聚光镜 3—指示光栅 4—标尺光栅 5—缝隙板 6—光电元件 7—数码显示器

稳的进给运动。为了获得细的表面粗糙度，除了采用高转速、低进给外，机床主轴结构短且粗，支承在有足够刚度的精密支承上，使主轴运转平稳。除了单面卧式精镗床外，按机床布局分还有双面卧式精镗床及立式精镗床等类型。

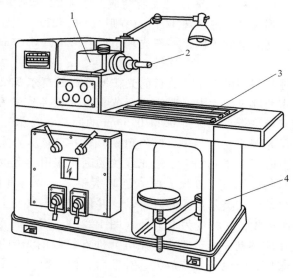

图 4-23 单面卧式精镗床

1—主轴箱 2—主轴 3—工作台 4—床身

第5章 刨床和拉床

刨床主要用于加工水平面、垂直平面、倾斜面和 T 形槽、燕尾槽、V 形槽等，用成形刨刀也可以加工一些简单的直线成形表面。刨床可分为牛头刨床、龙门刨床和插床、刨边机等。刨床的主运动是刀具（如牛头刨床及插床）或工件（如龙门刨床）的直线往复运动。刨削加工的工作行程是刀具向工件（或工件向刀具）前进时进行切削加工的行程，返回时为空行程，不进行切削，且需将刨刀抬起让刀，以避免损伤已加工表面和减少刀具磨损。进给运动为间歇性的直线运动，由工件或刀具完成，进给方向与主运动方向相垂直，在空行程结束后的短时间内进行。

图 5-1 所示为牛头刨床的工作运动。由于刨床的主运动是直线往复运动，变向时要克服较大的惯性力，因此限制了速度的提高，而在空行程时又不进行切削，故在进行大平面加工时机床生产率不高。但刨刀结构简单，易于刃磨，生产准备工作省时，用宽刃刨刀精加工平面时，可得到较小的表面粗糙度值。常用刨床的工艺特点和适用范围见表 5-1。

拉床是用拉刀进行加工的机床。采用不同结构形状的拉刀，可以加工各种形状的通孔、通槽、平面及成形表面。图 5-2 所示是适用于拉削的一些典型表面形状。拉床的运动比较简单，它只有主运动而没有进给运动。拉削时，一般由拉刀做低速直线的主运动。拉刀在进行主运动的同时，依靠拉刀刀齿的齿升量来完成切削时的进给，所以拉床不需要有进给运动机构。考虑到拉削所需的切削力很大，同时为了获得平稳的且能无级调速的运动速度，因此拉床的主运动通常采用液压驱动。

拉床和刨床的共同特点是主运动均为直线运动，所以也将这两类机床称为直线运动机床。

117

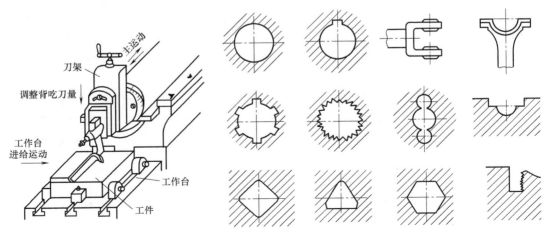

图 5-1 牛头刨床的工作运动　　　　　图 5-2 适用于拉削的典型表面形状

表 5-1　常用刨床的工艺特点和适用范围

类型	机床运动及加工示意图	工艺特点	适用范围
牛头刨床		刀架、滑枕一起做直线往复主运动，刀架的垂向进给由手工操作完成。工件安装在工作台上，可做横向和垂向进给运动。工件调整简单方便，容易操作	适用于单件、小批生产。主要用于加工平面、斜面和沟槽等
单柱刨床		有两个互相垂直的刀架，可同时加工两个面。机床布局为敞开式，工件装夹方便。工件装夹在工作台上做直线往复主运动，刀架做进给运动	适用于中型及大型工件加工。可同时安装多个工件，加工平面和沟槽等
插床		滑枕带动刀架沿导轨做垂直方向的直线往复主运动。工件装夹在工作台上，除能做纵向进给运动外，还能做圆周进给运动或进行分度。生产率低	主要用于加工沟槽、平键槽、花键孔、多边孔等
龙门刨床		有两个垂直刀架和两个水平刀架，可同时加工一个工件的几个平面，或几个工件一起装夹同时加工。工作台能做无级调速实现直线往复主运动，刀架做间歇进给运动。机床刚性好，生产率高	适用于中、大批生产中的大型工件的平面或沟槽等的加工

5.1　刨床

　　刨床类机床主要用于加工各种平面（如水平面、垂直面及斜面等）和沟槽（如 T 形槽、燕尾槽、V 形槽等），此外，在刨床上还可以加工一些简单的直线成形曲面。

　　刨床类机床的主运动是刀具或工件所做的直线往复运动。它只在一个运动方向上进行切削，称为工作行程；返回时不进行切削，称为空行程，此时刨刀抬起，以便让刀，避免损伤已加工表面和减少刀具磨损。进给运动由刀具或工件完成，其方向与主运动方向相垂直。它是在空行程结束后的短时间内进行的，因而是一种间歇运动。

　　刨床加工所用的刀具结构简单，其通用性较好，且生产准备工作较为方便。但由于刨床的主运动是直线往复运动，变向时要克服较大的惯性力，限制了切削速度和空行程速度的提高，同时还存在空行程所造成的时间损失，所以在多数情况下生产率较低，一般用于单件小批生产。

5.1.1　龙门刨床

1. 机床的组成和工艺范围

　　图 5-3 为龙门刨床的外形图。它主要由床身 1、工作台 2、立柱 6、横梁 3、垂直刀架 4、

侧刀架 9 和进给箱 7 等组成。机床的主运动是工作台沿床身导轨做水平的直线往复运动。床身 1 的两侧固定有立柱 6，两立柱由顶梁 5 连接，形成结构刚性较好的龙门框架。横梁 3 上装有两个垂直刀架 4，可分别做横向和垂直方向进给运动及快速调整移动。横梁可沿立柱垂直导轨做升降移动，以调整垂直刀架的位置，适应不同高度的工件加工。横梁升降位置确定后，由夹紧机构夹紧在两个立柱上。左右立柱分别装有侧刀架，可分别沿垂直方向做自动进给和快速调整移动，以加工侧平面。

龙门刨床主要用于加工大型或重型零件上的各种平面、沟槽和各种导轨面，也可在工作台上一次装夹数个中小型零件进行多件加工。大型龙门刨床往往还附有铣头和磨头等部件，以便使工件在一次安装中完成刨、铣及磨平面等工作，这种机床又称为龙门铣刨床或龙门铣磨刨床。

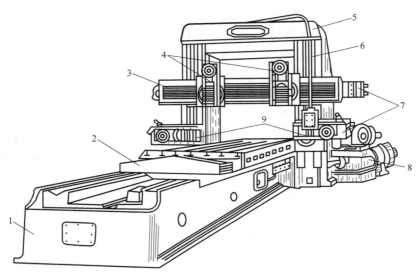

图 5-3 龙门刨床

1—床身 2—工作台 3—横梁 4—垂直刀架 5—顶梁 6—立柱 7—进给箱
8—减速箱 9—侧刀架

龙门刨床的主参数是最大刨削宽度，第二主参数是最大刨削长度。例如 B2012A 型龙门刨床的最大刨削宽度为 1250mm，最大刨削长度为 4000mm。

2. 机床的传动系统

1）主运动。B2012A 型龙门刨床主运动是采用直流发电机—直流电动机组为动力源，经减速箱 4、蜗杆 1 带动齿条 2，使工作台获得直线往复的主运动，如图 5-4 所示。主运动的变速是通过调节直流电动机的电压来调节电动机的转速（简称调压调速），并通过两级齿轮进行机电联合调速。这种方法可使工作台在

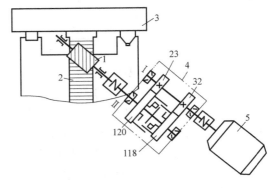

图 5-4 工作台主运动传动简图

1—蜗杆 2—齿条 3—工作台 4—减速箱 5—直流电动机

较大范围内实现无级调速。主运动的变向是由直流电动机改变方向来实现的。

由于龙门刨床工作台和被加工工件的重量大、速度较高，为了缓和工作台换向时惯性力所引起的冲击，要求在工作行程和空行程将近结束时，工作台降低速度；为了避免刀具切入工件时碰坏刀具，以及离开工件时拉崩工件边缘，要求工作台在刀具切入、切出之前降低速度。如图 5-5 所示，工作台换向时速度为零，然后从零逐渐升高，以较低的速度使工件趋近刨刀并切入；刨刀切入工件后，工作台便加速到所需的切削速度进行切削工作；当工件切削快要完毕将要离开刀具时，工作台速度又降低，逐渐降到零，然后开始变向。可见，工作台的速度是按一定规律变化并循环的。工作台的降速、变向等动作是由工作台侧面的挡铁压动床身上的行程开关并通过电气控制系统而实现的。

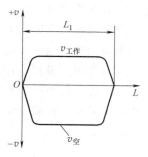

图 5-5　工作台的速度
变化示意图

2）进给运动。龙门刨床进给运动的末端执行件为刀架。横梁上的两个垂直刀架由一单独的电动机驱动，通过进给箱使两刀架在水平与垂直方向均可实现自动进给运动或快速调整运动。两立柱上的两个侧刀架分别由各自的电动机驱动，通过进给箱使两侧刀架在垂直方向实现自动进给运动或快速调整运动（水平方向只能手动）。两垂直刀架和侧刀架的结构、传动原理基本相同。

图 5-6 所示为 B2012A 型龙门刨床传动系统示意简图，图 5-7 为垂直刀架进给箱传动系统图。根据图示传动系统，可得垂直刀架的自动进给和快速调整运动的传动路线表达式如下

$$
\text{电动机}-M_6-\text{III}-\frac{1}{20}-\text{IV}-\begin{bmatrix}\text{间歇机构 }A\\(\text{自动进给})\\ \\ \overrightarrow{M_7}\ (\text{快速})\end{bmatrix}-\begin{bmatrix}\dfrac{90}{42}\\(z=42\rightarrow)\\(\text{变向})\\ \dfrac{90}{35}\times\dfrac{35}{42}\\(z=42\leftarrow)\end{bmatrix}-
$$

$$
-\begin{bmatrix}\overrightarrow{M_9}\\ \dfrac{26}{52}\times\dfrac{22}{55}\end{bmatrix}-\text{V}-\text{IX}-\frac{30}{46}-\begin{bmatrix}\overrightarrow{M_{11}}-G\ \ (\text{右垂直刀架水平进给})\\ \overrightarrow{M_{11}}-\dfrac{23}{23}\times\dfrac{22}{22}-\text{XIII}\ (\text{右垂直刀架垂直进给})\end{bmatrix}
$$

$$
-\begin{bmatrix}\overrightarrow{M_8}\\ \dfrac{26}{52}\times\dfrac{22}{55}\end{bmatrix}-\text{VII}-\text{X}-\frac{30}{46}-\begin{bmatrix}\overrightarrow{M_{10}}-H\ \ (\text{左垂直刀架水平进给})\\ \overrightarrow{M_{10}}-\dfrac{23}{23}\times\dfrac{22}{22}-\text{XII}\ (\text{左垂直刀架垂直进给})\end{bmatrix}
$$

对上述表达式做几点说明：

其一，垂直刀架由 1.7kW、1430r/min 的电动机（M1）驱动，经离心式摩擦离合器 M_6 传至轴 III，再经 1/20 蜗杆副传至轴 IV。当端面齿离合器 M_7 向右接通时，垂直刀架可实现快速调整运动；当 M_7 脱开啮合时，通过自动间歇机构 A 可实现刀架的自动间歇进给运动。

其二，轴 V 和轴 VII 上的 $z=42$ 滑移齿轮，可分别控制上光杠轴 IX 和下光杠轴 X 的正反向转动，从而使两个垂直刀架的水平和垂直移动都可实现正反向。

其三，两垂直刀架的水平和垂直移动都有快慢两种速度，当内齿离合器 M_9（M_8）啮合时为快速，脱开时为慢速。

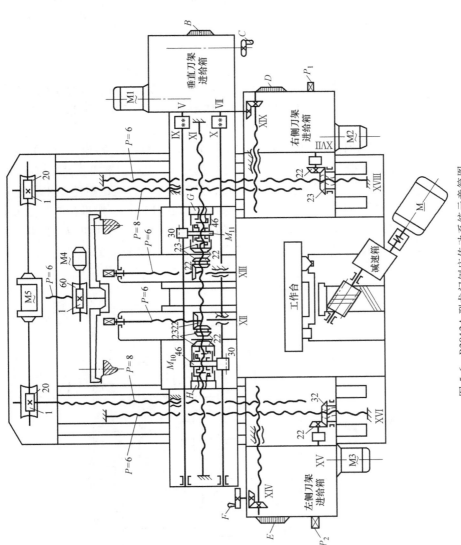

图 5-6　B2012A 型龙门刨床传动系统示意简图

B、D、E—进给量刻度盘　C—进给量调整手轮　F—左侧刀架水平移动手轮　G—右垂直刀架上的螺母
H—左垂直刀架上的螺母　P_1、P_2—手摇刀架垂直移动方头　P—丝杠的螺距

其四，离合器 M_7、M_8、M_9、M_{10}、M_{11} 及 $z=42$ 两个滑移齿轮，均由各自的操纵手柄控制，工作前应按工作要求将各手柄扳到所需位置。

3）横梁的升降和夹紧。为了适应对不同高度的工件进行刨削，横梁的高度也应随之而改变，使刀具与工件的被加工表面处于合适的位置。横梁的升降由顶梁上的电动机 M5 驱动，经左右两边的 1/20 蜗杆副传动，使左右两立柱上的两根垂直丝杠带动横梁同步地实现升降运动。当横梁升降到所需位置时，松开横梁升降按钮，横梁升降即停止，此时由电气信号使夹紧电动机 M4 驱动，经 $P=6mm$（P 表示丝杠的螺距）丝杠，通过杠杆机构将横梁夹紧在立柱上。

3. 间歇进给机构的结构及工作原理

龙门刨床为了实现刀架的自动间歇的进给要求，在刀架进给箱中设置有自动间歇进给机构（图5-7中 A）。图5-8所示为自动间歇进给机构立体示意图，图5-9所示为其结构图。其结构及工作原理如下：

图示 $z=90$ 的齿轮空套在轴Ⅳ上，其内部装有由星轮12、滚柱11等零件组成的单向超越离合器。右面的双向超越离合器由进给星轮9、进给滚柱8、复位星轮2、复位滚柱5、外环6及拨爪盘7等零件组成。外环6用键与轴Ⅳ联接，进给星轮9、复位星轮2和星轮12都用键与轴套10相联接，而轴套10通过两个深沟球轴承空套在轴Ⅳ上。拨爪盘7又空套在轴套10上，它的外边有一悬伸的撞块 H，内边有相间的三个短爪 S 和三个长爪 T，短爪 S 只插入进给星轮9的缺口中，而长爪 T 则同时插入进给星轮9和复位星轮2的缺口中。

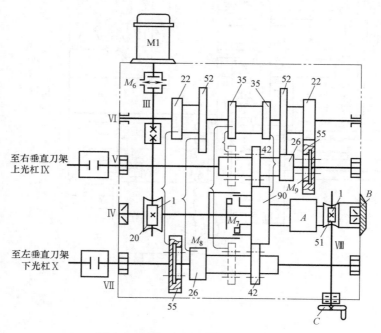

图 5-7　垂直刀架进给箱传动系统图

A—间歇机构　B—进给量刻度盘　C—手柄

当工作台空行程结束时，工作台侧面的挡铁压下行程开关，使进给电动机短时间正转，经蜗杆和 $z=20$ 的蜗轮带动轴Ⅳ逆时针转动。因为自动进给时 M_7 离合器是脱开的，故轴Ⅳ

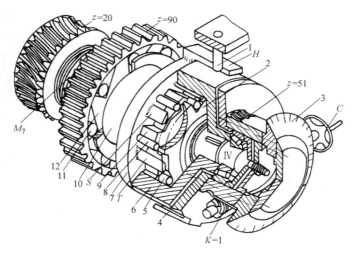

图 5-8 自动间歇进给机构立体示意图

1—固定挡销 2—复位星轮 3—刻度盘 4—可调撞块 5—复位滚柱 6—外环 7—拨爪盘 8—进给滚柱 9—进给
星轮 10—轴套 11—滚柱 12—星轮 C—调整进给量手轮 H—撞块 S—短爪 T—长爪 M_7—端面齿离合器

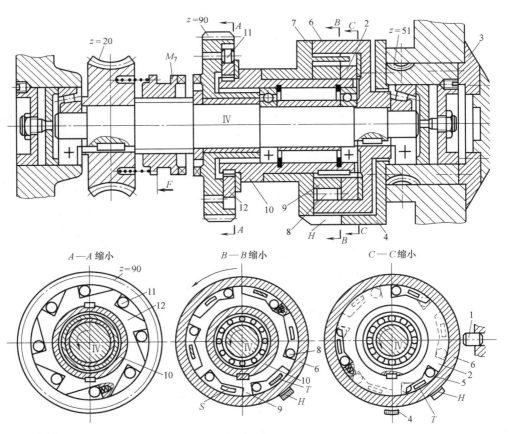

图 5-9 自动间歇进给机构结构图

1—固定挡销 2—复位星轮 3—刻度盘 4—可调撞块 5—复位滚柱 6—外环 7—拨爪盘 8—进给滚柱
9—进给星轮 10—轴套 11—滚柱 12—星轮 H—撞块 S—短爪 T—长爪 M_7—端面齿离合器

不能直接带动 z = 90 的齿轮，而是先带动外环 6 随轴一起逆时针转动。外环 6 逆时针转动通过进给滚柱 8 的卡紧作用来带动进给星轮 9。进给星轮 9 的旋转又带动轴套 10 和星轮 12，再通过滚柱 11 的楔紧作用而使 z = 90 齿轮做逆时针转动，实现自动进给。此时，拨爪盘 7 被进给滚柱 8 经短爪 S 及长爪 T 带动，也按逆时针方向旋转，直至其上的撞块 H 与装在进给箱体上的固定挡销 1 相碰时，拨爪盘即停止转动，它的短爪 S 和长爪 T 挡住进给滚柱 8，使进给滚柱退至进给星轮 9 和外环 6 的宽敞楔缝中，从而断开进给运动。这时，外环 6 仍空转，直至工作台工作行程开始，挡铁放开行程开关，进给电动机停止正转为止。

当工作台工作行程结束时，挡铁压下行程开关，进给电动机短时间反转，使轴 IV 和外环 6 顺时针方向旋转。外环 6 通过三个复位滚柱 5 带动复位星轮 2（此时，外环 6 与进给星轮 9 之间不起传动作用），使轴套 10 及星轮 12 也做顺时针方向旋转，但由于此时滚柱 11 不可能被楔紧在楔缝中，因此 z = 90 齿轮不转动，进给运动没有产生。此时，拨爪盘 7 也被带动做顺时针转动，直至其上的撞块 H 与可调撞块 4 相碰，拨爪盘停止转动，完成了拨爪盘的复位要求，为下一次进给做好准备。

刀架每次进给时的进给量可在一定范围内进行无级调整。调整时，转动手轮 C，通过蜗杆使 z = 51 的蜗轮转动，并带动可调撞块 4 转动，改变它与固定挡销 1 之间的夹角大小，即可调节进给量的大小。进给量读数可由刻度盘 3 的刻度读出。

由上可知，上述机构既能在工作台空行程结束时使刀架做自动间歇的进给，且进给量可调，又能在工作台工作行程结束时机构本身复位，以备下一次进给。

5.1.2 牛头刨床

牛头刨床因其滑枕刀架形似"牛头"而得名，它主要用于加工中小型零件，如图 5-10 所示。机床的主运动机构装在床身 4 内，传动装有刀架 1 的滑枕 3 沿床身顶部的水平导轨做往复直线运动。刀架可沿滑枕座上的导轨垂直移动（一般为手动），以调整刨削深度，以及在加工垂直平面和斜面时做进给运动。调整转盘 2，可使刀架左右回转 60°，以便加工斜面或斜槽。加工时，工作台 6 带动工件沿横梁 5 做间歇的横向进给运动。横梁可沿床身的垂直导轨上下移动，以调整工件与刨刀的相对位置。

牛头刨床主运动的传动方式有机械和液压两种。机械传动常用曲柄摇杆机构，其结构简单、工作可靠、调整维修方便。液压传动能传递较大的力，可实现无级调速，运动平稳，但结构较复杂，成本较高，一般用于规格较大的牛头刨床，如 B6090 液压牛头刨床。

牛头刨床工作台的横向进给运动是间歇进行的，它可由机械或液压传动实现。机械传动一般采用棘轮机构。

牛头刨床的主参数是最大刨削长度。

5.1.3 插床

插床实质上是立式牛头刨床，由床身 1、立柱 5、溜板 2、床鞍 3、圆工作台 9 和滑枕 8 等主要部件组成，如图 5-11 所示。滑枕 8 可沿滑枕导轨座上的导轨做上下方向的往复运动，使刀具实现主运动，向下为工作行程，向上为空行程。滑枕导轨座 7 可以绕销轴 6 在小范围内调整角度，以便加工倾斜的内外表面。床鞍 3 和溜板 2 可分别做横向及纵向进给。圆工作台 9 可绕垂直轴线旋转，完成圆周进给或进行分度。圆工作台在上述各方向的进给运动均在滑枕空行程结束后的短时间内进行。分度装置 4 用于完成对工件的分度。

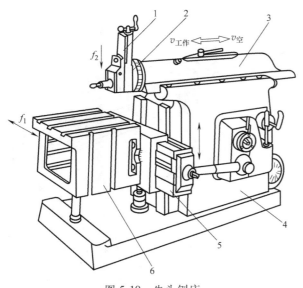

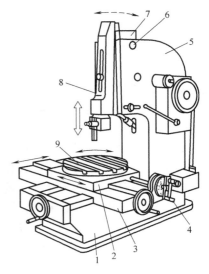

图 5-10　牛头刨床

1—刀架　2—转盘　3—滑枕　4—床身　5—横梁　6—工作台

图 5-11　插床

1—床身　2—溜板　3—床鞍　4—分度装置
5—立柱　6—销轴　7—滑枕导轨座
8—滑枕　9—圆工作台

　　插床主要用于加工工件的内表面，如内孔键槽及多边形孔等，有时也用于加工成形内、外表面。插床的生产率较低，一般用于单件、小批生产。

5.2　拉床

5.2.1　拉床的特点及类型

　　拉削加工的生产率高，被加工表面在一次走刀中成形。由于拉刀的工作部分有粗切齿、精切齿和校准齿，工件加工表面经过粗切、又经过精切和校准，因此可获得较高的加工精度和较小的表面粗糙度值，一般拉削精度可达 IT7～IT8，表面粗糙度 $Ra<0.63\mu m$。但拉削的每一种表面都需要用专门的拉刀，且拉刀的制造和刃磨费用较高，所以它主要用于成批和大量生产。

　　常用的拉床，按加工的表面可分为内表面和外表面拉床两类；按机床的布局形式可分为卧式和立式两类。此外，还有连续拉床和专用拉床。

　　拉床的主参数是额定拉力，如 L6120 型卧式内拉床的额定拉力为 200kN。

5.2.2　卧式内拉床

　　卧式内拉床用于加工内表面，如图 5-12 所示。床身 1 内部在水平方向装有液压缸 2，由高压变量液压泵供给液压油驱动活塞，通过活塞杆带动拉刀沿水平方向移动，对工件进行加工。工件在加工时，以其端平面紧靠在支承座 3 的平面上（或用夹具装夹）。护送夹头 5 及滚柱 4 用于支承拉刀。开始拉削前，护送夹头 5 及滚柱 4 向左移动，将拉刀穿过工件预制孔，并将拉刀左端柄部插入拉刀夹头。加工时滚柱 4 下降不起作用。

5.2.3 立式拉床

立式拉床根据用途可分为立式内拉床和立式外拉床两类。图 5-13 所示为立式内拉床外形图。这种拉床可用拉刀或推刀加工工件的内表面。用拉刀加工时，工件以端面紧靠在工作台 2 的上平面上，拉刀由滑座 4 的上支架 3 支承，自上向下插入工件的预制孔及工作台的孔，将其下端刀柄夹持在滑座 4 的下支架 1 上，滑座 4 由液压缸驱动向下进行拉削加工。用推刀加工时，工件装在工作台的上表面，推刀支承在上支架 3 上，自上向下移动进行加工。

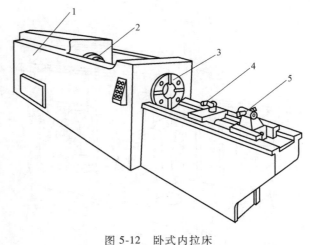

图 5-12 卧式内拉床

1—床身 2—液压缸 3—支承座 4—滚柱 5—护送夹头

图 5-14 为立式外拉床的外形图。滑块 2 可沿床身 4 的垂直导轨移动，滑块 2 上固定有拉刀 3，工件固定在工作台 1 上的夹具内。滑块垂直向下移动完成工件外表面的拉削加工。工作台可做横向移动，以调整切削深度，并用于刀具空行程时退出工件。

5.2.4 连续拉床

图 5-15 是连续拉床的工作原理图。链条 7 被链轮 4 带动按拉削速度移动，链条上装有多个夹具 6。工件在位置 A 被装夹在夹具中，经过固定在上方的拉刀 3 时进行拉削加工，此时夹具沿床身上的导轨 2 滑动。夹具 6 移至 B 处即自动松开，工件落入成品收集箱 5 内。这种拉床由于连续进行加工，因而生产率较高，常用于大批大量生产中加工小型零件的外表面，如汽车、拖拉机连杆的连接平面及半圆凹面等。

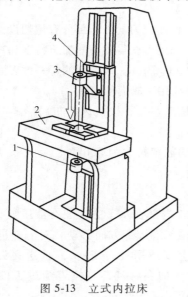

图 5-13 立式内拉床

1—下支架 2—工作台 3—上支架 4—滑座

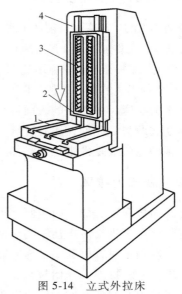

图 5-14 立式外拉床

1—工作台 2—滑块 3—拉刀 4—床身

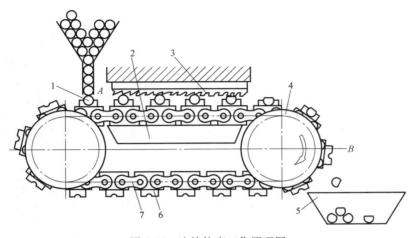

图 5-15 连续拉床工作原理图

1—工件 2—导轨 3—拉刀 4—链轮 5—成品收集箱 6—夹具 7—链条

第6章 磨床

6.1 常用磨床的工艺特点和适用范围

6.1.1 磨床的功用

用砂轮、砂带、油石、研磨剂等磨料磨具为工具进行切削加工的机床都属于磨床类机床，它广泛用于各种零件、特别是淬硬零件的精加工。随着磨料磨具的不断发展，机床结构性能的不断改进，高速磨削、强力磨削等高效磨削工艺的采用，磨床已逐步扩大到用于粗加工领域。

磨床容易获得较高的加工精度，以及较小的表面粗糙度轮廓值。例如，在一般条件下，普通精度级磨床的加工精度可达 IT5～IT6，表面粗糙度轮廓值为 $Ra0.32～1.25\mu m$；高精度外圆磨床精密磨削时的尺寸精度可达 $0.2\mu m$，圆度可达 $0.1\mu m$，表面粗糙度轮廓值为 $Ra0.01\mu m$。

所有磨床的主体运动都是砂轮的高速旋转运动，进给运动则取决于加工工件表面的形状以及所采用的磨削方法，它可以由工件或砂轮来完成，也可以由两者共同来完成。磨床砂轮的圆周速度很高，应特别重视磨削时的安全技术问题。例如，砂轮在机床上安装之前应检查有无裂纹；安装后要进行平衡和空运转试验，并有防护罩进行保护；磨削时要务必执行安全操作规程等。

6.1.2 磨削加工的方式

磨削加工的方式很多，如图 6-1 所示。有外圆磨削、内圆磨削、平面磨削、花键磨削、螺纹磨削、齿轮磨削等。磨削时，砂轮高速旋转，工件则根据磨削的方式不同，做旋转运动、直线运动或其他更复杂的运动。

a) 外圆磨削　　　　　　b) 内圆磨削　　　　　　c) 平面磨削

图 6-1　磨削加工方式

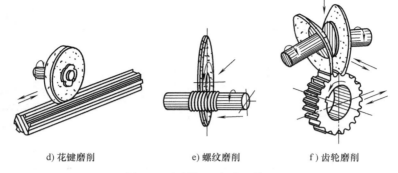

d) 花键磨削　　　　　　e) 螺纹磨削　　　　　　f) 齿轮磨削

图 6-1　磨削加工方式（续）

6.1.3　磨床的类型

　　磨床的种类很多，按用途和采用不同的工艺方法，大致可以分为外圆磨床、内圆磨床、导轨磨床、工具磨床、专门化磨床等。常用磨床的工艺特点和适用范围见表 6-1。

表 6-1　常用磨床的工艺特点和适用范围

类型	机床运动及加工示意图	工艺特点	适用范围
万能外圆磨床		工件由工作台上的头架并利用自定心卡盘或前后顶尖夹持，由头架带动做圆周进给运动，由工作台带动做纵向进给运动。砂轮架、头架、工作台均可回转一定角度以适应不同锥度的内、外圆锥表面加工	适用于磨削内、外圆柱表面和内、外圆锥表面、台肩等
内圆磨床		工件由工作台上的头架并利用自定心卡盘夹持做圆周进给运动，内圆砂轮高速旋转。工件头架可回转一定角度，由工作台带动做纵向进给运动，以磨削内圆柱表面和内圆锥表面	适用于对内孔及内圆锥表面的磨削
卧轴矩台平面磨床		工件由矩形工作台上的电磁吸盘吸引并由工作台带动做纵向进给运动（另一种类型为立轴圆台平面磨床，工件安装在圆工作台上做圆周进给运动，磨削生产率高）	适用于磨削平面
无心外圆磨床		工件安置在砂轮与导轮之间，其中心略高于它们的中心线。以工件本身圆柱表面作为定位基准，利用磨削力和导轮对工件的摩擦力使工件做圆周进给运动和轴向进给运动。工件原始形状误差将影响它的圆度。装卸工件简单方便，生产率高	适用于细长、简单的圆柱表面加工，如小轴、销、细长轴、套类零件的磨削

（续）

类型	机床运动及加工示意图	工艺特点	适用范围
工具磨床		根据磨削不同的工具或刀具来选用不同形状的砂轮。各进给运动均为手工操作，生产率低	适用于各类刀具的磨削加工，如铣刀、铰刀、钻头等

6.2　M1432A 型万能外圆磨床

6.2.1　机床的用途和运动

M1432A 型万能外圆磨床是普通精度级磨床，主要用于磨削圆柱形或圆锥形的内外圆表面，还可以磨削阶梯轴的轴肩和端平面。该机床工艺范围较宽，但磨削效率不够高，适用于单件小批生产，常用于工具车间和机修车间。

图 6-2 所示为该机床上几种典型表面的加工示意图。分析这几种典型表面的加工情况可知，机床应具有下列运动：

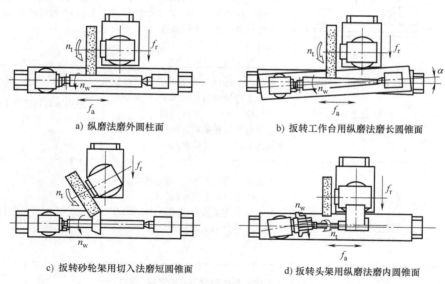

a) 纵磨法磨外圆柱面　　　　b) 扳转工作台用纵磨法磨长圆锥面

c) 扳转砂轮架用切入法磨短圆锥面　　　　d) 扳转头架用纵磨法磨内圆锥面

图 6-2　万能外圆磨床典型加工示意图

1）磨外圆时砂轮的旋转主运动 n_t。

2）磨内孔时砂轮的旋转主运动 n_t。

3）工件旋转做圆周做给运动 n_w。

4）工件往复做纵向做给运动 f_a。

5）砂轮横向进给运动 f_r（往复纵磨时，为周期间歇进给；切入磨削时，为连续进给）。

此外，机床还具有两个辅助运动：为装卸和测量工件方便所需的砂轮架横向快速进退运动；为装卸工件所需的尾座套筒伸缩移动。

6.2.2　机床的组成和主要技术规格

如图 6-3 所示，M1432A 型万能外圆磨床由床身 1、头架 2、工作台 3、内磨装置 4、砂轮架 5、尾座 6 和由工作台手摇机构、横向进给机构、工作台纵向往复运动液压控制板等组成的控制箱 7 等主要部件组成。在床身顶面前部的纵向导轨上装有工作台 3，台面上装有头架 2 和尾座 6。被加工工件支承在头架、尾座顶尖上，或用头架上的卡盘夹持，由头架上的传动装置带动旋转，实现圆周进给运动。尾座在工作台上可左右移动调整位置，以适应装夹不同长度工件的需要。工作台由液压传动沿床身导轨往复移动，使工件实现纵向进给运动，也可用手轮操纵，做手动进给或调整纵向位置。工作台由上下两层组成，上工作台可相对于下工作台在水平面内偏转一定角度（一般不大于 $\pm10°$），以便磨削锥度不大的圆锥面。砂轮架 5 由主轴部件和传动装置组成，安装在床身顶面后部的横向导轨上，利用横向进给机构可实现横向进给运动以及调整位移。装在砂轮架上的内磨装置 4 用于磨削内孔，其上的内圆磨具由单独的电动机驱动。磨削内孔时，应将内磨装置翻下。万能外圆磨床的砂轮架和头架，都可绕垂直轴线转动一定角度，以便磨削锥度较大的圆锥面。

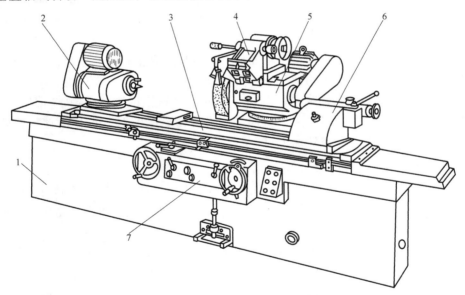

图 6-3　M1432A 型万能外圆磨床外形图

1—床身　2—头架　3—工作台　4—内磨装置　5—砂轮架　6—尾座　7—控制箱

此外，在床身内还有液压传动装置，在床身左后侧有切削液循环装置。

M1432A 型万能外圆磨床的主要技术规格如下：

外圆磨削直径为 $\phi8 \sim \phi320mm$，最大外圆磨削长度有 1000mm、1500mm、2000mm 三种规格；内孔磨削直径为 $\phi13 \sim \phi100mm$，最大内孔磨削长度为 125mm；外圆砂轮转速为 1670r/min；内圆砂轮转速有 10000r/min、15000r/min 两种。

6.2.3 机床的主要部件结构

1. 砂轮架

砂轮架由壳体、砂轮主轴及其轴承、传动装置与滑鞍等组成。砂轮主轴及其支承部分的结构将直接影响工件的加工精度和表面粗糙度,是砂轮架部件的关键部分。它应保证砂轮主轴具有较高的旋转精度、刚度、抗振性及耐磨性。

图 6-4 所示的砂轮架中,砂轮主轴 5 两端以锥体定位,前端通过压盘 1 安装砂轮,后端通过锥体安装带轮 13。主轴的前、后支承均采用"短三瓦"动压滑动轴承,每个轴承由均布在圆周上的三块扇形轴瓦 19 组成。每块扇形轴瓦都支承在球头螺钉 20 的球形端头上,由于球头中心在周向偏离扇形轴瓦对称中心,当主轴高速旋转时,在扇形轴瓦与主轴颈之间形成三个楔形缝隙,于是在三块扇形轴瓦处形成三个压力油楔,砂轮主轴在三个油楔压力的作用下,悬浮在轴承中心而呈纯液体摩擦状态。调整球头螺钉的位置,即可调整主轴轴颈与扇形轴瓦之间的间隙,通常间隙应保持 0.01~0.02mm。调整好以后,用螺套 21 和锁紧螺钉 22 锁紧,以防止球头螺钉松动而改变轴承间隙,最后用封口螺钉 23 密封。

砂轮主轴 5 由止推环 8 和推力球轴承 10 做轴向定位,并承受左右两个方向的轴向力。推力球轴承的间隙由装在带轮内的六根弹簧 11 通过销 14 自动消除。

砂轮工作时的圆周速度很高(一般为 35m/s 左右),为了保证砂轮运转平稳,采用带传动直接传动砂轮主轴,装在主轴上的零件都经仔细校正静平衡,整个主轴部件还要校动平衡。

砂轮架壳体 4 内装润滑油以润滑主轴轴承(通常用 2 号主轴油并经严格过滤),油面高度可通过油标观察。主轴两端采用橡胶油封实现密封。

砂轮架壳体用 T 形螺钉紧固在滑鞍 16 上,它可绕滑鞍上的定位轴销 17 回转一定角度,以磨削锥度大的短锥体。磨削时,通过横向进给机构和半螺母 18,可使滑鞍带着砂轮架沿横向滚动导轨做横向进给运动或快速进退移动。

2. 横向进给机构

横向进给机构用于实现砂轮架的周期或连续横向工作进给、调整位移和快速进退,以确定砂轮和工件的相对位置,控制工件的直径尺寸。因此,对它的基本要求是保证砂轮架有高的定位精度和进给精度。

横向进给机构的工作进给有手动的,也有自动的。调整位移一般为手动,而定距离的快速进退则采用液压传动。图 6-5 所示为可做自动周期进给的横向进给机构。

(1)手动进给 用手转动手轮 11,经中间体 17 带动轴 II,再由齿轮副 $\frac{50}{50}$ 或 $\frac{20}{80}$,经 $\frac{44}{88}$ 传动丝杠 16,可使砂轮架 5 做横向进给。根据上述传动路线可知,当手轮转 1 周,砂轮架的横向进给量为 2mm(粗进给)或 0.5mm(细进给)。手轮 11 的刻度盘 9 上刻度为 200 格,因此每格进给量为 0.01mm 或 0.0025mm。

(2)周期自动进给 周期自动进给是由进给液压缸的柱塞 18 驱动(图 6-5b),当工作台换向时,进给液压缸右腔接通液压油,推动柱塞 18 向左移动,这时活套在柱塞 18 槽内销轴上的棘爪 19,推动固定在中间体 17 上的棘轮 8 转过一个角度,实现自动进给一次(此时

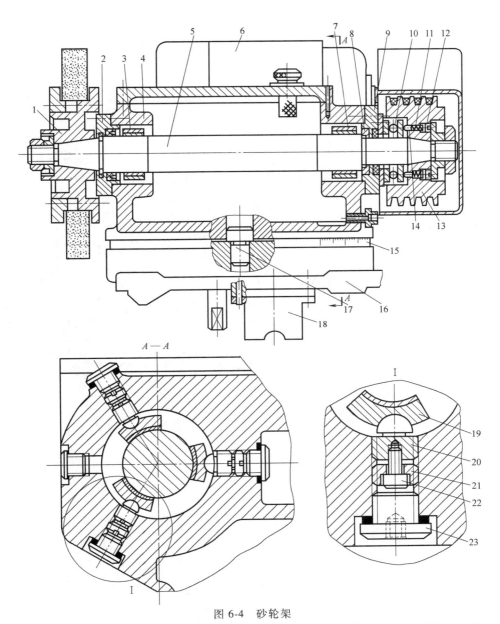

图 6-4　砂轮架

1—压盘　2、9—轴承盖　3、7—动压滑动轴承　4—壳体　5—砂轮主轴　6—主电动机　8—止推环　10—推力球轴承
11—弹簧　12—调节螺钉　13—带轮　14—销　15—刻度盘　16—滑鞍　17—定位轴销　18—半螺母
19—扇形轴瓦　20—球头螺钉　21—螺套　22—锁紧螺钉　23—封口螺钉

手轮 11 也被带动旋转）。进给完毕后，进给液压缸右腔与回油路接通，于是柱塞 18 在左端的弹簧作用下复位。转动齿轮 20（通过齿轮 20 轴上的手把操纵，调整好后由钢球定位，图中未表示），使遮板 7 转动一个位置（其短臂的外圆与棘轮外圆大小相同），可以改变棘爪 19 所能推动的棘轮齿数，从而改变每次进给的进给量大小。当横向自动进给至所需尺寸时，装在刻度盘上的撞块 14，正好处于正下方，由于撞块的外圆与棘轮外圆大小相同，因此将棘爪 19 压下，使其无法与棘轮相啮合，于是横向进给便自动停止。

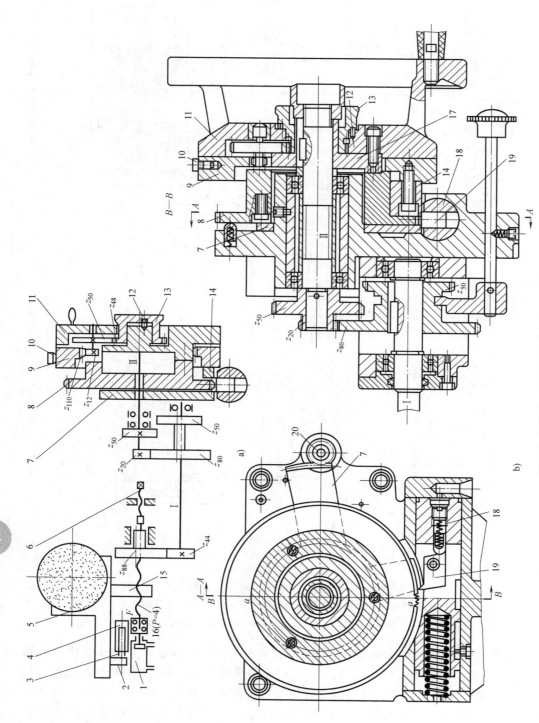

图 6-5 可做自动周期进给的横向进给机构

1—液压缸 2—挡块 3、18—柱塞 4—闸缸 5—砂轮架 6—定位螺钉 7—遮板 8—棘轮 9—刻度盘 10—挡销
11—手轮 12—销钉 13—旋钮 14—撞块 15—半螺母 16—丝杠 17—中间体 19—棘爪 20—齿轮

（3）快速进退　砂轮架的定距离快速进退运动由液压缸 1 实现。当液压缸的活塞在油压作用下左右移动时，通过滚动轴承座带动丝杠 16 轴向移动（此时丝杠右端花键部分在齿轮 z_{88} 的花键孔中滑移），再由半螺母 15 带动砂轮架实现快进或快退。快进终点位置的准确定位，由定位螺钉 6 保证。为了提高砂轮架的重复定位精度，液压缸 1 设有缓冲装置，以减少定位时的冲击和防止发生振动。

为消除丝杠 16 和半螺母 15 之间的间隙，提高进给精度和重复定位精度，设置有闸缸 4。机床工作时，闸缸便接通液压油，经柱塞 3、挡块 2 使砂轮架受到一个向左的作用力 F，此力与径向磨削力同向，因而半螺母和丝杠始终紧靠在螺纹的一侧。

（4）定程磨削及其调整　在磨削一批工件时，为了简化操作及节省辅助时间，通常在试磨第一个工件达到要求的直径后，调整刻度盘上挡销 10 的位置，使它正好与固定在床身前罩上的定位爪（图中未示）相碰。这样，在磨削同一批其余工件时，只需转动手轮（或开动液压自动进给），当挡销 10 与定位爪相碰时，说明工件已经达到要求的直径。应用这种定程磨削方法，可以减少在磨削过程中反复测量工件直径尺寸的次数。

但是当砂轮磨损或修正后，由挡销 10 控制的工件直径将变大，这时，必须重新调整砂轮架的行程终点位置。为此需调整刻度盘上的挡销 10 与手轮的相对位置。调整的方法是：拔出旋钮 13，使它与手轮 11 上的销钉 12 脱开后顺时针转动，经齿轮副 $\frac{48}{50}$ 带动齿轮 z_{12} 旋转，z_{12} 与刻度盘 9 上的内齿轮 z_{110} 相啮合，于是便使刻度盘连同挡销 10 一起逆时针转动。刻度盘应转过的格数（角度），应根据砂轮直径减小所引起的工件尺寸变化量确定。调整妥当后，将旋钮 13 推入，手轮 11 上的销钉 12 插入它后端面上的销孔中，使刻度盘 9 和手轮 11 联成一个整体。

由于在旋钮后端面上沿周向均布 21 个销孔，而手轮每转 1 转的横向进给量为 2mm 或 0.5mm。因此，旋钮 13 每转过一个孔距时，可补偿砂轮架的横向位移量 f'_r 为

粗进给时：$f'_r = \dfrac{1}{21} \times \dfrac{48}{50} \times \dfrac{12}{110} \times 2\,\text{mm} = 0.01\,\text{mm}$

细进给时：$f'_r = \dfrac{1}{21} \times \dfrac{48}{50} \times \dfrac{12}{110} \times 0.5\,\text{mm} = 0.0025\,\text{mm}$

3. 头架

头架由壳体、头架主轴及其轴承、传动装置、底座等组成，如图 6-6 所示。头架主轴 10 支承在四个 D 级精度的角接触球轴承上，通过修磨隔套 3、5 和 8，并用轴承盖 4 和 11 压紧轴承后，轴承内外圈将产生一定的轴向位移，使轴承实现预紧，以提高主轴部件的刚度和旋转精度。

双速电动机 6 经塔轮变速机构和两组带轮带动工件转动，可得到六种转速。带的张紧分别靠转动偏心套 13 和移动电动机座实现。主轴上的带轮 12 采用卸荷结构，以减小主轴的弯曲变形。

根据不同加工需要，头架主轴可有三种工作方式：

（1）工件支承在前后顶尖上磨削　磨削前需拧动螺杆 2 顶紧摩擦环 1（图 6-6a），使头架主轴 10 和顶尖固定不能转动。工件则由与带轮 12 相连接的拨盘 9 上的拨杆 7，通过夹头带动旋转，实现圆周进给运动。由于磨削时顶尖固定不转，所以可避免因顶尖的旋转误差而

影响磨削精度。

（2）用自定心或单动卡盘夹持工件磨削 磨削前需拧松螺杆2，使头架主轴10可自由转动。卡盘装在法兰盘22上，而法兰盘以其锥柄安装在主轴莫氏锥孔内，并用通过主轴通孔的拉杆20拉紧（图6-6a）。旋转运动由拨盘9上的拨销21传给法兰盘22，同时主轴也随着一起转动。

（3）自磨主轴顶尖 此时也需先将主轴放松，同时用拨块19将拨盘9和头架主轴10相连（图6-6b），使拨盘9直接带动主轴和顶尖旋转，依靠机床自身修磨顶尖，以提高工件的定位精度。

头架壳体14可绕底座15上的轴销16转动，调整头架角度位置的范围为逆时针方向0°～90°。

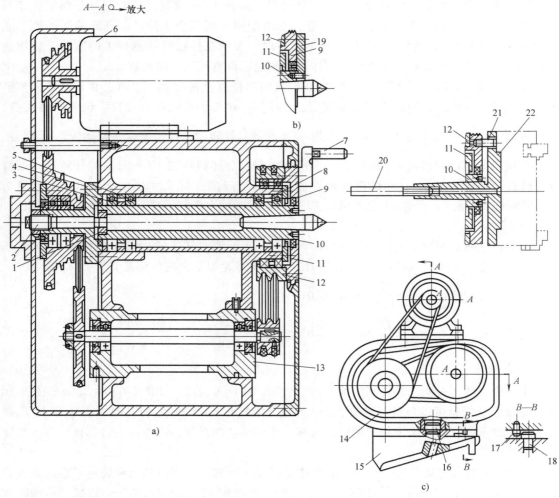

图 6-6 头架

1—摩擦环 2—螺杆 3、5、8—隔套 4、11—轴承盖 6—电动机 7—拨杆 9—拨盘 10—头架主轴 12—带轮 13—偏心套 14—壳体 15—底座 16—轴销 17—销 18—固定销 19—拨块 20—拉杆 21—拨销 22—法兰盘

4. 内磨装置

万能外圆磨床除磨削外回转面外，还需磨削内孔，所以应有内磨装置。内磨装置主要由

支架 2 和内圆磨具 1 两部分组成，如图 6-7 所示。它通常以铰链连接方式装在砂轮架的前上方，使用时翻下，如图 6-7 所示位置，不用时翻向上方，如图 6-3 所示位置。为了保证工作安全，机床上设有电气联锁装置，当内磨装置翻下时，压下相应的行程开关并发出电气信号，使砂轮架不能前后快速移动，且只有在这种情况下才能起动内磨装置的电动机，以防止工作过程中因误操作而发生意外。

内圆磨具是磨削内孔用的砂轮主轴部件。它做成独立的部件，安装在支架的孔中，可以很方便地进行更换。通常每台万能外圆磨床备有几套尺寸与极限工作转速不同的内圆磨具，供磨削不同直径的内孔时选用。

M1432A 型万能外圆磨床的内圆磨具结构如图 6-8 所示，前后支承各为两个角接触球轴承，均匀分布的

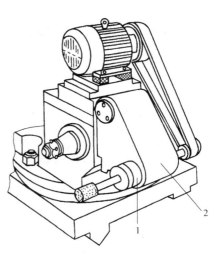

图 6-7　内磨装置
1—内圆磨具　2—支架

8 个弹簧 3 的作用力通过套筒 2 和 4 顶紧轴承外圈。当轴承磨损产生间隙或主轴受热伸长时，由弹簧自动补偿调整，从而保证了主轴轴承的高刚度和稳定的预紧力。主轴的前端有一莫氏锥孔，可根据磨削孔的深度安装不同的接长轴 1；后端有一外锥面，以安装平带轮，由电动机通过平带直接传动主轴。

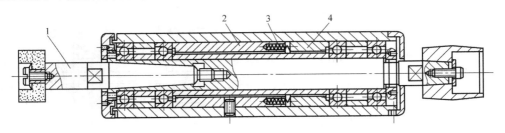

图 6-8　内圆磨具
1—接长轴　2、4—套筒　3—弹簧

5. 工作台

M1432A 型万能外圆磨床的工作台结构如图 6-9 所示，它主要由上工作台 6 和下工作台 5 组成。头架和尾座安装在上工作台上，以其顶面 a 和侧面 b 作为定位面。顶面 a 做成向砂轮方向往下侧斜的斜面，使头架和尾座由于自身重量的分力而紧靠在定位面上，使定位稳定可靠，有利于它们沿工作台调整纵向位置时能保持前后顶尖的同轴度。此外，倾斜的顶面还可使切削液带着磨屑快速流走。

利用扳手转动螺杆 11，通过带缺口并能绕销轴 10 轻微转动的螺母 9，可使上工作台 6 绕销轴 7 相对下工作台 5 转动一定的角度，以磨削锥度不大的外圆锥面。调整角度时，先松开上工作台两端的压板 1 和 2，角度大小可由刻度尺 13 直接读出，或由工作台右前侧安装的千分表 12 来测量，调好角度后再将压板压紧。

下工作台的底面以一山一矩型的组合导轨与床身导轨相配合，其上固定有液压缸 4 和齿

条 8，可由液压传动或手动，使工作台沿床身导轨做纵向运动。下工作台前侧的长槽上固定着两个行程挡块 3a 和 3b，以碰液压操纵箱的换向拨杆，使工作台自动换向。调整 3a 和 3b 间的距离，即可控制工作台的行程长度。

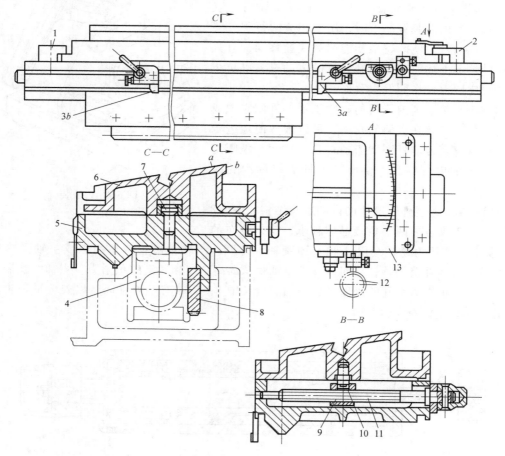

图 6-9 工作台

1、2—压板 3a、3b—行程挡块 4—液压缸 5—下工作台 6—上工作台 7、10—销轴
8—齿条 9—螺母 11—螺杆 12—千分表 13—刻度尺

6.3 其他常见磨床简介

6.3.1 内圆磨床

内圆磨床用于磨削各种圆柱孔（通孔、不通孔、阶梯孔和断续表面的孔等）和圆锥孔。其主要类型有普通内圆磨床、半自动内圆磨床、无心内圆磨床、坐标磨床等，其中以普通内圆磨床应用最普遍。

图 6-10 所示为 M2110 型内圆磨床的外形图。它由床身 12、工作台 2、头架 5、内圆磨具 7 和砂轮修整器 6 等部件组成。

头架通过底板 3 固定在工作台左端。头架主轴的前端装有卡盘或其他夹具，以夹持并带动工件旋转实现圆周进给运动。头架可相对于底板绕垂直轴线转动一定角度，以便磨削圆锥孔。底板可沿着工作台台面上的纵向导轨调整位置，以适应磨削各种不同工件的需要。磨削时，工作台由液压传动，沿床身纵向导轨做直线往复运动（由撞块 4 自动控制换向），使工件实现纵向进给运动。装卸工件或磨削过程中测量工件尺寸时，工作台需向左退出较大距离，为了缩短辅助时间，当工件退离砂轮一段距离后，安装在工作台前侧的挡块，可自动控制油路转换为快速行程，使工作台很快地退至左边极限位置。重新开始工作时，工作台先是快速向右，而后自动转换为进给速度。另外，工作台也可用手轮 1 传动。

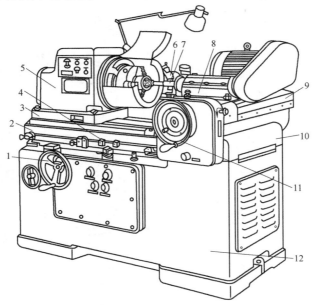

图 6-10　M2110 型内圆磨床

1—手轮　2—工作台　3—底板　4—撞块　5—头架　6—砂轮
修整器　7—内圆磨具　8—磨具座　9—横溜板　10—桥板
11—手轮　12—床身

内圆磨具安装在磨具座 8 中，其结构与 M1432A 型万能外圆磨床的内圆磨具相似。本机床备有两套转速不同的（11000r/min 和 18000r/min）内圆磨具，可根据磨削孔径的大小进行调换。砂轮主轴由电动机通过平带直接传动，实现内圆磨削的主运动。磨具座 8 固定在横溜板 9 上，后者可沿固定于床身上的桥板 10 上的导轨移动，使砂轮实现横向进给运动。砂轮的横向进给有手动和自动两种，手动进给由手轮 11 实现，自动进给由固定在工作台上的撞块操纵横向进给机构实现。

砂轮修整器 6 是修整砂轮用的，它安装在工作台中部台面上，根据需要可调整其纵向和横向位置。砂轮修整器上的金刚石杆可随着砂轮修整器的回旋头上下翻转，修整砂轮时放下，磨削时翻起。

6.3.2　平面磨床

平面磨床主要用于磨削各种工件上的平面。根据砂轮的工作面不同，平面磨床可分为用砂轮轮缘进行磨削和用砂轮端面磨削两类。用砂轮轮缘磨削的平面磨床，砂轮主轴通常是水平的；用砂轮端面磨削的平面磨床，砂轮主轴通常是垂直的。

根据工作台的形状不同，平面磨床又可分为矩形工作台和圆形工作台两类。所以，根据砂轮工作面及工作台形状的不同，普通平面磨床有四类，图 6-11 所示为这四类平面磨床的加工示意图。

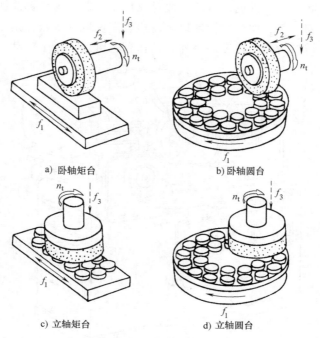

a) 卧轴矩台   b) 卧轴圆台

c) 立轴矩台   d) 立轴圆台

图 6-11   平面磨床加工示意图

（1）卧轴矩台平面磨床   加工时工件由矩形电磁工作台吸住，砂轮做旋转主运动 n_t，工作台做纵向往复进给运动 f_1，砂轮主轴做间歇的垂向进给运动 f_3 和横向进给运动 f_2（图 6-11a）。

（2）卧轴圆台平面磨床   加工时砂轮做旋转主运动 n_t，圆工做台旋转做圆周进给运动 f_1，砂轮主轴做间歇的垂向进给运动 f_3 和连续的水平进给运动 f_2（图 6-11b）。

（3）立轴矩台平面磨床   加工时砂轮做旋转主运动 n_t，矩形工作台做纵向往复进给运动 f_1，砂轮主轴做间歇的垂向进给运动 f_3（图 6-11c）。

（4）立轴圆台平面磨床   加工时砂轮做旋转主运动 n_t，圆工作台旋转做圆周进给运动 f_1，砂轮主轴做间歇的垂向进给运动 f_3（图 6-11d）。

在上述四类平面磨床中，用砂轮端面磨削的平面磨床与用轮缘磨削的平面磨床相比较，由于端面磨削的砂轮直径往往比较大，能一次磨出工件的全宽，磨削面积较大，所以生产率较高。但端面磨削时砂轮和工件表面是成弧形线或面接触，接触面积大，冷却困难，且切屑不易排除，所以加工精度较低，表面粗糙度值较大。而用砂轮轮缘磨削，由于砂轮和工件接触面较小，发热量少，冷却和排屑条件较好，可获得较高的加工精度和较小的表面粗糙度值。

圆台平面磨床与矩台平面磨床相比，圆台式的生产率稍高些，这是由于圆台式是连续进给，而矩台式有换向时间损失。但是圆台式只适于磨削小零件和大直径的环形零件端面，不能磨削窄长零件。而矩台式可方便地磨削不同形状的零件，包括直径小于矩台宽度的环形零件。目前，最常见的平面磨床为卧轴矩台式平面磨床和立轴圆台式平面磨床。

图 6-12 所示为卧轴矩台平面磨床的外形图。砂轮主轴由内连式异步电动机驱动。砂轮架 3 可沿滑座 4 的燕尾导轨做横向间歇进给运动（手动或液压传动）。滑座 4 和砂轮架 3 一起可沿立柱 5 的导轨做垂向间歇切入进给运动（手动）。工作台 2 可沿床身 1 的导轨做纵向往复运动（液压传动）。

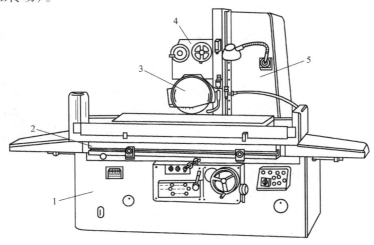

图 6-12 卧轴矩台平面磨床
1—床身 2—工作台 3—砂轮架 4—滑座 5—立柱

图 6-13 所示为立轴圆台平面磨床的外形图。砂轮架 3 的砂轮主轴由内连式异步电动机驱动。砂轮架 3 可沿立柱 4 的导轨做垂直间歇切入进给，还可做垂直快速调位运动，以适应磨削不同高度工件的需要。圆形工作台 2 装在床鞍上，它除了做旋转运动实现圆周进给外，还可以随同床鞍一起，沿床身导轨纵向快速退离或趋近砂轮，以便装卸工件。由于砂轮直径大，所以常采用镶片砂轮，这种砂轮有利于切削液冲入切削区，使砂轮不易堵塞。这类机床生产率较高，适用于成批生产。

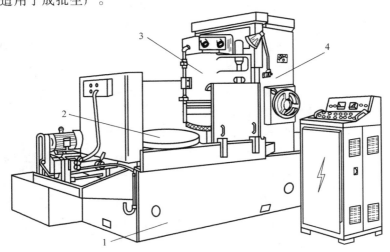

图 6-13 立轴圆台平面磨床
1—床身 2—圆形工作台 3—砂轮架 4—立柱

齿轮加工机床

7.1 常用齿轮加工机床的工艺特点和适用范围

齿轮加工机床用于加工各种齿轮的轮齿。由于齿轮传动准确可靠、效率高，在高速重载下的齿轮传动装置体积小、结构紧凑，所以齿轮在各种机械及仪表中被广泛应用。随着科学技术的不断发展，对齿轮的需求量日益增加，对齿轮的传动精度和圆周速度等的要求也越来越高，因而齿轮加工机床已成为机械制造业中一种重要的技术装备。

7.1.1 齿轮加工机床的工作原理

齿轮加工机床的种类繁多，构造各异，加工方法也各不相同，但就其加工原理来说，不外乎是成形法和展成法两种加工方法。

1) 成形法。成形法加工齿轮所采用的刀具是成形刀具，其刀刃（切削刃）形状与被切齿轮齿槽的截面形状相同。例如，在刨床或插床上用成形刀具加工齿轮，在铣床上用盘形或指形齿轮铣刀铣削齿轮，如图7-1所示。

在使用一把成形刀具加工齿轮时，每次只加工一个齿槽，然后用分度装置进行分度，依次加工下一个齿槽，直到全部轮齿加工完毕。这种加工方法的优点是机床较为简单，可以利用通用机床加工，缺点是加工的齿轮精度低。因为加工某一模数的齿轮盘铣刀，一般一套只有八把刀，每把齿轮盘铣刀有它规定的铣齿范围（表7-1），齿轮盘铣刀的齿形曲线是按该范围内最小齿数的齿形制造的，

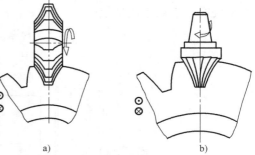

图 7-1 成形法加工齿轮

对其他齿数的齿轮均存在着不同程度的齿形误差。另外，加工时分度装置的分度误差，还会引起分齿不均匀，所以其加工精度不高。此外，这种齿轮加工方法的生产率较低，只用于单件小批生产一些低速、低精度的齿轮。

在大批大量生产中，也可以采用多齿廓成形刀具来加工齿轮，如用齿轮拉刀、齿轮推刀或多齿刀盘等刀具，同时加工出齿轮的各个齿槽。

表 7-1　齿轮铣刀的刀号

刀　号	1	2	3	4	5	6	7	8
加工齿数范围	12～13	14～16	17～20	21～25	26～34	35～54	55～134	135 以上

2）展成法。展成法加工齿轮是利用齿轮的啮合原理进行的，即把齿轮啮合副（齿条对齿轮或齿轮对齿轮）中的一个制作为刀具，另一个则作为工件，并强制刀具和工件做严格的啮合运动而展成切出齿廓，如图 7-2 所示。

在滚齿机上滚齿加工的过程，相当于一对螺旋齿轮互相啮合运动的过程（图 7-2a），只是其中一个螺旋齿轮的齿数极少，且分度圆上的导程角也很小，所以它便成为蜗杆形状（图 7-2b）。再将蜗杆切槽并铲背、淬火、刃磨，便成为齿轮滚刀（图 7-2c）。

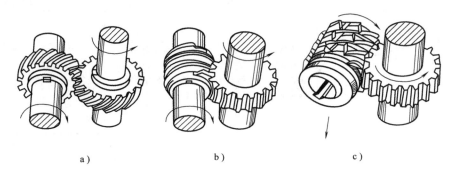

a)　　　　　　　　　　　b)　　　　　　　　　　　c)

图 7-2　展成法滚齿加工原理

如图 7-3 所示，是渐开线齿形的形成原理图。一般蜗杆螺纹的法向截面形状近似齿条形状（图 7-3a），因而当齿轮滚刀按给定的切削速度转动时，它在空间便形成一个以等速 v 移动着的假想齿条，当这个假想齿条与被切齿轮按一定速比做啮合运动时，便在轮坯上逐渐切出渐开线的齿形。齿形的形成是由滚刀在连续旋转中依次对轮坯切削的若干条切削刃线包络而成（图 7-3b）。

7.1.2　齿轮加工机床的类型及其用途

按照被加工齿轮的种类不同，齿轮加工机床可以分为圆柱齿轮加工机床和锥齿轮加工机床两大类。其中，圆柱齿轮加工机床有：滚齿机，主要用于加工直齿、斜齿圆柱齿轮和蜗轮；插齿机，主要用于加工单联及多联的内、外直齿圆柱齿轮；剃齿机，主要用于淬火前的直齿和斜齿圆柱齿轮的齿廓精加工；珩齿机，主要用于对热处理后的直齿和斜齿圆柱齿轮的齿廓精加工，珩齿对齿形

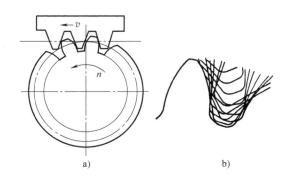

a)　　　　　　　　　b)

图 7-3　渐开线齿形的形成原理图

精度的改善不大，主要是减小齿面的表面粗糙度值；磨齿机，主要用于淬火后的圆柱齿轮的齿廓精加工。此外，还有花键轴铣床、车齿机等。

锥齿轮加工机床又可以分为直齿锥齿轮加工机床和弧齿锥齿轮加工机床两类。用于加工

直齿锥齿轮的机床有锥齿轮刨齿机、铣齿机、磨齿机等；用于加工弧齿锥齿轮的机床有弧齿锥齿轮铣齿机、磨齿机等。

7.1.3　常用齿轮加工机床的工艺特点和适用范围

用展成法加工齿轮，可以用同一把刀具加工同一模数的不同齿数的齿轮，且加工精度和生产率也较高。因此，各种齿轮加工机床广泛应用这种加工方法，如滚齿机、插齿机、剃齿机等。此外，多数磨齿机及锥齿轮加工机床也是按展成法原理进行加工的。常用齿轮加工机床的工艺特点和适用范围见表7-2。

表 7-2　常用齿轮加工机床的工艺特点和适用范围

类型	机床运动及加工示意图	工 艺 特 点	适 用 范 围
滚齿机	1—滚刀　2—工件	按展成法原理加工齿轮，滚刀1转一转，工件2相对于滚刀转 k/z 转，滚刀做垂向进给运动。加工螺旋齿轮时，工件还需要有一附加运动。机床生产率高	用于加工直齿圆柱齿轮、螺旋齿轮和蜗轮
插齿机	1—插齿刀　2—工件	按展成法原理加工齿轮，插齿刀1做垂向往复主运动和圆周进给运动，工件2相对于插齿刀做对滚运动。机床加工精度较高，但生产率较低	用于加工单联及多联的内、外直齿圆柱齿轮
剃齿机	1—剃齿刀　2—工件	按展成法原理加工齿轮的精加工机床，能加工出较滚、插加工更为准确的齿形和较小的表面粗糙度值，生产率高。剃齿刀1做旋转运动，并带动滚、插后留有剃齿余量的工件2旋转，并反复改变旋转方向，工件做纵向往复直线运动	用于淬火前并留有剃削余量的齿轮精加工。但不宜加工多联齿轮的小齿轮
铣齿机	1—铣刀盘　2—工件　3—铣刀	由铣刀盘1旋转和带动铣刀3做圆周进给运动的圆盘共同形成铲形轮；与工件2做展成运动形成弧形齿。每次铣出一个齿的两个侧面，然后分度，再对第二个齿进行铣切	用于铣切弧齿锥齿轮（还有一种用于铣切直齿锥齿轮的铣齿机）

7.2 Y3150E 型滚齿机

Y3150E 型滚齿机主要用于加工直齿和斜齿圆柱齿轮。此外，使用蜗轮滚刀时，还可用手动径向进给滚切蜗轮，也可用于加工花键轴及链轮。

机床的主要技术参数为：加工齿轮最大直径 500mm，最大宽度 250mm，最大模数 8mm，最小齿数 $5k$（k 为滚刀头数）。

7.2.1 主要组成部件

如图 7-4 所示，机床由床身 1、立柱 2、刀架溜板 3、滚刀架 5、后立柱 8 和工作台 9 等主要部件组成。立柱 2 固定在床身上。刀架溜板 3 带动滚刀架可沿立柱导轨做垂向进给运动或快速移动。滚刀安装在刀杆 4 上，由滚刀架 5 的主轴带动做旋转主运动。滚刀架可绕自己的水平轴线转动，以调整滚刀的安装角度。工件安装在工作台 9 的工件心轴 7 上或直接安装在工作台上，随同工作台一起做旋转运动。工作台和后立柱装在同一溜板上，可沿床身的水平导轨移动，以调整工件的径向位置或做手动径向进给运动。后立柱上的支架 6 可通过轴套或顶尖支承工件心轴的上端，以提高滚切工作的平稳性。

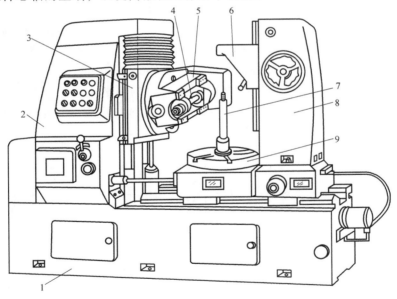

图 7-4 Y3150E 型滚齿机外形图

1—床身 2—立柱 3—刀架溜板 4—刀杆 5—滚刀架 6—支架
7—工件心轴 8—后立柱 9—工作台

7.2.2 机床运动的调整计算

1. 加工直齿圆柱齿轮的调整计算

（1）工作运动 根据展成法滚齿原理可知，用滚刀加工齿轮时，除具有切削工作运动外，还必须严格保持滚刀与工件之间的运动关系，这是切制出正确齿廓形状的必要条件。因此，滚齿机在加工直齿圆柱齿轮时的工作运动有：

1）主运动。主运动即滚刀的旋转运动。根据合理的切削速度和滚刀直径，即可确定滚刀的转速。

2）展成运动。展成运动即滚刀与工件之间的啮合运动。两者应准确地保持一对啮合齿轮的传动比关系。设滚刀头数为 k，工件齿数为 z，则每当滚刀转 1 转时，工件应转 k/z 转。

3）垂向进给运动。垂向进给运动即滚刀沿工件轴线方向做连续的进给运动，以切出整个齿宽上的齿形。

为了实现上述三个运动，机床就必须具有三条相应的传动链，而在每一传动链中，又必须有可调环节（即变速机构），以保证传动链两端件间的运动关系。图 7-5 所示为加工直齿圆柱齿轮时滚齿机传动原理图。图中，主运动链的两端件为电动机和滚刀架，滚刀的转速可通过改变 u_v 的传动比进行调整；展成运动链的两端件为滚刀及工件，通过调整 u_c 的传动比，保证滚刀转 1 转，工件转 k/z 转，以实现展成运动；垂向进给运动链的两端件为工件和滚刀，通过调整 u_f 的传动比，使工件转 1 转时，滚刀在垂向进给丝杠带动下，沿工件轴向移动所要求的进给量。

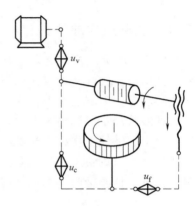

图 7-5　加工直齿圆柱齿轮时滚齿机传动原理图

（2）传动链的调整计算　根据上面讨论的机床在加工直齿圆柱齿轮时的运动和传动原理图，即可从图 7-6 所示的传动系统图中找出各个运动的传动链并进行运动的调整计算。

1）主运动传动链。主运动传动链的两端件及其运动关系是：主电动机 1430r/min—滚刀主轴 $n_刀$ r/min。其传动路线表达式为

$$主电动机\binom{4kW}{1430r/min} - \frac{\phi115}{\phi165} - I - \frac{21}{42} - II - \begin{bmatrix}\frac{31}{39}\\\frac{35}{35}\\\frac{27}{43}\end{bmatrix} - III - \frac{A}{B} - IV - \frac{28}{28} - V - \frac{28}{28} - VI -$$

$$- \frac{28}{28} - VII - \frac{20}{80} - VIII（滚刀主轴）$$

传动链的运动平衡式为

$$1430 \times \frac{115}{165} \times \frac{21}{42} \times u_{II-III} \times \frac{A}{B} \times \frac{28}{28} \times \frac{28}{28} \times \frac{28}{28} \times \frac{20}{80} = n_刀$$

由上式可得主运动变速交换齿轮的计算公式

$$\frac{A}{B} = \frac{n_刀}{124.583 u_{II-III}}$$

式中　$n_刀$——滚刀主轴转速，按合理切削速度及滚刀外径计算；

u_{II-III}——轴 II-III 之间三联滑移齿轮变速组的三种传动比。

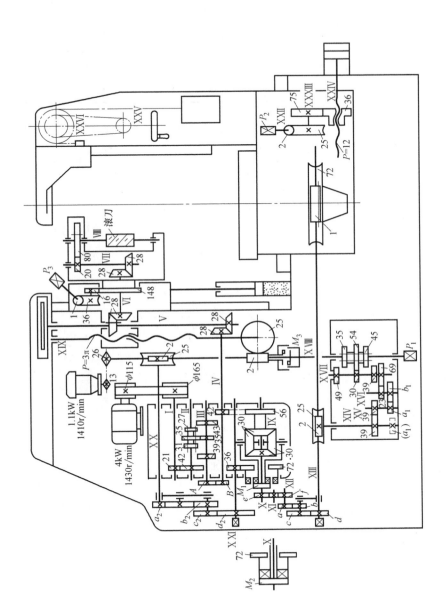

图 7-6　Y3150E 型滚齿机传动系统图

P_1—滚刀架垂向进给手摇方头　P_2—径向进给手摇方头　P_3—刀架扳角度手摇方头

147

机床上备有 A、B 交换齿轮，其传动比 $\frac{A}{B} = \frac{22}{44}$、$\frac{33}{33}$、$\frac{44}{22}$。因此，滚刀共有如表 7-3 所列的 9 级转速。

表 7-3 滚刀主轴转速

A/B	22/44			33/33			44/22		
$u_{\text{II} - \text{III}}$	27/43	31/39	35/35	27/43	31/39	35/35	27/43	31/39	35/35
$n_{刀}/(\text{r/min})$	40	50	63	80	100	125	160	200	250

2) 展成运动传动链。展成运动传动链的两端件及其运动关系是：当滚刀转一转时，工件相对于滚刀转 k/z 转。其传动路线表达式为

$$\text{IV} - \frac{28}{28} - \text{V} - \frac{28}{28} - \text{VI} - \frac{28}{28} - \text{VII} - \frac{20}{80} - \text{VIII（滚刀主轴）}$$
$$\frac{42}{56} - \text{IX} - \text{合成机构} - \text{X} - \frac{e}{f} - \text{XII} - \frac{a}{b}\frac{c}{d} - \text{XIII} - \frac{1}{72} - \text{工作台（工件）}$$

传动链的运动平衡式为

$$1 \times \frac{80}{20} \times \frac{28}{28} \times \frac{28}{28} \times \frac{28}{28} \times \frac{42}{56} \times u'_{合} \times \frac{e}{f} \times \frac{a}{b}\frac{c}{d} \times \frac{1}{72} = \frac{k}{z}$$

滚切直齿圆柱齿轮时，运动合成机构用离合器 M_1 联接，此时运动合成机构的传动比 $u'_{合} = 1$（见后说明）。化简上式可得展成运动交换齿轮的计算公式

$$\frac{a}{b}\frac{c}{d} = \frac{f}{e}\frac{24k}{z}$$

上式中的 $\frac{f}{e}$ 交换齿轮，应根据 $\frac{z}{k}$ 值而定，可有如下三种选择：

当 $5 \leqslant \frac{z}{k} \leqslant 20$ 时，取 $e = 48$，$f = 24$。

$21 \leqslant \frac{z}{k} \leqslant 142$ 时，取 $e = 36$，$f = 36$。

$143 \leqslant \frac{z}{k}$ 时，取 $e = 24$，$f = 48$。

这样选择后，可使 $\frac{a}{b}\frac{c}{d}$ 的数值适中，以便于交换齿轮的选取和安装。

3) 垂向进给运动传动链。垂向进给运动传动链的两端件及其运动关系是：当工件转一转时，由滚刀架带动滚刀沿工件轴线进给 f mm。其传动路线表达式为

$$\text{XⅢ} - \frac{1}{72} - \text{工作台（工件）}$$

$$\frac{2}{25} - \text{XⅥ} - \frac{39}{39} - \text{XⅤ} - \frac{a_1}{b_1} - \text{XⅥ} - \frac{23}{69} - \text{XⅦ} - \begin{bmatrix} \dfrac{49}{35} \\[2pt] \dfrac{30}{54} \\[2pt] \dfrac{39}{45} \end{bmatrix} - \text{XⅧ} - M_3 -$$

$$\frac{2}{25} - \text{XⅨ}（刀架垂向进给丝杠）$$

传动链的运动平衡式为

$$1 \times \frac{72}{1} \times \frac{2}{25} \times \frac{39}{39} \times \frac{a_1}{b_1} \times \frac{23}{69} \times u_{\text{XⅦ} - \text{XⅧ}} \times \frac{2}{25} \times 3\pi = f$$

化简上式可得垂向进给运动交换齿轮的计算公式

$$\frac{a_1}{b_1} = \frac{f}{0.46\pi u_{\text{XⅦ} - \text{XⅧ}}}$$

式中　f——垂向进给量（mm/r），根据工件材料、加工精度及表面粗糙度等条件选定；
$u_{\text{XⅦ} - \text{XⅧ}}$——进给箱中轴 XⅦ-XⅧ 之间的滑移齿轮变速组的三种传动比。

当垂向进给量确定后，可从表 7-4 中查出交换齿轮齿数。

表 7-4　垂向进给量及交换齿轮齿数

a_1/b_1	26/52			32/46			46/32			52/26		
$u_{\text{XⅦ} - \text{XⅧ}}$	$\frac{30}{54}$	$\frac{39}{45}$	$\frac{49}{35}$	$\frac{30}{54}$	$\frac{39}{45}$	$\frac{49}{35}$	$\frac{30}{54}$	$\frac{39}{45}$	$\frac{49}{35}$	$\frac{30}{54}$	$\frac{39}{45}$	$\frac{49}{35}$
$f/(\text{mm/r})$	0.4	0.63	1	0.56	0.87	1.41	1.16	1.8	2.9	1.6	2.5	4

2. 加工斜齿圆柱齿轮的调整计算

（1）工作运动　和加工直齿圆柱齿轮时一样，加工斜齿圆柱齿轮时同样需要主运动、展成运动、垂向进给运动。此外，为了形成螺旋形的轮齿，还必须给工件一个附加运动，这同在铣床上铣螺旋槽相似，即刀具沿工件轴线方向进给一个螺旋线导程时，工件应均匀地转一转。所以，在加工斜齿圆柱齿轮时，机床必须具有四条相应的传动链来实现上述四个工作运动。这四条传动链我们不难从图 7-7 所示的传动原理图中看出，图中 u_t 为附加运动链的变速机构。

需要特别指出的是：在加工斜齿圆柱齿轮时，展成运动和附加运动这两条传动链需要将两种不同要求的旋转运动同时传给工件。在一般情况下，两个运动同时传到一根轴上时，运动要发生干涉而将轴损坏。所以，在滚齿机上设有把两个任意方向和大小的转动进行合成的机构，即运动合成机构（在图 7-7 所示的传动原理图中以一方框，并以符号 Σ 加

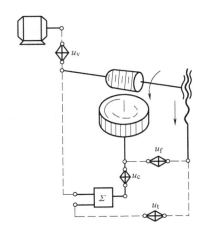

图 7-7　加工斜齿圆柱齿轮
时滚齿机传动原理图

149

以表示）。

（2）运动合成机构　滚齿机所用的运动合成机构通常是圆柱齿轮或锥齿轮行星机构。图 7-8 所示为 Y3150E 型滚齿机所用的运动合成机构，主要由四个模数 $m = 3\text{mm}$、齿数 $z = 30$、螺旋角 $\beta = 0°$ 的弧齿锥齿轮组成。

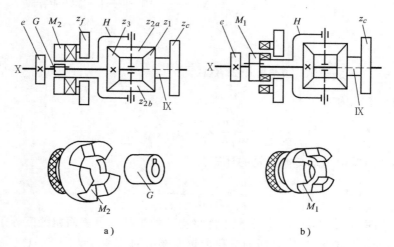

图 7-8　滚齿机运动合成机构工作原理

H—转臂　G—套筒　M_1、M_2—离合器　e—交换齿轮

加工斜齿圆柱齿轮时（图 7-8a），在轴 X 上先装上套筒 G（用键与轴联接），再将离合器 M_2 空套在套筒 G 上。离合器 M_2 的端面齿与空套齿轮 z_f 的端面齿以及行星架 H 后部套筒上的端面齿同时啮合，将它们联接在一起，因而来自刀架的附加运动可通过 z_f 传递给行星架 H。

设 n_X、n_{IX}、n_H 分别为轴 X、IX 及行星架 H 的转速，根据行星齿轮机构传动原理，可以列出运动合成机构的传动比计算式

$$\frac{n_X - n_H}{n_{IX} - n_H} = (-1)\frac{z_1}{z_{2a}}\frac{z_{2a}}{z_3}$$

式中的（-1），由锥齿轮传动的旋转方向确定。将锥齿轮齿数 $z_1 = z_{2a} = z_{2b} = z_3 = 30$ 代入上式，则得

$$\frac{n_X - n_H}{n_{IX} - n_H} = -1$$

上式移项，可得运动合成机构中从动件的转速 n_X 与两个主动件的转速 n_{IX} 及 n_H 的关系式

$$n_X = 2n_H - n_{IX}$$

在展成运动传动链中，来自滚刀的运动由齿轮 z_c 经合成机构传至轴 X。可设 $n_H = 0$，则轴 IX 与 X 之间的传动比为

$$u_{合1} = \frac{n_X}{n_{IX}} = -1$$

在附加运动传动链中，来自刀架的运动由齿轮 z_f 传给行星架，再经合成机构传至轴 X；可设 $n_{IX} = 0$，则行星架 H 与轴 X 之间的传动比为

$$u_{合2} = \frac{n_X}{n_H} = 2$$

综上所述，加工斜齿圆柱齿轮时，展成运动和附加运动同时通过合成机构传动，并分别按传动比 $u_{合1} = -1$ 及 $u_{合2} = 2$ 经轴 X 和齿轮 e 传给工作台。

加工直齿圆柱齿轮时，工件不需要附加运动。这时需卸下离合器 M_2 及套筒 G，而将离合器 M_1 装在轴 X 上（图 7-8b）。M_1 通过键与轴 X 联接，其端面齿爪只和行星架 H 的端面齿爪连接，所以此时

$$n_H = n_X$$
$$n_X = 2n_X - n_{IX}$$
$$n_X = n_{IX}$$

展成运动传动链中轴 X 与轴 IX 之间的传动比为

$$u'_{合} = \frac{n_X}{n_{IX}} = 1$$

实际上，在上述调整状态下，转臂 H、轴 X 与轴 IX 之间都不能做相对运动，此时合成机构相当于"联轴器"。因此，在加工直齿圆柱齿轮时，展成运动传动链通过合成机构的传动比应为 $u'_{合} = 1$。

（3）传动链的调整计算

1）主运动传动链。加工斜齿圆柱齿轮时，机床主运动传动链的调整计算与加工直齿圆柱齿轮时相同。

2）展成运动传动链。加工斜齿圆柱齿轮时，虽然展成运动的传动路线及运动平衡式都和加工直齿圆柱齿轮时相同，但因运动合成机构用 M_2 离合器联接，其传动比应为 $u_{合1} = -1$，代入运动平衡式后得交换齿轮计算公式为

$$\frac{a}{b}\frac{c}{d} = -\frac{f}{e}\frac{24k}{z}$$

式中负号说明展成运动链中轴 X 与 IX 的转向相反。而在加工直齿圆柱齿轮时两轴的转向相同（交换齿轮计算公式中符号为正）。因此，在调整展成运动交换齿轮时，必须按机床说明书规定配加惰轮。

3）垂向进给运动传动链。加工斜齿圆柱齿轮时，垂向进给传动链及其调整计算和加工直齿圆柱齿轮相同。

4）附加运动传动链。加工斜齿圆柱齿轮时，附加运动传动链的两端件及其运动关系是：当滚刀架带动滚刀垂向移动工件的一个螺旋线导程 p 时，工件应附加转动 ±1 转。其传动路线表达式为

$$XVIII - M_3 - \frac{2}{25} - XIX（刀架垂向进给丝杠）$$
$$\llcorner \frac{2}{25} - XX - \frac{a_2}{b_2}\frac{c_2}{d_2} - XXI - \frac{36}{72} - M_2 - 合成机构 - X - \frac{e}{f} - XIII -$$
$$- \frac{1}{72} - 工作台（工件）$$

传动链的运动平衡式为

$$\frac{p}{3\pi} \times \frac{25}{2} \times \frac{2}{25} \times \frac{a_2 c_2}{b_2 d_2} \times \frac{36}{72} \times u_{合2} \times \frac{e}{f} \frac{a}{b} \frac{c}{d} \times \frac{1}{72} = \pm 1$$

式中　p——被加工齿轮螺旋线的导程，$p = \dfrac{\pi m_n z}{\sin\beta}$（mm）;

$\dfrac{a}{b} \dfrac{c}{d}$——展成运动交换齿轮传动比，$\dfrac{a}{b} \dfrac{c}{d} = -\dfrac{f}{e} \dfrac{24k}{z}$;

$u_{合2}$——运动合成机构在附加运动传动链中的传动比，$u_{合2} = 2$。

代入上式，可得附加运动交换齿轮的计算公式

$$\frac{a_2 c_2}{b_2 d_2} = \pm 9 \frac{\sin\beta}{m_n k}$$

式中　β——被加工齿轮的螺旋角（°）;

　　　　m_n——被加工齿轮的法向模数（mm）;

　　　　k——滚刀头数。

式中的"±"值，表明工件附加运动的旋转方向，它决定于工件的螺旋方向和刀架进给运动的方向。在计算交换齿轮齿数时，"±"值可不予考虑，但在安装附加运动交换齿轮时，应按机床说明书规定配加惰轮。

附加运动传动链是形成螺旋线齿线的内联系传动链，其传动比数值的精确度，影响着工件齿轮的齿向精度，所以交换齿轮传动比应配算准确。但是，附加运动交换齿轮计算公式中有无理数 $\sin\beta$，所以往往无法配算得非常准确。实际选配的附加运动交换齿轮传动比与理论计算的传动比之间的误差，对于 8 级精度的斜齿轮，要准确到小数点后第四位数字，对于 7 级精度的斜齿轮，要准确到小数点后第五位数字，才能保证不超过精度标准中规定的齿向公差。

在 Y3150E 型滚齿机上，展成运动、垂向进给运动和附加运动三条传动链的调整，共用一套模数为 2mm 的交换齿轮，其齿数为：20（两个）、23、24、25、26、30、32、33、34、35、37、40、41、43、45、46、47、48、50、52、53、55、57、58、59、60（两个）、61、62、65、67、70、71、73、75、79、80、83、85、89、90、92、95、97、98、100 共 47 个。

3. 加工蜗轮时的调整计算

Y3150E 型滚齿机，通常用径向进给法加工蜗轮，如图 7-9 所示。加工时共需三个运动：主运动、展成运动和径向进给运动。主运动及展成运动传动链的调整计算与加工直齿圆柱齿轮相同，径向进给运动只能手动。此时，应将离合器 M_3 脱开，使垂向进给传动链断开。转动方头 P_2 经蜗杆副 $\dfrac{2}{25}$、齿轮副 $\dfrac{75}{36}$ 带动螺母转动，使工作台溜板做径向进给。

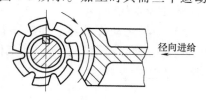

图 7-9　径向进给法加工蜗轮

工作台溜板可由液压缸驱动做快速趋近和退离刀具的调整移动。

4. 滚刀架的快速垂直移动

利用快速电动机可使刀架做快速升降运动，以便调整刀架位置及在进给前后实现快进和

快退。此外，在加工斜齿圆柱齿轮时，起动快速电动机，可经附加运动传动链传动工作台旋转，以便检查工作台附加运动的方向是否正确。

刀架快速垂直移动的传动路线表达式为

$$\text{快速电动机} \begin{pmatrix} 1.1\text{kW} \\ 1410\text{r/min} \end{pmatrix} - \frac{13}{26} - \text{X} \text{III} - M_3 - \frac{2}{25} - \text{XX} \text{（刀架垂向进给丝杠）}$$

刀架快速移动的方向可通过快速电动机的正反转来变换。在 Y3150E 型滚齿机上，起动快速电动机前，必须先用操纵手柄将轴 XⅢ 上的三联滑移齿轮移到空档位置，以脱开 XⅡ 和 XⅢ 之间的传动联系（图 7-6）。为了确保操作安全，机床设有电气互锁装置，保证只有当操纵手柄放在"快速移动"的位置上时，才能起动快速电动机。

应注意的是：在加工一个斜齿圆柱齿轮的整个过程中，展成运动链和附加运动链都不可脱开。例如，在第一刀粗切完毕后，需将刀架快速向上退回，以便进行第二次切削时，绝不可分开展成运动和附加运动传动链中的交换齿轮或离合器，否则将会使工件产生乱刀及斜齿被破坏等现象，并可能造成刀具及机床的损坏。

7.2.3　机床的工作调整及主要部件结构

1. 运动方向的确定

滚刀的旋转方向，一般情况下，应按图 7-10 及图 7-11 所示的方向转动，与滚刀螺旋线方向无关。当滚刀按图示方向转动时，滚刀的垂向进给运动方向一般是从上向下的，此时工件的展成运动方向只取决于滚刀的螺旋方向（如图 7-10 及图 7-11 的实线箭头所示）；工件的附加运动方向只取决于工件的螺旋方向（如图 7-11 的虚线箭头所示）。

滚切齿轮前，应按图 7-10 或图 7-11 所示检查机床各运动的方向是否正确，如发现运动方向相反，只需在相应的传动链交换齿轮中装上（或拿去）一惰轮即可。

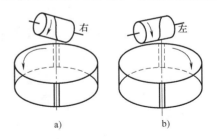

图 7-10　滚齿机加工直齿圆柱齿轮

2. 滚刀安装角的确定

滚齿时，为了切出准确的齿形，应使滚刀和工件处于正确的"啮合"位置，即滚刀在切削点处的螺旋线方向应与被加工齿轮齿槽的方向一致。为此，需将滚刀轴线与工件顶面安装成一定的角度，称为安装角。

根据上述要求，即可确定滚刀安装角的大小和倾斜方向。

加工直齿圆柱齿轮时，安装角 δ 等于滚刀的螺旋升角 λ，即 $\delta = \lambda$。倾斜方向与滚刀螺旋方向有关，如图 7-12a 和图 7-12b 所示。

加工斜齿圆柱齿轮时，安装角 δ 与滚刀的螺旋升角 λ 和工件的螺旋角 β 大小有关，且与两者的螺旋线方向

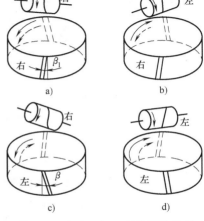

图 7-11　滚齿机加工斜齿圆柱齿轮

153

有关，即 $\delta=\beta\pm\lambda$（两者螺旋线方向相反时取"+"号，相同时取"−"号），倾斜方向如图 7-12c～f 所示。

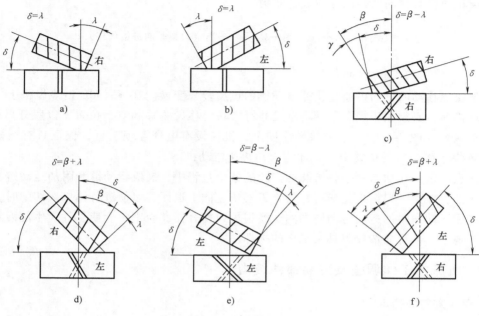

图 7-12 滚刀的安装角

滚切斜齿圆柱齿轮时，应尽量采用与工件螺旋方向相同的滚刀，使滚刀的安装角较小，有利于提高机床运动的平稳性和加工精度。

3. 滚刀刀架结构和滚刀的安装调整

图 7-13 所示为 Y3150E 型滚齿机滚刀刀架的结构。刀架体 25 用装在环形 T 形槽内的六个螺钉 5 固定在刀架溜板（图中未示出）上。调整滚刀安装角时，应先松开螺钉 5，然后用扳手转动刀架溜板上的方头 P_3（图 7-6），经蜗杆副 1/36 及齿轮 z_{16}，带动固定在刀架体上的齿轮 z_{148}，使刀架体回转至所需的滚刀安装角。调整完毕后，应重新扳紧螺钉 5 上的螺母。

主轴 17 前端用内锥外圆的滑动轴承支承，以承受径向力，并用两个推力球轴承 15 承受轴向力。主轴后端通过铜套 12 及花键套筒 13 支承在两个圆锥滚子轴承 10 上。当主轴前端的滑动轴承磨损引起主轴径向圆跳动超过允许值时，可拆下调整垫片 14 及 16，磨去相同的厚度，调配至符合要求时为止。若仅需调整主轴的轴向窜动，则只要将调整垫片 14 适当磨薄即可。

安装滚刀的刀杆 18 用锥柄安装在主轴前端的锥孔内，并用拉杆 11 将其拉紧。刀杆左端支承在支架 21 的滑动轴承上，支架 21 可在刀架体上沿主轴轴线方向调整位置，并用压板固定在所需位置上。

安装滚刀时，为使滚刀的刀齿（或齿槽）对称于工件的轴线，以保证加工出的齿廓两侧齿面对称，另外，为使滚刀的磨损不过于集中在局部长度上，而是沿全长均匀地磨损，以提高其使用寿命，都需调整滚刀轴向位置，即所谓对中和串刀。调整时，先松开螺钉 2，然后用手柄转动方头轴 4，经方头轴上的小齿轮 8 和主轴套筒 1 上的齿条 3，带动主轴套筒连

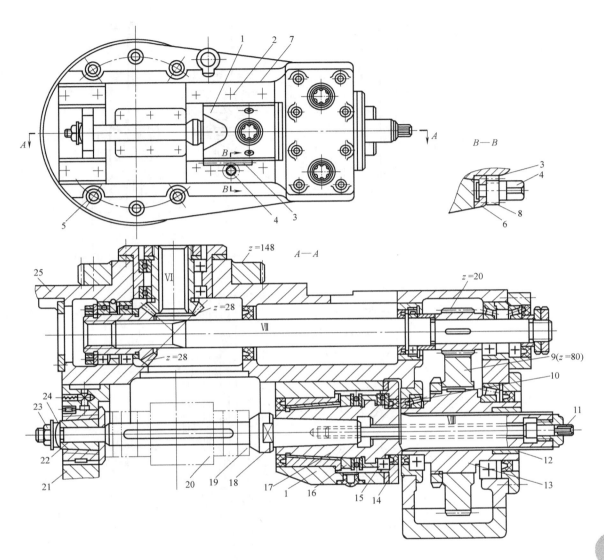

图 7-13　Y3150E 型滚齿机滚刀刀架

1—主轴套筒　2、5—螺钉　3—齿条　4—方头轴　6、7—压板　8—小齿轮　9—大齿轮

10—圆锥滚子轴承　11—拉杆　12—铜套　13—花键套筒　14、16—调整垫片

15—推力球轴承　17—主轴　18—刀杆　19—刀垫　20—滚刀　21—支架

22—外锥套　23—螺母　24—球面垫圈　25—刀架体

同滚刀主轴一起轴向移动。调整合适后，应拧紧螺钉 2。本机床的最大串刀距离为 55mm。

4. 工作台结构和工件的安装

图 7-14 所示为 Y3150E 型滚齿机的工作台结构。工作台 2 的下部有一圆锥体，与溜板 1 壳体上的锥体滑动轴承 17 精密配合，以定中心。工作台支承在溜板壳体的环形平面导轨 M 和 N 上做旋转运动。分度蜗轮 3 用螺柱及定位销固定在工作台的下平面上，与分度蜗轮相啮合的蜗杆 7 由两个圆锥滚子轴承 4 和两个角接触球轴承 8 支承着，通过双螺母 5 可以调节

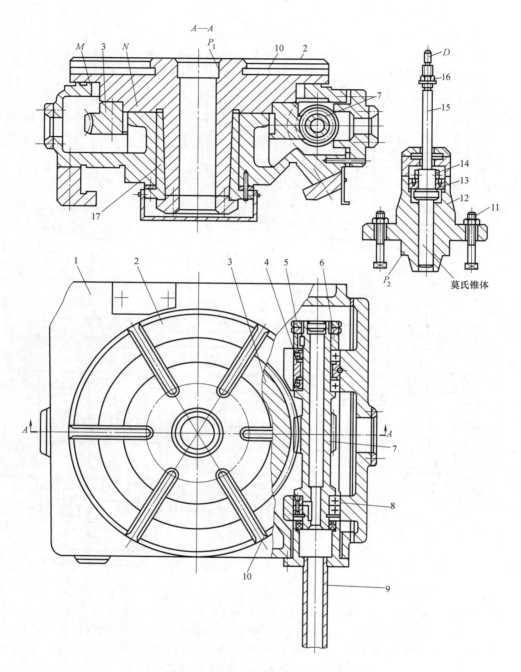

图 7-14　Y3150E 型滚齿机工作台

1—溜板　2—工作台　3—蜗轮　4—圆锥滚子轴承　5—螺母　6—隔套　7—蜗杆　8—角接

触球轴承　9—套筒　10—T 形槽　11—T 形螺钉　12—底座　13、16—压紧螺母

14—锁紧套　15—工件心轴　17—锥体滑动轴承

圆锥滚子轴承 4 的间隙。底座 12 用它的圆柱表面 P_2 与工作台中心孔上的 P_1 孔配合定中心，并用 T 形螺钉 11 紧固在工作台 2 上；工件心轴 15 通过莫氏锥孔配合，安装在底座 12 上，用其上的压紧螺母 13 压紧，用锁紧套 14 两旁的螺钉锁紧以防松动。

加工小尺寸的齿轮时，工件可安装在工件心轴 15 上，心轴上端的圆柱体 D 可用后立柱支架上的顶尖或套筒支承起来。加工大尺寸的齿轮时，可用具有大端面的心轴底座装夹，并尽量在靠近加工部位的轮缘处夹紧。

7.3　插齿机

　　常用的圆柱齿轮加工机床除滚齿机外，还有插齿机。插齿机主要用于加工直齿圆柱齿轮，尤其适用于加工在滚齿机上不能滚切的内齿轮和多联齿轮。

7.3.1　插齿工作原理及所需运动

　　如图 7-15 所示，插齿机是按展成法原理来加工齿轮的。插齿刀实质上是一个端面磨有前角，齿顶及齿侧均磨有后角的齿轮（图 7-15a）。插齿时，插齿刀沿工件轴向做直线往复运动以完成切削主运动，在刀具和工件轮坯做"无间隙啮合运动"过程中，在轮坯上渐渐切出齿廓。加工过程中，刀具每往复一次，仅切出工件齿槽的一小部分，齿廓曲线是在插齿刀切削刃多次相继的切削中，由切削刃各瞬时位置的包络线所形成的（图 7-15b）。

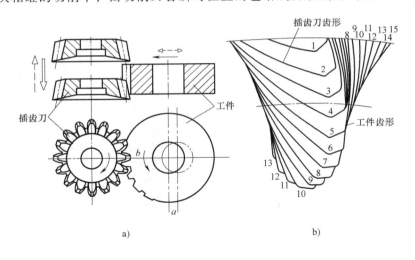

图 7-15　插齿原理

　　加工直齿圆柱齿轮时，插齿机应具有如下运动（图 7-15）：

　　1）主运动。插齿机的主运动是插齿刀沿其轴线（即沿工件的轴向）所做的直线往复运动。在一般立式插齿机上，刀具垂直向下时为工作行程，向上为空行程。主运动以插齿刀每分钟的往复行程次数来表示，即双行程数/min。

　　2）展成运动。加工过程中，插齿刀和工件必须保持一对圆柱齿轮的啮合运动关系，即在插齿刀转过一个齿时，工件也转过一个齿。工件与插齿刀所做的啮合旋转运动即为展成运动。

　　3）圆周进给运动。圆周进给运动是插齿刀绕自身轴线的旋转运动，其旋转速度的快慢决定了工件转动的快慢，也直接关系到插齿刀的切削负荷、被加工齿轮的表面质量、机床生产率和插齿刀的使用寿命。圆周进给运动的大小，即圆周进给量，用插齿刀每往复行程一次，刀具在分度圆圆周上所转过的弧长来表示，单位为 mm/双行程。

157

4）径向切入运动。开始插齿时，如插齿刀立即径向切入工件至全齿深，将会因切削负荷过大而损坏刀具和工件。为了避免这种情况，工件应逐渐地向插齿刀做径向切入，图 7-15a 中，$\overset{\frown}{ab}$ 表示工件做径向切入的过程。开始加工时，工件外圆上的 a 点与插齿刀外圆相切，在插齿刀和工件做展成运动的同时，工件相对于刀具做径向切入运动。当刀具切入工件至全齿深后（至 b 点），径向切入运动停止，然后工件再旋转一整转，便能加工出全部完整的齿廓。径向进给量是以插齿刀每次往复行程，工件径向切入的距离来表示，单位为 mm/双行程。

5）让刀运动。插齿刀向上运动（空行程）时，为了避免擦伤工件齿面和减少刀具磨损，刀具和工件间应让开一小段距离（一般为 0.5mm 的间隙），而在插齿刀向下开始工作行程之前，又迅速恢复到原位，以便刀具进行下一次切削，这种让开和恢复原位的运动称为让刀运动。插齿机的让刀运动可以由安装工件的工作台移动来实现，也可由刀具主轴摆动得到。由于工件和工作台的惯量比刀具主轴大，由让刀运动产生的振动也大，不利于提高切削速度，所以新型号的插齿机（如 Y5132），普遍采用刀具主轴摆动来实现让刀运动。

7.3.2 Y5132 型插齿机

图 7-16 所示为 Y5132 型插齿机外形。它由床身 1、立柱 2、刀架 3、插齿刀主轴 4、工作台 5、工作台溜板 7 等部件组成。

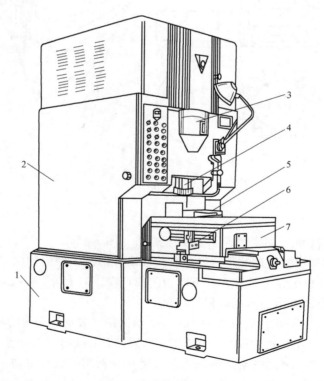

图 7-16　Y5132 型插齿机外形图

1—床身　2—立柱　3—刀架　4—插齿刀主轴　5—工作台

6—挡块支架　7—工作台溜板

Y5132 型插齿机加工外齿轮最大分度圆直径为 320mm，最大加工齿轮宽度为 80mm；加工内齿轮最大外径为 500mm，最大宽度为 50mm。

1. 机床的传动系统

图 7-17 所示为 Y5132 型插齿机的传动系统图。其传动路线表达式为

$$
\text{双速电动机}-\frac{\phi100}{\phi278}-\text{I}-\left[\begin{array}{l}\left[\begin{array}{l}\dfrac{38}{52}\\[4pt]\dfrac{45}{45}\end{array}\right]-\dfrac{39}{31}-\dfrac{33}{57}\\[10pt]-M_1-\dfrac{33}{57}\\[8pt]\dfrac{38}{52}-M_2\\[6pt]\dfrac{45}{45}-M_2\\[6pt]M_1-\dfrac{51}{39}-M_2\end{array}\right]-\text{II}-\left[\begin{array}{l}\text{曲杆偏心盘—刀具主轴}\\\text{往复（主运动）}\\[6pt]\dfrac{57}{57}-\text{III}-\dfrac{15}{15}-\text{IV}-\dfrac{3}{23}-\text{V}\end{array}\right.
$$

$$
\binom{960\text{ r/min}/1440\text{ r/min}}{3/4\text{kW}}
$$

$$
-\frac{E}{F}-\text{VI}-\left[\begin{array}{l}M_3-\dfrac{58}{52}\\[6pt]M_4-\dfrac{52}{58}\end{array}\right.
$$

$$
\text{VII}-\left[\begin{array}{l}\dfrac{52}{38}-\dfrac{38}{52}-M_5\\[6pt]\dfrac{58}{58}-M_6\end{array}\right]-\text{VIII}-\left[\begin{array}{l}\dfrac{20}{30}-\text{XV}-\dfrac{1}{80}-\text{刀具主轴旋转（圆周进给运动）}\\[8pt]\dfrac{A}{B}\dfrac{C}{D}-\text{IX}-\left[\begin{array}{l}\dfrac{27}{27}\\[4pt]\dfrac{27}{27}\end{array}\right]-\text{X}-\dfrac{23}{23}-\text{XI}-\dfrac{1}{120}-\text{工作台旋转（展成运动）}\end{array}\right.
$$

（锥齿变向机构）

$$
\text{快速电动机}-\frac{23}{69}
$$

$$
\binom{1380\text{r/min}}{0.6\text{kW}}
$$

根据传动系统图及传动路线表达式，按分析滚齿机传动链的类似方法，即可得出插齿机主运动传动链、展成运动传动链、圆周进给运动传动链的调整计算式（略）。

2. 机床的部分结构原理

1）刀具主轴和让刀机构。图 7-18 所示为机床刀具主轴和让刀机构的立体示意图。根据机床运动分析，插齿刀的主运动为往复直线运动，而在圆周进给运动中则为旋转运动。因此，机床的刀具主轴结构必须满足既能旋转，又能上下往复运动的要求。

属于主运动传动链的轴 II，其端部是曲柄机构 1。当轴 II 旋转时，连杆 2 通过头部为球

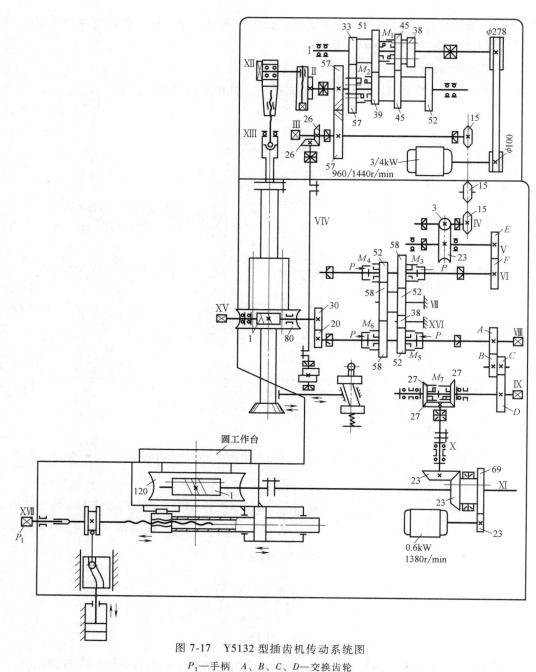

图 7-17 Y5132 型插齿机传动系统图

P_1—手柄 A、B、C、D—交换齿轮

头拉杆13与接杆3，使插齿刀轴9在导向套8内上下往复运动。往复行程的大小可通过改变曲柄连杆机构的偏心距来调整；行程的起始位置则是通过转动球头拉杆13，改变它在连杆2中的轴向长度来调整的（图7-18中未示）。

插齿刀轴9的旋转运动由蜗杆11传入，带动蜗轮6转动而得到。在蜗轮体5的内孔上，用螺钉对称地固定安装两个长滑键12。插齿刀轴9装在与球头拉杆13相连的接杆3上，并且在插齿刀轴9的上端装有带键槽的套筒4。当插齿刀轴9做上下往复的主运动时，还可由蜗轮 6 经滑键 12 和套筒 4，带动插齿刀轴 9 同时做旋转运动。

Y5132 型插齿机的让刀运动是由刀具主轴的摆动实现的。让刀机构主要由让刀凸轮 A、让刀滚子 B 及让刀楔子 10 等组成（图 7-18）。当插齿刀向上移动时，与轴 XIV 同时转动的让刀凸轮 A 以它的工作曲线推动让刀滚子 B，使让刀楔子 10（楔角 7°）移动，从而使刀架体 7 连同插齿刀轴 9 绕刀架体的回转轴线 X—X 摆动，实现让刀运动。让刀凸轮共有两个，$A_外$ 用于插削外齿轮，$A_内$ 用于插削内齿轮。由于插削内外齿轮时的让刀方向相反，所以两个凸轮的工作曲线相差 180°。

2）径向切入机构。如上所述，插齿时插齿刀要相对于工件做径向切入运动，直至全齿深时刀具与工件再继续对滚至工件一转，全部轮齿即切削完毕，这种方法称为一次切入。除此以外，也有采用二次或三次切入的。用二次切入时，第一次切入量为全齿深的 90%，在第一次切入结束时，工件和插齿刀对滚至工件一转（粗切），再进行第二次切入，到全齿深时，工件和插齿刀再对滚至工件一转（精切）。三次切入和二次切入类似，只是第一次切入量为全齿深的 70%，第二次为 27%，第三次为 3%。

插齿机上的径向切入运动，可由刀具移动也可由工件移动实现。Y5132 型插齿机是由工作台带动工件

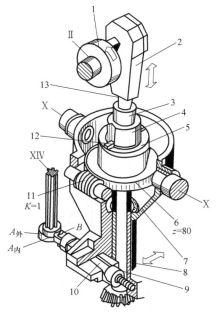

图 7-18 Y5132 型插齿机刀具主轴
和让刀机构

1—曲柄机构 2—连杆 3—接杆 4—套筒
5—蜗轮体 6—蜗轮 7—刀架体 8—导向套
9—插齿刀轴 10—让刀楔子 11—蜗杆
12—滑键 13—球头拉杆
A—让刀凸轮 B—让刀滚子

向插齿刀移动实现的。加工时，工作台首先以快速移动一个大的距离使工件接近刀具（这个距离是装卸工件所需要的），然后才开始径向切入。当工件全部加工结束后，工作台又快速退回原位。工作台的上述运动，分别由液压系统操纵大距离进退液压缸和径向切入液压缸实现。图 7-19 所示为 Y5132 型插齿机的径向切入机构的工作原理图。

大距离进退液压缸 7 的缸体固定在工作台下侧，当径向切入油进入液压缸右腔 m 时，缸体连同工作台前进（图中向右）较大距离，使工件接近插齿刀。当液压油进入液压缸左腔 n 时，工作台退回原位。

开始径向切入时，液压油进入径向切入液压缸 1 的后腔 P，推动活塞连同凸轮板 2 移动，使滚子 3 沿着凸轮板的直槽 a 进入斜槽 b，从而使与滚子 3 连接在一起的丝杠 4、螺母 5 及活塞杆 8 移动，并推动缸体和工作台向前（图中向右）移动，实现径向切入运动。当滚子 3 进入直槽 c 时，径向切入到全齿深位置（这里以加工外齿轮为例），径向切入停止。当插齿刀和工件对滚至工件一转后，液压油进入径向切入液压缸 1 的前腔 g，工作台退出，此时大距离进退液压缸也处于退回的供油状态。径向切入液压缸的液压系统可提供两种速度：快速用于移近和退回；慢速用于切入时的工作行程（其调整范围为 0.02～0.07mm/双行程）。两种速度的转换由调整挡块控制。

转动轴 XVII 的方头，可使丝杠 4 转动，用以调整工作台切入运动的起点位置。

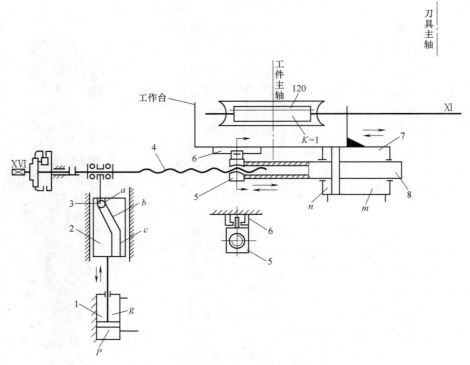

图 7-19　Y5132 型插齿机径向切入机构原理图
1—径向切入液压缸　2—凸轮板　3—滚子　4—丝杠　5—螺母
6—止转板　7—大距离进退液压缸　8—活塞杆

7.4　其他类型齿轮加工机床简介

7.4.1　圆柱齿轮磨齿机

磨齿机主要用于对淬硬的齿轮进行齿廓的精加工，磨齿后，齿轮的精度可达 6 级以上。按齿廓的形成方法，磨齿也有成形法和展成法两种，但大多数类型的磨齿机均以展成法来加工齿轮。

1. 用成形法工作的磨齿机

用成形法工作的磨齿机又称为成形砂轮磨齿机，砂轮的截面形状修整成与工件齿间的齿廓形状相同，如图 7-20 所示。修整时采用放大若干倍的样板，通过四杆缩放机构来控制金刚石刀杆的运动。机床的加工精度主要取决于砂轮的形状和分度精度。

成形砂轮磨齿机的构造较简单，生产率较高，缺点是砂轮修整时容易产生误差，砂轮在磨削过程中各部分磨损不均匀，因而影响加工精度。所以，这种磨齿机一般用于成批生产中磨削精度要求不太高的齿轮以及用展成法难以磨削的内齿轮。

2. 用连续分度展成法工作的磨齿机

用连续分度展成法工作的磨齿机利用蜗杆形砂轮来磨削齿轮轮齿，因此称为蜗杆砂轮磨齿机。其工作原理和滚齿机相同，但轴向进给运动一般由工件完成，如图 7-21 所示。由于在加工过程中是连续磨削，所以其生产率在各类磨齿机中是最高的。它的缺点是砂轮修整困难，不易达到高的精度，磨削不同模数的齿轮时需要更换砂轮；联系砂轮与工件的传动链中的各个传动环节转速很高，用机械传动易产生噪声，磨损较快。这种磨齿机适用于中小模数齿轮的成批和大量生产。

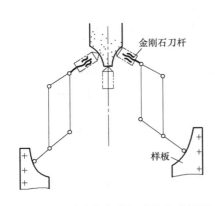

图 7-20　成形砂轮磨齿机砂轮修整原理

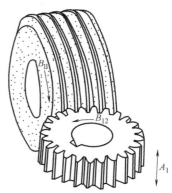

图 7-21　蜗杆砂轮磨齿机工作原理

3. 用单齿分度展成法工作的磨齿机

用单齿分度展成法工作的磨齿机根据砂轮形状有锥形砂轮磨齿机、碟形砂轮磨齿机等。它们的工作原理相同，都是利用齿条和齿轮的啮合原理来磨削轮齿的，如图 7-22 所示。加工时，被切齿轮每往复滚动一次，完成一个或两个齿面的磨削，因此需经多次分度及加工，才能完成全部轮齿齿面的加工。

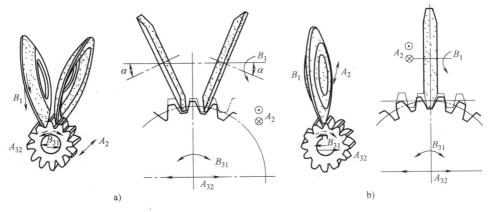

图 7-22　单齿分度展成法磨齿机的工作原理

（1）碟形砂轮磨齿机　碟形砂轮磨齿机用两个碟形砂轮的端平面来形成假想齿条的两个齿侧面（图 7-22a），同时磨削齿槽的左右齿面。工作时，砂轮做旋转的主运动 B_1；工件既做转动 B_{31}，同时又做直线移动 A_{32}，工件的这两个运动即是形成渐开线齿廓所需的展成运动；为了要磨削整个齿宽，工件还需要做轴向进给运动 A_2；在每磨完一个齿后，工件还需要进行分度。

碟形砂轮磨齿机的加工精度较高，其主要原因是砂轮工作棱边很窄，磨削接触面积小，磨削力和磨削热也很小，机床具有砂轮自动修整与补偿装置，使砂轮能始终保持锐利和良好的工作精度，因而磨齿精度较高，最高可达4级，是各类磨齿机中磨齿精度最高的一种。其缺点是砂轮刚性较差，磨削用量受到限制，所以生产率较低。

（2）锥形砂轮磨齿机 锥形砂轮磨齿机是用锥形砂轮的侧面来形成假想齿条一个齿的齿侧来磨削齿轮的（图7-22b）。加工时，砂轮除了做旋转的主运动 B_1 外，还做纵向直线运动 A_2，以便磨出整个齿宽。其展成运动与碟形砂轮磨齿机相同，也是由工件做转动 B_{31} 的同时又做直线运动 A_{32} 来实现的。工件往复滚动一次，磨完一个齿槽的两侧齿面后，再进行分度，磨削下一个齿槽。

锥形砂轮磨齿机的生产率较碟形砂轮磨齿机高，这主要是因为锥形砂轮刚度较高，可选用较大的切削用量。其主要缺点是砂轮形状不易修整得准确，磨损较快且不均匀，因而加工精度较低。

在用单齿分度展成法工作的各种磨齿机上，为了实现工件相对于假想齿条所做的纯滚动（即展成运动）常采用滚圆盘机构，其工作原理如图7-23所示。纵向溜板8上固定有支架7，横向溜板11上装有工件主轴3，其前端安装工件2，后端通过分度机构4与滚圆盘6连接。钢带5及9的一端固定在滚圆盘6上，另一端固定在支架7上，并沿水平方向张紧。当横向溜板11由曲柄盘10驱动做横向直线往复运动时，滚圆盘6因受钢带5及9约束而转动，从而工件主轴一边随横向溜板移动，一边转动，带动工件2沿假想齿条（由砂轮工作面形成）的节线做纯滚动，这样就实现了展成运动。

利用滚圆盘机构实现展成运动可以大大缩短传动链，且没有传动间隙，因此传动误差小，加工精度高。

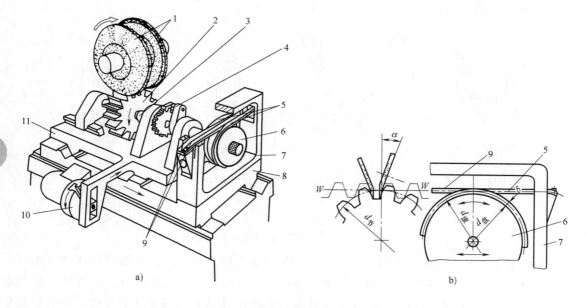

图7-23 滚圆盘机构工作原理

1—碟形砂轮 2—工件 3—工件主轴 4—分度机构 5、9—钢带 6—滚圆盘 7—支架
8—纵向溜板 10—曲柄盘 11—横向溜板

7.4.2 锥齿轮加工机床

1. 锥齿轮的切齿原理

加工锥齿轮的方法有成形法和展成法两种。成形法通常是利用单片铣刀或指状铣刀，在卧式铣床上进行加工。用这种方法加工锥齿轮，由于沿齿线不同位置的法向齿形是变化的，一般难于达到要求的齿形精度，因而仅用于粗加工或精度低的场合。在锥齿轮加工机床中，普遍采用展成法，这种方法的加工原理，相当于一对啮合的锥齿轮传动，但是为了使刀具易于制造及机床结构易于实现，所以在加工过程中，并不是一对普通的锥齿轮啮合过程的再现，而是将其中的一个锥齿轮转化成平面齿轮，如图 7-24 所示。

图 7-24a 所示为一对普通的锥齿轮啮合。当锥齿轮 2 的节锥角 δ_2' 增大至 90°时，锥齿轮 2 转化为如图 7-24b 所示的平面齿轮，其"当量圆柱齿轮"变为齿条，因此任意截面上的齿廓都是直线。两个锥齿轮若能分别同一个相同的平面齿轮相啮合，则这两个锥齿轮就能够彼此啮合。锥齿轮的切齿方法就是按照这样一个基本原理实现的。在锥齿轮加工机床上，机床的结构必须使加工过程实现一个锥齿轮与一个平面齿轮的啮合过程，也就是机床上应该"存在"一个平面齿轮与工件对滚，以形成渐开线齿廓，而齿线的形状，则取决于由刀具所替代的平面齿轮的齿线形状。若齿线形状是过圆心的直线，则加工出直齿锥齿轮；若齿线是圆弧线，则加工出弧齿锥齿轮。

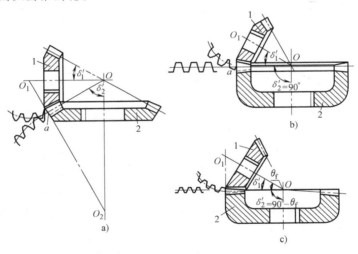

图 7-24 锥齿轮、平面齿轮和平顶齿轮

平面齿轮在锥齿轮加工机床上并不存在，而是利用刀具运动时形成平面齿轮一个轮齿（或齿槽）的两个侧面。这个平面齿轮称为假想平面齿轮。

按照假想平面齿轮工作原理设计的机床，刀具的刀尖必须沿工件齿根运动，也就是沿平面齿轮的顶锥（顶锥角 = 90°+θ_f）的表面移动。其中，θ_f 为被加工的锥齿轮的齿根角。不同的锥齿轮，齿根角也不相同，因而刀具的刀尖运动轨迹必须能够调整，以适应不同齿根角 θ_f 的需要。这样就要增加机床结构的复杂程度。

因此，为简化机床结构，可将上述加工原理中的平面齿轮改变为"近似的平面齿轮"，如图 7-24c 所示。这种齿轮的顶面是平的，所以就称为"平顶齿轮"。采用平顶齿轮就可把刀尖的运动轨迹固定下来，不随工件齿根角 θ_f 的改变而改变，这样机床刀架的调整就越少，并可使结构简化。平顶齿轮的节锥角为（$90° - \theta_f$），它的当量圆柱齿轮的齿廓仍应为渐开线，但为了刀具刃磨方便，仍然把刀刃磨成直线，此时虽有误差，但由于工件的齿根角 θ_f 都很小，因此对加工精度没有太大的影响。

2. 直齿锥齿轮刨齿机

图 7-25 所示为直齿锥齿轮刨齿机的加工示意图。工作时，用两把刨齿刀 3 的切削刃代替平顶齿轮一个齿槽的两侧面，并使刨刀沿平顶齿轮径向做交替的直线往复主运动 A_1，便形成了假想平顶齿轮 2′。由机床传动系统强制此假想平顶齿轮和工件（锥齿轮坯）按啮合传动关系做展成运动（$B_{21} + B_{22}$），就可在轮坯上切出直齿锥齿轮的一个齿。由于假想平顶齿轮上只有一个齿槽，所以加工完一个齿后，工件必须进行分度运动 B_3，才能加工另一个齿，工件主轴经多次分度转过一整转后，即完成工件全部轮齿的加工，这时由工件主轴上的撞块按下行程开关，机床即自动停止。

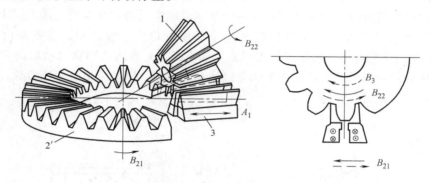

图 7-25 直齿锥齿轮刨齿机加工示意图

直齿锥齿轮刨齿机的传动原理如图 7-26所示。主运动传动链的首端件是电动机，末端件是安装双刨刀的圆盘 2。当曲柄盘 5 连续转动时，通过连杆 4 使圆盘 2 在一定角度内来回摆动，从而带动双刨刀做相互交替的直线往复运动。换置机构 u_v 用于调整刨齿刀的每分钟往复行程次数。展成运动传动链的首端件是摇台 1，末端件是安装工件的主轴。当摇台转过相当于平顶齿轮的一个齿，工件应严格地也转过一个齿，两者的运动关系由换置机构 u_c 加以保证。圆周进给传动链的首端件是圆盘 2，末端件是摇台 1，换置机构 u_f 用于变换摇台带动双刨刀的圆周进给速度。周期分度运动传动链中，离合器 M 在工件分度时定时接通，将运动传入并通过运动合成机构 7，使工件在保持展成运动联系的同时，进行分度运动。每次分度时工件转角的大小由换置机构 u_y 加以保证。

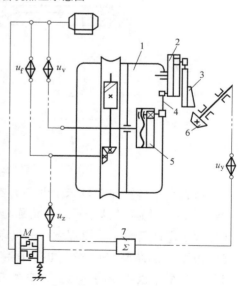

图 7-26 直齿锥齿轮刨齿机的传动原理图
1—摇台 2—圆盘 3—刨刀 4—连杆
5—曲柄盘 6—工件 7—合成机构

7.5　机床的传动精度

7.5.1　传动精度及其对加工精度的影响

　　机床的传动精度是指机床内联系传动链对其两端件间相对运动的准确性和均匀性的保证程度。由于内联系传动链的两端件要求严格地保证相互间的运动关系，所以传动精度对内联系传动链具有极其重要的意义。例如车床的车螺纹传动链，当主轴带动工件转一转时，刀架必须使刀具沿工件轴向准确而均匀地移动工件一个导程的距离，否则将会产生螺距误差；滚齿机的展成运动链，当滚刀转一转时，工件必须准确而均匀地转 $\frac{k}{z}$ 转，否则将产生齿形误差和齿距误差等。可见，传动精度对工件的加工精度有着十分重要的直接影响。

　　我们研究机床传动精度的目的，在于分析传动误差产生的原因及其传递规律，从而掌握减少机床传动误差的方法，以保证机床的加工精度。

7.5.2　传动误差及其传递规律

　　传动误差产生的原因，主要有以下四方面：

　　1）传动链中各个传动件的制造和装配误差。

　　2）传动链配换交换齿轮传动比的计算误差。

　　3）传动件在负荷下引起的变形。

　　4）机床的振动、热变形及间隙等。

　　各传动件的误差，都将沿着传动路线，并按误差传递的规律，最终传至末端件上，使末端件——工件或刀具产生运动位移误差。现以直齿圆柱齿轮传动为例来说明传动误差的传递规律。

　　齿轮的误差是多方面的，如齿形误差、齿距误差、齿距累积误差、运动误差等，其中影响传动精度最大的是齿距累积误差。如图 7-27 所示，主动轮 1 存在齿距累积误差 ΔF_P，致使某瞬时本应在 P 点啮合的轮齿，变动至 P' 点，则 $\Delta F_P = \widehat{PP'}$。

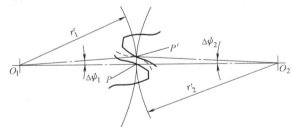

图 7-27　齿轮齿距累积误差

　　设 ΔF_P 对应于主动轮的转角误差为 $\Delta \psi_1$，由此而引起被动轮 2 产生转角误差为 $\Delta \psi_2$，则因

$$\Delta F_P = \Delta \psi_1 r_1' = \Delta \psi_2 r_2'$$

所以

$$\Delta\psi_2 = \frac{\Delta F_P}{r_2'} = \Delta\psi_1 \frac{r_1'}{r_2'} = \Delta\psi_1 u_{1\text{-}2}$$

式中　r_1'、r_2'——主动轮及被动轮的节圆半径（mm）；

$\quad\quad\quad u_{1\text{-}2}$——主动轮至被动轮的传动比。

由于被动齿轮多转或少转一个角度 $\Delta\psi_2$，使得传动副的瞬时传动比产生变化，即传动精度降低。

同理，直齿圆柱齿轮的其他误差也都会转化为传动时的转角误差。

由于齿轮 1 产生转角误差 $\Delta\psi_1$ 而使齿轮 2 产生转角误差 $\Delta\psi_2$，齿轮 3 与齿轮 2 装在同一轴上，其转角误差相等，即 $\Delta\psi_3 = \Delta\psi_2$，如图 7-28 所示；齿轮 3 的转角误差 $\Delta\psi_3$ 又使齿轮 4 产生转角误差 $\Delta\psi_4$

$$\Delta\psi_4 = \Delta\psi_3 u_{3\text{-}4} = \Delta\psi_1 u_{1\text{-}2} u_{3\text{-}4} = \Delta\psi_1 u_{1\text{-}4}$$

同理，$\Delta\psi_5 = \Delta\psi_4$

$$\Delta\psi_6 = \Delta\psi_5 u_{5\text{-}6} = \Delta\psi_1 u_{1\text{-}6}$$

式中　$u_{3\text{-}4}$、$u_{1\text{-}4}$、$u_{5\text{-}6}$、$u_{1\text{-}6}$——代表齿轮 3 至齿轮 4、齿轮 1 至齿轮 4、齿轮 5 至齿轮 6、齿轮 1 至齿轮 6 的传动比。

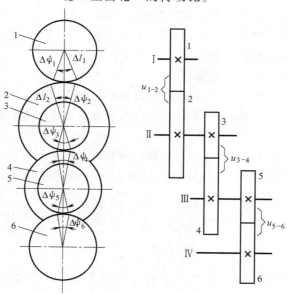

图 7-28　传动链中误差的传递

为此，可以得出结论：在传动链中，任一传动件 i 的转角误差，总是将误差传递至末端件 n 上，并与该传动件至末端件间的总传动比成正比。即由传动件 i 的转角误差传至末端件的转角误差为

$$\Delta\psi_n = \Delta\psi_i u_{i\text{-}n}$$

其线性误差为

$$\Delta l_n = r_n \Delta\psi_n = r_n \Delta\psi_i u_{i\text{-}n}$$

式中　$\Delta\psi_i$——传动件 i 的转角误差；

　　　u_{i-n}——传动件 i 至末端件 n 的传动比；

　　　r_n——末端件与传动精度有关的半径（mm）。

根据概率原理，如各误差值按正态分布，则各传动件产生的转角误差传递后，反映到末端件上的总转角误差 $\Delta\psi_\Sigma$，可按均方根计算误差，即

$$\Delta\psi_\Sigma = \sqrt{(\Delta\psi_1 u_{1-n})^2 + (\Delta\psi_2 u_{2-n})^2 + \cdots + (\Delta\psi_n u_{n-n})^2}$$

$$= \sqrt{\sum_{i=1}^{n}(\Delta\psi_i u_{i-n})^2}$$

式中　$\Delta\psi_1$、$\Delta\psi_2$、$\cdots$、$\Delta\psi_n$——传动件 1、传动件 2、$\cdots$、传动件 n 本身的转角误差。

从上式可知：当 $u_{i-n}<1$，即传动链为降速传动时，误差值在传递过程中变小；当 $u_{i-n}=1$，即传动链为等速传动时，误差值不变；当 $u_{i-n}>1$，即传动链为升速传动时，误差值在传递过程中扩大。为了提高内联系传动链的传动精度，应尽量采用降速传动；且末端件或靠近末端件的传动副传动比越小，越能有效地减少前面各传动件传动误差的影响；末端传动副本身的误差值，对传动误差值影响较大。因此，传动链的末端传动副应尽量提高精度和采用最小传动比。

对传动链中的其他传动副，如斜齿圆柱齿轮、丝杠副、蜗杆副等，其传动误差的分析方法与直齿圆柱齿轮相似，而误差的传递规律则完全相同。

7.5.3　提高传动精度的措施

1）尽可能缩短传动链，减小传动副数目，从而减少传动误差。

2）传动链应尽可能用降速传动，且末端传动副的传动比一般应是最小的。因此，对传递旋转运动的末端件传动副常采用蜗杆副（如滚齿机、插齿机等）；对传递直线运动的末端件传动副常采用丝杠副（如车床、铣床等）。

3）合理选用传动副。在内联系传动链中不应采用传动比不稳定的传动副，如摩擦传动副；少用难于保证制造精度的多头蜗杆、多头丝杠、锥齿轮等。

4）合理地确定各传动件的制造精度，并适当提高装配精度。从误差传递规律可知，接近传动链末端的传动副，其误差对加工精度的影响最大，因此末端传动副的制造与装配精度应高于中间各传动副。

5）配换交换齿轮齿数时，应力求使实际传动比与理论传动比的差值最小，并进行误差核算。

6）采用误差校正装置。误差校正装置是利用校正尺或校正凸轮等校正元件使末端传动副得到误差补偿运动，以校正传动链中的各种传动误差。

图 7-29 所示为 SG8630 型高精度螺纹车床丝杠校正装置原理图。校正尺 1 前侧的凹凸表面，是按车床实测出的丝杠 5 的导程误差，放大一定倍数后由钢板或有机玻璃等材料、经人工锉研而制成的，并固定在车床床身上。车削螺纹时，丝杠 5 转动，由螺母 6 带动刀具溜板做纵向进给运动，螺母 6 和配置的校正元件 2、3、4、7、8、9 也随之一起移动。在弹簧 7 的作用下，螺母 6 有顺时针转动的趋势，并经扇形齿板 8、小齿轮 9，使杠杆 4 有逆时针转

169

动的趋势，从而通过钢球 3、推杆 2 使与校正尺 1 接触的滚子紧靠在校正尺 1 的凹凸表面上。当校正元件随刀具溜板一起做纵向移动时，校正尺 1 的凹凸面可使螺母 6 相对于丝杠 5 产生一附加的转动，使刀架溜板产生相应的附加移动量，从而补偿丝杠的导程误差。

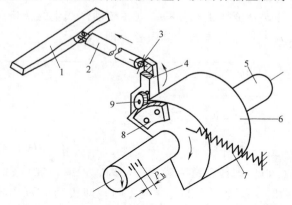

图 7-29　SG8630 型高精度螺纹车床丝杠校正装置
1—校正尺　2—推杆　3—钢球　4—杠杆　5—丝杠
6—螺母　7—弹簧　8—扇形齿板　9—小齿轮

第8章 数控机床

8.1 数控机床的基本知识

8.1.1 数控机床的一般概念

用数字化信号,对机床及其加工过程进行控制的机床,称为数字程序控制机床,简称为数控机床。数控机床是由普通机床发展而来的,它们之间最明显的区别是数控机床可以按事先编制的加工程序自动地对工件进行加工,而普通机床的整个加工过程必须通过技术工人的手工操作来完成。如图8-1所示,说明了这两者之间的主要区别。

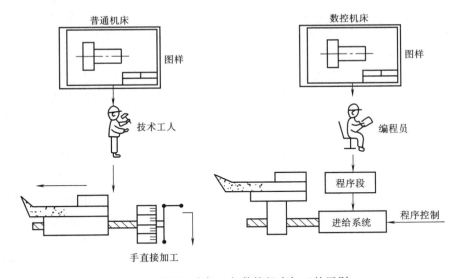

图 8-1 普通机床加工与数控机床加工的区别

数控机床又称数值控制(Numerical Control,NC)机床,是相对于模拟控制而言的。在数字控制系统中所处理的信息量主要是离散的数字量,而不像模拟控制系统那样主要处理一些连续的模拟量。早期的数控系统是采用数字逻辑电路连接成的,而目前则是采用了计算机数控系统(Computer Numerical Control,CNC)。因而,机床数控技术就是以数字化的信息实现机床的自动控制的一门技术。其中,刀具与工件运动轨迹的自动控制,刀具与工件相对运动的速度自动控制是机床数值控制的最主要的控制内容。

数控机床工作前，要预先根据工件的要求，确定工件加工工艺过程、工艺参数，并按一定的规则形成数控系统能理解的数控加工程序，即将工件的几何信息和工艺信息数字化，按规定的代码和格式编制成数控加工程序。然后，用适当的方式将数控加工程序输入到数控机床的数控装置中，这样便可起动机床运行数控加工程序。在运行数控加工程序的过程中，数控装置会根据数控加工程序的内容发出各种控制命令，如起动主轴电动机、开切削液、进行刀具路径计算，同时向特殊的执行单元发出数字位移脉冲并进行进给速度控制，正常情况下可直到程序运行结束，工件加工完毕为止。

8.1.2　数控加工在机械制造业中的地位和作用

随着科学技术的发展，机械产品的结构越来越合理，其性能、精度和效率日趋提高，更新换代频繁，生产类型由大批大量生产向多品种小批量生产转化。因此，对机械产品的加工相应地提出了高精度、高柔性与高度自动化的要求。

大批大量生产的产品，如汽车、拖拉机与家用电器的零件，为了提高产品的质量和生产率，多采用专用的工艺装备、专用自动化机床、专用的自动生产线或自动车间进行生产。尽管这类设备初次投资很大，生产准备周期长，产品改型不易，因而使产品的开发周期增长。但是由于分摊在每个零件上的费用很少，所以经济效益仍然很显著。

然而，在机械制造工业中，单件及中、小批量生产的零件约占机械加工总量的80%以上，尤其是在造船、航空、航天、机床、重型机械等制造业，其生产特点是加工批量小，改型频繁，零件形状复杂和精度要求高，加工这类产品需要经常改装或调整设备，对于专用化程度很高的自动化机床来说，这种改装和调整甚至是不可能实现的。

在飞机制造业中，已经采用的仿形机床部分地解决了小批量复杂零件的加工。但这种机床有两个主要缺点：一是在更换零件时，必须制造相应的靠模或样件并调整机床，不但要耗费大量的手工劳动，而且生产准备时间长；二是靠模或样件在制造中由于条件的限制而产生的误差和在使用中由于磨损而产生的误差不能在机床上直接进行调整，因而使加工零件的精度很难达到较高的要求。

由于数控机床综合应用了电子计算机、自动控制、伺服驱动、精密检测与新型机械结构等方面的技术成果，具有高柔性、高精度与高度自动化的特点，因此采用数控加工手段，解决了机械制造业中常规加工技术难以解决，甚至无法解决的单件、小批量生产，特别是复杂型面零件的加工。应用数控加工技术是机械制造业的一次技术革命，它使机械制造业的发展进入了一个新的阶段，提高了机械制造业的制造水平，为经济社会提供了高质量、多品种及高可靠性的机械产品。目前，应用数控加工技术的领域已从当初的航空、航天工业部门逐步扩大到汽车、造船、机床、建筑等机械制造业，并已取得了巨大的经济效益。

8.1.3　数控机床的发展

1952年美国帕森斯公司（Parsons Co.）和麻省理工学院伺服机构实验室（Serve Mechanisms Laboratory of the Massachusetts's Institute of Technology）合作研制成功世界上第一台三坐标数控立式铣床，用它来加工直升机叶片轮廓检查用样板。这是一台采用专用计算机进行运算与控制的直线插补轮廓控制数控铣床，专用计算机采用电子管元件，逻辑运算与控制采用硬件连接的电路。1955年，这类机床进入实用化阶段，在复杂曲面的加工中发挥了重要作用，这就是第一代数控系统。从那时起 60 多年来，随着自动控制技术、微电子技术、计算机技术、精密测量技术及机械制造技术的发展，数控机床得到了迅速发展，不断地更新换代。

1959 年，晶体管元件问世，数控系统中广泛采用晶体管和印制电路板，从此数控系统跨入第二代。

1965 年，出现了小规模集成电路，由于其体积小、功耗低，使数控系统的可靠性得到了进一步提高，数控系统从而发展到第三代。

随着计算机技术的发展，出现了以小型计算机代替专用硬接线装置，以控制软件实现数控功能的计算机数控系统，即 CNC 系统，使数控机床进入第四代。

1970 年前后，美国英特尔（Intel）公司首先开发和使用了四位微处理器，1974 年美、日等国首先研制出以微处理器为核心的数控系统。由于中、大规模集成电路的集成度和可靠性高、价格低廉，所以微处理器数控系统得到了广泛的应用。这就是微机数控（Micro Computer Numerical Control）系统，即 MNC 系统，从而使数控机床进入第五代。

20 世纪 90 年代后，基于 PC-CNC 的智能数控系统的发展和应用，充分利用现有计算机的软硬件资源，规范设计了新一代数控系统，因而使数控机床的发展进入到第六代。

我国是从 1958 年开始研制数控机床的，到 20 世纪 60 年代末 70 年代初，已经研制出一些晶体管式的数控系统，并用于生产。但由于历史的原因，一直没有取得实质性的成果。数控机床的品种和数量都很少，稳定性和可靠性也比较差，只在一些复杂的、特殊的零件加工中使用。

直到 20 世纪 80 年代初，我国先后从日本、德国、美国等国家引进一些先进的 CNC 装置及主轴、伺服系统的生产技术，并陆续投入了生产。这些数控系统性能比较完善，稳定性和可靠性都比较好，在数控机床上采用后得到了用户的认可，结束了我国数控机床发展徘徊不前的局面，使我国的数控机床在质量、性能及水平上有了一个飞跃。到 1985 年，我国数控机床的品种累计达 80 多种，数控机床进入了实用阶段。

1986 年至 1990 年期间，是我国数控机床大发展的时期。在此期间，通过实施国家重点科技攻关项目"柔性制造系统技术及设备开发研究"，以及重点科技开发项目"数控机床引进技术消化吸收"等，推动了我国数控机床的发展。

1991 年以来，一方面从日本、德国、美国等国家购进数控系统，另一方面积极开发、设计、制造具有自主版权的中、高档数控系统，并且取得了可喜的成果。我国的数控产品已经覆盖了车、铣、镗、钻、磨、加工中心及齿轮加工机床、折弯机、火焰切割机、柔性制造单元等，品种达 500 多种。中、低档数控系统已经达到批量生产能力，高档数控系统已达到小批量生产能力。

8.1.4　数控机床的适用范围

数控机床与普通机床相比具有许多优点，应用范围还在不断扩大。但是数控设备的初始投资费用比较高，技术复杂，对编程和维修人员的素质要求也比较高。在实际选用中，一定要充分考虑其技术经济效益。一般来说，数控机床特别适用于加工零件较复杂、精度要求高和产品更新频繁、生产周期要求短的场合。根据国外数控机床应用实践的情况，通常数控机床的适用范围可用图 8-2 来概括地表示。

图 8-2a 所示为随零件复杂程度和生产批量的不同，三种机床应用范围的变化。当零件不太复杂，生产批量又较小时，适宜采用普通机床；当生产批量很大时，适宜采用专用机床。而随着零件复杂程度的提高，数控机床更加显得适用。目前，随着数控机床的普及，应用范围正由 *BCD* 线向 *EFG* 线复杂性较低的范围扩大。

图 8-2b 所示为普通机床、专用机床和数控机床零件加工批量与生产成本的关系。从图中看出，在多品种、中小批量生产的情况下，采用数控机床加工总费用更为合理。

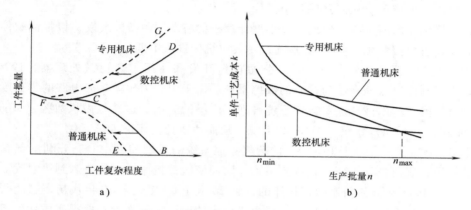

图 8-2　数控机床的适用范围示意图

8.1.5　数控机床机械结构的演变

数控机床是机械技术和电子技术相结合的产物，它的机械结构随着电子控制技术在机床上的普及应用，以及为适应对机床性能和功能不断提出的技术要求，而逐步发展变化。从数控机床的发展历史来看，早期的数控机床是对普通机床的进给系统进行革新、改造开始，而逐步演变发展的。1952 年，美国研制出的世界上第一台三坐标数控铣床，在结构上主要是用三个直流伺服系统替代了传统的机械进给系统。

20 世纪 80 年代，由于进给驱动、主轴驱动和 CNC 的发展，以及为适应高生产率的需要，数控机床的机械结构已从初始阶段沿用普通机床的结构，只是在自动变速、刀架或工作台自动转位和手柄等局部结构的改进，而逐步发展到形成数控机床的独特机械结构。数控机床的外部造型、整体布局，机械传动系统与刀具系统的部件结构、以及操作结构等机床的技术性能要求更高了。与传统的普通机床相比，数控机床采用了高性能主轴部件及传动系统，机械传动结构简化，传动链较短；机械结构具有较高刚度和耐磨性，热变形小；更多地采用高效传动部件，如滚珠丝杠副、静压导轨副、滚动导轨副等。尽管如此，普通机床的构成模式仍适用于现代数控机床，其零部件的设计方法仍基于普通机床设计的理论和计算方法。

数控机床的机械结构，除机床基础件外，主要有主传动系统、进给系统、实现工件回转和定位的装置及附件、实现某些部件动作和辅助功能的系统和装置（如液压、气动、润滑、冷却等系统和排屑、防护等装置）、刀架或自动换刀装置（ATC）、自动托盘交换装置（APC）、特殊功能装置（如刀具破损监控、精度检测和监控装置等）、为完成自动化控制功能的各种反馈信号装置及元件。

8.1.6　数控机床的基本功能和性能对机械结构的影响

数控机床与普通机床相比，它增加了功能，提高了性能，并简化了某些传动的机械结构。但是，正由于功能和性能的增加和提高，数控机床的机械结构在不断发展中发生了重大变革。而影响数控机床对传统的机械结构变革的最基本功能和性能有下列几个方面。

（1）自动化　数控机床能按照数控系统的指令自动地对进给速度、背吃刀量、主轴转速以及其他辅助功能进行控制。在工作过程中，不必像使用普通机床那样，由操作者进行中间测量、手动调整精度和改变转速等。

（2）大功率和高精度　数控机床能同时进行粗、精加工。既要能保证高效率而进行大切削量的粗加工，而且能进行半精加工和精加工，并要求把成批生产的工件质量分散度控制在一定范围内。这样，数控机床的主传动电动机功率较同类型普通机床高 50% ~ 100%，而主要部件和基础件的精度也较相同规格的普通机床高，有些项目要达到同类精密级普通机床的要求。

（3）高速度　刀具材料技术的发展为数控机床向高速度发展创造了条件。高速度化的趋势在中、小型数控机床上尤为明显，现在加工中心和数控车床的主轴转速和进给速度已远高于同规格的普通铣床、镗床和普通车床，数控机床主轴最高转速比同类、同规格的普通机床高一倍以上，进给速度也比普通机床高。特别是快速移动速度，普通机床一般为 2 ~ 4 m/min，而在数控机床上 10 ~ 15m/min 已是很普遍的了。为满足轻金属小型零件加工的要求，中、小型数控机床的主轴转速和进给速度还在向更高的速度发展。

（4）工艺复合化和功能集成化　所谓"工艺复合化"，简单地说，就是"一次装夹，多工序加工"。在这方面，最典型的机床是加工中心和车削中心（Turning Center）。在加工中心上，工件一次装夹后，能完成铣、镗、钻、攻螺纹等多道工序的加工，而且能加工在工件的一面、两面或四面上的所有工序。五轴加工中心还可加工除安装基面的底平面外的其他各面。车削中心除能加工以主轴中心为基准的外圆、内孔和端面外，还能在外圆和端面上进行铣削、钻孔、攻螺纹和曲面加工等。

"功能集成化"是数控机床发展的另一重要趋向，加工中心上的 ATC 和 APC 是这类机床最基本的或常见装置。随着数控机床向柔性化和无人化的方向发展，功能集成化的水平更突出地体现在工件自动定位、机内对刀、刀具破损监控、机床与工件精度检测和补偿等功能上。

（5）可靠性　由于数控机床应能在高负荷下长时间无故障地连续工作，因而对机床零部件和控制系统的可靠性提出了很高的要求。对于用数控机床组成的柔性制造单元（FMC）和柔性制造系统（FMS）来说，高可靠性就显得尤其重要。

8.1.7　数控机床机械结构的主要特点和要求

由于生产率发展的需要，数控机床的机械结构随着数控技术的发展，两者相互促进，相互推动，发展了不少不同于普通机床的、完全新颖的机械结构和零部件。

（1）高刚度和高抗振性　为满足数控机床高速度、高精度、高生产率、高可靠性和高自动化程度的要求，与普通机床比较，数控机床具有更高的静、动刚度和更好的抗振性。例如，有的国家规定数控机床的刚度系数比普通机床至少高 50% 以上。

（2）减少机床热变形的影响　机床的热学特性是影响加工精度的重要因素之一。由于数控机床主轴转速、进给速度远高于普通机床，而大切削用量产生的炽热切屑对工件和机床部件的热传导影响远较普通机床严重，而热变形对加工精度的影响往往难以由操作者修正。因此，数控机床常采用如下措施减少热变形的影响。

1）改进机床布局和结构设计，采用热对称结构；采用倾斜床身、平床身和斜滑板结构及采用热平衡措施。

2）对机床发热部位采取散热、风冷和液冷等控制温升的办法来吸收与散发热源发出的热量。

3）在大切削量切削时，掉在工作台、床身等部件上的炽热切屑是一个重要热源。现代数控机床，特别是加工中心和数控车床普遍采用多喷嘴、大流量切削液来冷却并排除这些炽热的切屑，并对切削液用大容量循环散热或用冷却装置制冷以控制温升。

4）预测热变形规律，建立数学模型存入计算机中进行实时热位移补偿。

（3）传动系统的机械结构大为简化　数控机床的主轴伺服驱动系统和进给伺服驱动系统分别采用交、直流主轴电动机和伺服电动机驱动，这两类电动机调速范围大，并可无级调速，因此使主轴箱、进给变速箱及其传动系统大为简化。箱体结构简单，齿轮、轴承和轴类零件的数量大为减少，甚至不用齿轮，由电动机直接连接主轴或进给滚珠丝杠。

（4）高传动效率和无间隙的传动装置　数控机床在很高的进给速度下，工作要平稳，并有高的定位精度。因此，对进给系统中的机械传动装置要求具有高寿命、高刚度、无间隙、高灵敏度和低摩擦阻力的特点。目前，数控机床进给伺服驱动系统中常用的机械传动装置主要有滚珠丝杠副、静压蜗杆副和预加载荷双齿轮齿条副三种。

（5）低摩擦因数的导轨　机床导轨是机床基本结构的要素之一。从机械结构的角度来说，机床的加工精度和使用寿命很大程度上取决于机床导轨的质量，而对数控机床的导轨则有更高的要求。例如，高速进给时不振动，低速进给时不爬行，有高的灵敏度，能在重负载下长期连续工作，耐磨性要高，精度保持性要好等。现代数控机床使用的导轨，从类型来说虽仍是滑动导轨、滚动导轨和静压导轨三种，但在材料和结构上已起了"质"的变化，已经不同于普通机床的导轨了。

（6）实现工艺复合化和功能集成化的新结构　现代数控机床的机械结构除了应有高的动静刚度、小的热变形、高精度、低摩擦阻力、高传动效率等共同特点和要求外，传动系统的机械结构大为简化，但同时开发和采用了不少新结构和新装置，以实现工艺复合化和功能集成化的要求。

加工中心是在普通铣镗类数控机床基础上最先发展起来的复合加工机床，可以进行铣、镗、钻、攻螺纹等工序的复合加工。加工中心具有自动换刀功能，刀具的更换一般通过刀库、换刀机械手和主轴内的工具夹紧装置等的协调动作来实现。有的数控机床不仅能自动换刀，还能自动交换主轴箱。图8-3所示是多轴组合式柔性制造单元（FMC），它除了有一个容量为60把刀的刀库外，还有一个有12个可交换主轴箱的箱库。

车削中心是继加工中心后，在数控车床的基础上发展起来的另一种常见的复合加工机床。它除了具有一般两轴联动数控车床的各种车削功能外，为进行端面和圆周面上任意部位的钻削、铣削和攻螺纹加工，以及实现各种曲面的铣削加工，其主轴箱内装有C轴控制机

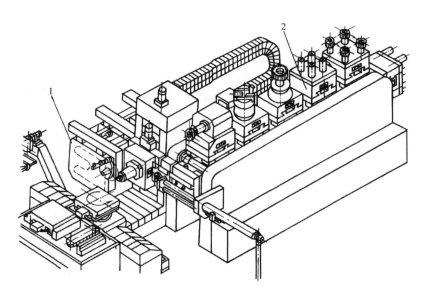

图 8-3　多轴组合式柔性制造单元（FMC）示意图
1—刀库　2—主轴箱库

构，由 C 轴伺服电动机驱动进行主轴分度或回转进给；其转塔刀架内的电动机，可以经传动机构传动动力刀具；而有的车削中心则装有更多工位的链式回转刀库。

现代数控机床为实现更多功能集成化的要求，有的还带有自动刀具测量装置、刀具破损及寿命监控装置、工件检测装置和精度监控装置等。

8.2　数控机床的组成、工作原理及主要性能指标

8.2.1　数控加工的过程

数控机床完成零件数控加工的过程，如图 8-4 所示。首先，根据零件图样进行工艺分析、制订工艺方案、确定工艺参数和位移数据。然后，采用规定的程序代码和格式编写零件加工程序单；或用自动编程软件进行 CAD/CAM 工作，直接生成零件的加工程序文件。采用手工编写的程序，可以通过数控机床的操作面板输入程序；由编程软件生成的程序，通过计算机的串行通信接口直接传输到数控机床的数控单元（MCU）。将输入或传输到数控单元的加工程序，进行试运行、刀具路径模拟等。最后，通过对数控机床的正确操作，运行程序，完成零件的加工。

8.2.2　数控机床的组成及工作原理

数控机床是一种利用信息处理技术进行自动加工控制的金属切削机床，主要由信息载体、人机交互设备、计算机数控装置、进给伺服驱动系统、主轴伺服驱动系统、辅助控制装置、可编程序控制器（PLC，Programmable Logic Controller）、反馈装置、适应控制装置和机床本体等部分组成，如图 8-5 所示。

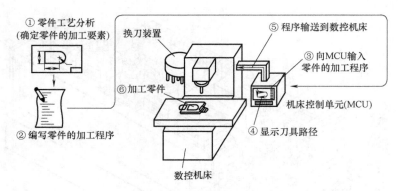

图 8-4　数控加工过程示意图

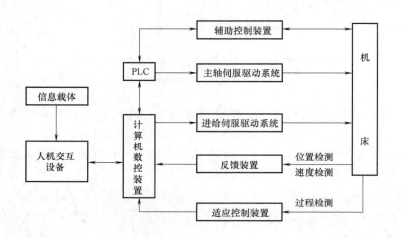

图 8-5　数控机床的组成框图

1. 信息载体

要对数控机床进行控制，就必须在人与数控机床之间建立某种联系，这种联系的中间媒介物就是信息载体（又称控制介质）。信息载体的功能是用于记载以数控加工程序表示的各种加工信息，如零件加工的工艺过程、工艺参数等，以控制数控机床的运动和各种动作，实现零件的机械加工。信息载体上的各种加工信息要经输入装置（如移动硬盘、U 盘、CF 卡及其存储器）输送给数控装置。对于用微型计算机控制的数控机床，还可以通过通信接口从其他计算机获取加工信息；也可用操作面板上的按钮和键盘将加工信息直接以手动键盘输入，并将数控加工程序存入数控装置的存储器中。图 8-6 所示是数控机床常用的信息载体。

2. 人机交互设备

数控机床在加工运行时，通常都需要操作人员对数控系统进行状态干预和输入信息载体存放的加工程序，对输入的加工程序进行编辑、修改和调试；同时数控系统要显示数控机床运行的状态等，也就是数控机床要具有人机联系的功能。

具有人机联系功能的设备统称人机交互设备，键盘和显示器是数控系统不可缺少的人机交互设备。操作人员可通过键盘和显示器输入简单的加工程序、编辑修改程序和发送操作命令，即进行手工数据输入（MDI，Manual Data Input），因而键盘是交互设备中最重要的输入设备。数控系统通过显示器提供必要的信息，根据数控系统所处的状态和操作命令的不同，显示的信息可以是正在编辑的程序，或是数控机床的加工信息。简单的显示器是由若干个数码管构成的，显示的信息有限；高级

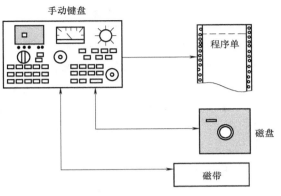

图 8-6　数控机床常用的信息载体

的数控系统一般都配有 CRT 显示器或点阵式液晶显示器，显示的信息丰富；低档的 CRT 显示器或液晶显示器只能显示字符，高档的显示器还能显示刀具路径。

3. 计算机数控装置（CNC）

数控装置是数控机床的运算和控制系统，目前绝大部分的数控机床都采用微型计算机控制。数控装置由硬件和软件组成，没有软件，计算机数控装置就无法工作；没有硬件，软件也无法运行。在数控机床中一般由输入接口、控制器、运算器和输出接口组成，它接收信息载体的信息，并将其代码加以识别、储存、运算，输出相应的指令脉冲以驱动伺服系统，进而控制数控机床的动作。

4. 进给伺服驱动系统

进给伺服驱动系统是控制数控机床工作台或移动刀架的位置控制系统，由伺服控制电路、功率放大电路和伺服电动机组成，其作用是把来自数控装置的位置控制移动指令转变成机床工作部件的运动，使工作台或移动刀架按规定的轨迹移动或精确定位，加工出符合图样要求的零件。因为进给伺服驱动系统是数控装置和机床本体之间的联系环节，所以必须把数控装置送来的微弱指令信号放大成能驱动伺服电动机的大功率信号。进给伺服驱动系统的性能，是决定数控机床加工精度和生产率的主要因素之一。

常用的伺服电动机有步进电动机、直流伺服电动机和交流伺服电动机。根据接收指令的不同，伺服驱动的方式有脉冲式和模拟式两种，而模拟式伺服驱动方式按驱动电动机的电源种类，可分为直流伺服驱动和交流伺服驱动两类。步进电动机采用脉冲驱动方式，交、直流伺服电动机采用模拟驱动方式。

5. 主轴伺服驱动系统

数控机床的主轴伺服驱动系统和进给伺服驱动系统的差别很大，数控机床主轴的运动是旋转运动，而数控机床的进给运动主要是直线运动。早期的数控机床，一般采用三相感应同步电动机配上多级变速箱作为主轴驱动的主要方式。现代数控机床对主轴驱动提出了更高的要求，要求主轴具有很高的转速（液压冷却静压主轴可以在 20000r/min 的高速下连续运行）和很宽的无级调整范围（能在 1∶1000～1∶100 内进行恒转矩调整和在 1∶30～1∶10 内进行恒功率调整）。主传动电动机应具有 2.2～250kW 的功率，既要能输出大的功率，又要求主

轴结构简单，同时数控机床的主轴伺服驱动系统能在主轴的正、反方向都可以实现转动、加速或减速。

为了使数控车床进行螺纹车削加工，要求主轴和进给驱动实现同步控制。在加工中心上为了能自动换刀，要求主轴能实现正、反方向和加速、减速控制；为了保证每次自动换刀时，刀柄上的键槽对准主轴上的端面键，以及精镗孔后退刀时不会划伤已加工表面，要求主轴能进行高精度的准停控制；为了保证端面的加工质量，要求主轴具有恒线速度切削功能；有的加工中心上，还要求具有角度分度控制功能。现代数控机床绝大部分采用交流主轴伺服驱动系统，由可编程序控制器进行控制。

6. 辅助控制装置

辅助控制装置包括刀库的转位换刀，液压泵、冷却泵等控制接口电路，电路中有换向阀电磁铁、接触器等强电电气元件。因为现代数控机床采用可编程序控制器进行控制，所以辅助装置的控制电路变得十分简单。

7. 可编程序控制器

可编程序控制器的作用是对数控机床进行辅助控制，把计算机送来的辅助控制指令进行处理，经辅助接口电路转换成强电信号，控制数控机床的顺序动作、定时计数、主轴电动机的起动、停止，主轴转速调整，冷却泵的起动、停止及转位换刀等动作。可编程序控制器本身可以接收实时控制信息，和数控装置共同完成对数控机床的控制。

现在通常用 PLC（Programmable Logic Controller）表示可编程序控制器，而用 PC（Personal Computer）表示个人计算机。PLC 采用存放在程序存储器中的编程程序进行工作，编程程序包括逻辑运算、顺序控制、定时计数和算术运算等操作指令，并通过输出数字量或模拟量形式控制数控机床的工作过程。

CNC 和 PLC 协调配合共同完成对数控机床的控制，其中 CNC 主要完成与数字运算和管理有关的功能，如零件程序的编辑、插补运算、译码、位置伺服控制等；PLC 主要完成与逻辑运算有关的动作，如工件装夹、刀具的更换、切削液的开停等辅助动作。PLC 还接收数控机床操作面板上的控制信息，一方面直接控制数控机床的动作，另一方面将一部分指令送往 CNC 用于加工过程的控制。

8. 反馈装置

反馈装置的作用是通过测量装置把数控机床移动的实际位置、速度参数检测出来，转换成电信号，并反馈到 CNC 装置中，使 CNC 能随时判断数控机床移动部件的实际位置、速度是否与指令一致，并发出相应的指令，纠正所产生的误差。

测量装置安装在数控机床的工作台或丝杠上，相当于普通机床的刻度盘和人的眼睛。检测装置是高性能数控机床的重要组成部分。按有无检测装置，CNC 系统可分为开环与闭环数控系统；而按测量装置安装的位置不同，又可分为闭环与半闭环数控系统。开环数控系统的控制精度取决于步进电动机和丝杠的精度，闭环数控系统的控制精度取决于测量装置的精度。

9. 适应控制装置

数控机床工作台的位移量和速度等过程参数可以在编写程序时用指令确定，但是有一些因素在编写程序时是无法预测的，如加工材料机械特性的变化而引起切削力的变化，加工现场的温度变化等，这些随机变化的因素也会影响数控机床的加工精度和生产率。适应控制（Adaptive Control，AC）的目的，就是试图把加工时出现的随机因素对加工质量的影响减少到最小。

适应控制是采用各种传感器测量出加工过程中的温度、转矩、振动、摩擦、切削力等因素的变化，与最佳参数做比较，若有误差及时补偿，以期提高加工精度或生产率。目前，适应控制仅用于高效率和加工精度高的数控机床，一般数控机床很少采用。

10. 机床本体

数控机床是高精度和高生产率的自动化加工机床，与普通机床相比，应具有更好的抗振性和刚度，要求相对运动面的摩擦因数要小，进给传动部分之间的间隙要小。因此，其设计要求比普通机床更严格，加工制造要求更精密，并采用加强刚性、减小热变形、提高精度的设计措施。

数控机床中的机床本体，在开始阶段沿用普通机床，只是在自动变速、刀架或工作台自动转位和手柄等方面做些改变。随着数控技术的发展，数控机床的外部造型、整体布局，机械传动系统与刀具系统的部件结构及操作结构等机床结构的技术性能要求更高了。与传统的普通机床相比，数控机床采用了高性能主轴部件及传动系统，机械传动结构简化了，传动链较短；机械结构具有较高的刚度和耐磨性，热变形小；更多地采用高效传动部件，如滚珠丝杠、静压导轨、滚动导轨等。

8.2.3 数控机床的主要性能指标

1. 数控机床的可控轴数与联动轴数

数控机床的可控轴数是指机床数控装置能够控制的坐标数目，即数控机床有几个运动方向采用了数值控制。数控机床的可控轴数与数控装置的运算处理能力、运算速度及内存容量等有关。国外最高级数控装置的可控轴数已达 24 轴，我国目前最高级数控装置的可控轴数为 6 轴。图 8-7 所示为可控六轴加工中心的示意图。

数控机床的联动轴数，是指机床数控装置控制的坐标轴同时达到空间某一点的坐标数目。目前有两轴联动、三轴联动、四轴联动、五轴联动等。三轴联动的数控机床可以加工空间复杂曲面，实现三坐标联动加工。四轴联动、五轴联动的数控机床可以加工飞行器叶轮、螺旋桨等零件。

图 8-8 所示是螺旋桨叶片形状的五坐标联动加工原理示意图。半径为 R_i 的圆柱面上与叶面的交线 AB 是螺旋线的一部分，螺旋角为 Ψ_i，叶片的径向叶形线（轴向截面）DE 的倾角 α 为后倾角。螺旋线 AB 用极坐标方法加工，并以折线段逼近。逼近线段 mm 是由 C 坐标旋转 $\Delta\theta$ 与 Z 坐标位移 ΔZ 合成的。当 AB 加工完后，刀具应

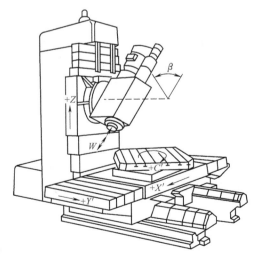

图 8-7　可控六轴加工中心的示意图

181

径向移动一个微小值（改变 R_i），再加工相邻的另一条叶形线，依次逐一加工，即可形成整个叶面。由于叶面的曲率半径较大，所以常用面铣刀加工，以提高生产率并简化程序。为保证铣刀端面始终与曲面贴合，铣刀还应绕坐标轴 X 和 Y 做摆角运动；在摆角的同时，还应做直角坐标的附加运动，以保证铣刀端面中心始终位于编程值所规定的位置上。

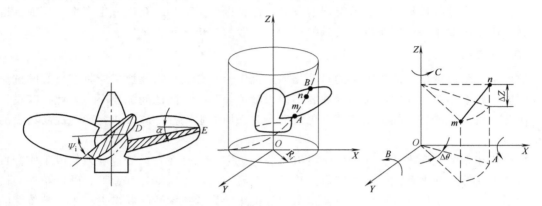

图 8-8　五坐标联动加工原理示意图

2. 数控机床的运动性能指标

数控机床的运动性能指标主要包括如下几个方面。

（1）主轴转速　数控机床的主轴一般均采用直流或交流调速主轴电动机驱动，选用高速精密轴承支承，保证主轴具有较宽的调速范围和足够高的回转精度、刚度及抗振性。目前，数控机床的主轴转速已普遍达到 5000～10000r/min，甚至更高，这样对各种小孔加工以及提高零件加工质量和表面质量都极为有利。

（2）进给速度　数控机床的进给速度是影响零件加工质量、生产率及刀具寿命的主要因素，它受数控装置的运算速度、数控机床动态特性及工艺系统刚度等因素的限制。目前，国内数控机床的进给速度可达 10～15m/min，国外数控机床的进给速度一般可达 15～30m/min。

（3）坐标行程　数控机床坐标轴 X、Y、Z 的行程大小，构成数控机床的空间加工范围，即加工零件的大小。坐标行程是直接体现数控机床加工能力的指标参数。

（4）摆角范围　具有摆角坐标的数控机床，其摆角大小也直接影响到数控机床加工零件空间部位的能力。但摆角太大又容易造成数控机床的刚度下降，给数控机床设计带来许多的困难。

（5）刀库容量和换刀时间　刀库容量和换刀时间对数控机床的生产率有直接的影响。刀库容量是指刀库能存放加工所需要的刀具数量，目前常见的中小型加工中心刀库容量多为 16～60 把刀具，大型加工中心达 100 把刀具。换刀时间是指带有自动交换刀具系统的数控机床，将主轴上使用的刀具与装在刀库上的下一工序需用的刀具进行交换所需要的时间。目前，国内数控机床均在 10～20s 内完成换刀，国外不少数控机床的换刀时间仅为 4～5s。

3. 数控机床的精度指标

（1）定位精度　定位精度是指数控机床工作台等移动部件在确定的终点所达到的实际

位置的精度，即实际位置与指令位置的一致程度，不一致量表现为误差，因此移动部件实际位置与指令位置之间的误差称为定位误差。被控制的数控机床坐标的误差（即定位误差），包括驱动该坐标的控制系统（伺服系统、检测系统、进给系统等）的误差在内，也包括移动部件（导轨）的几何误差等。定位误差将直接影响零件加工的位置精度。

（2）重复定位精度　重复定位精度是指在同一条件下，用相同的方法重复进行同一动作时，控制对象位置的一致程度。即在同一台数控机床上，应用相同程序、相同代码加工一批零件，所得到的连续结果的一致程度，也称为精密度。重复定位精度受伺服系统特性、进给系统的间隙与刚性以及摩擦特性等因素的影响。一般情况下，重复定位精度是成正态分布的偶然性误差，它影响一批零件加工的一致性，是一项非常重要的性能指标。

（3）分度精度　分度精度是指分度工作台在分度时，理论要求回转的角度值和实际回转的角度值的差值。分度精度既影响零件加工部位在空间的角度位置，也影响孔系加工的同轴精度等。

（4）分辨度与脉冲当量　分辨度是指两个相邻的分散细节之间可以分辨的最小间隔。对测量系统而言，分辨度是可以测量的最小增量；对控制系统而言，分辨度是可以控制的最小位移增量。数控装置发出的每个脉冲信号内，数控机床移动部件的位移量称为脉冲当量。坐标计算单位是一个脉冲当量，它标志着数控机床的精度分辨度。脉冲当量是设计数控机床的原始数据之一，其数值的大小决定数控机床的加工精度和表面质量。目前，普通精度级的数控机床的脉冲当量一般采用 0.001mm，简易数控机床的脉冲当量一般采用 0.01mm 和 0.05mm，精密或超精密数控机床的脉冲当量采用 0.0001mm。脉冲当量越小数控机床的加工精度和加工表面质量越高。

8.3　数控机床的分类

目前，数控机床的品种已经基本齐全，规格繁多，据不完全统计已有 500 多个品种规格，可以按照多种原则来进行分类。但归纳起来，数控机床有以下三种常见分类方法。

8.3.1　按工艺用途分类

1. 一般数控机床

一般数控机床和传统的普通机床品种一样，有数控的车床、铣床、镗床、钻床、磨床等，而且每一种数控机床又有很多品种，如数控铣床中就有数控立铣床、数控卧铣床、数控工具铣床、数控龙门铣床等。这类数控机床的工艺范围和普通机床相似，所不同的是它能加工复杂形状的零件。

2. 加工中心

加工中心是在一般数控机床的基础上发展起来的，它是在一般数控机床上加装一个刀库（可容纳 16～100 把刀具）和自动换刀装置，使数控机床更进一步地向自动化和高效化方向发展。它和一般数控机床的不同点是：工件经一次装夹后，数控装置就能控制机床自动地更换刀具，对工件各加工面连续、自动地完成铣削（车削）、镗削、钻削、铰削及攻螺纹等多工序加工。这类数控机床大多是以镗铣床为主的，主要用来加工箱体零件。它和一般的数控机床相比具有如下优点。

1）减少数控机床台数，便于管理，对于多工序的工件只要一台加工中心就能完成全部加工，并可以减少半成品的库存量。

2）由于工件只要一次装夹，因此减少了由于多次安装造成的定位误差，可以依靠加工中心的精度来保证加工质量。

3）工序集中，减少了辅助时间，提高了生产率。

4）由于工件在一台加工中心上一次装夹就能完成多道工序加工，所以大大减少了专用夹具的数量，进一步缩短了生产准备时间。

3. 多坐标数控机床

有些形状复杂的零件，用一般的数控机床还是无法加工，如螺旋桨、飞行器曲面零件等，需要三个以上坐标的合成运动才能加工出所需要的形状，于是就出现了多坐标的数控机床，其特点是数控装置控制的轴数较多，机床结构也比较复杂，其坐标轴数通常取决于加工零件的工艺要求，现在常用的是4~6坐标的数控机床。

4. 计算机"群控"（DNC）

计算机"群控"可以简单地理解为用一台大型通用计算机直接控制一群机床，简称DNC系统。根据机床群与计算机连接的方式不同，可以分为间接型、直接型和计算机网络三种不同方式的DNC系统。

在间接型"群控"系统中，使用通用计算机控制每台数控机床，加工程序全部存放在通用计算机内。加工工件时，把来自通用计算机存储的程序，通过接口装置分别送到机床群中每台机床的普通数控装置中，不需再经过光电纸带阅读机，而每台数控机床仍保留插补运算等控制功能，其框图如图8-9所示。

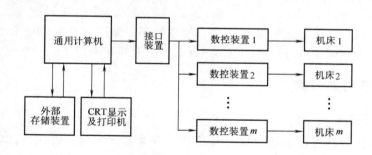

图8-9 间接型DNC系统框图

图8-10所示是直接型"群控"系统框图。在直接型"群控"系统中，机床群中的每台机床不再安装数控装置，只有一个由伺服驱动电路和操作面板组成的机床控制器。加工过程中所需要的插补运算等功能全都集中由通用计算机完成，"群控"系统内的任何一台数控机床都不能脱离通用计算机单独工作。

计算机网络"群控"系统是使用计算机网络协调各台数控机床工作。最终可以将这个"群控"系统与整个工厂的计算机连接成网络，形成一个较大、完整的制造系统，如图8-11所示。

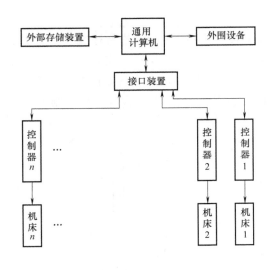

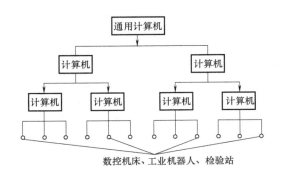

图 8-10　直接型 DNC 系统框图　　　　图 8-11　计算机网络 DNC 系统框图

8.3.2　按加工路线分类

1. 点位控制数控机床

点位控制数控机床的数控装置只能控制机床移动部件从一个位置（点）精确地移动到另一个位置（点），在移动过程中不进行任何加工，两相关位置（点）之间的移动速度及路线决定了生产率。为了在精确定位的基础上有尽可能高的生产率，两相关位置（点）之间的移动先是以快速移动到接近新的位置，然后降速 1~3 级，使之慢速趋近定位点，以保证其定位精度。

这类数控机床主要有数控坐标镗床、数控钻床和数控冲床，其相应的数控装置称为点位控制装置。图 8-12 所示是数控钻床的钻孔加工示意图，若 A 孔加工后，钻头从 A 孔向 B 孔移动，可以沿一个坐标轴方向移动完毕后，再沿另一个坐标轴方向移动（如图 8-12 中刀具路径①）；也可以沿两坐标轴方向同时移动（如图 8-12 中刀具路径②）。

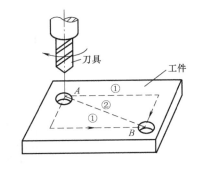

图 8-12　数控钻床的钻孔加工示意图

2. 点位直线控制数控机床

点位直线控制数控机床工作时，不仅要控制两相关点之间的位置，还要控制两相关点之间的移动速度和路线（即刀具路径），其路线一般由与各轴线平行的直线段组成。它和点位控制数控机床的区别在于：当数控机床移动部件移动时，可以沿一个坐标轴的方向进行切削加工，而且其辅助功能比点位控制的数控机床多。这类数控机床主要有简易数控车床、数控镗铣床和加工中心等，相应的数控装置称为点位直线控制装置。图 8-13 所示是在数控车床车削阶梯轴的示意图。

3. 轮廓控制数控机床

轮廓控制数控机床的控制装置能够同时对两个或两个以上的坐标轴进行连续控制。加工时不仅要控制起点和终点，还要控制整个加工过程中每点的速度和位置，使数控机床加工出符合图样要求的复杂形状零件。这类数控机床的辅助功能也比较齐全，主要有数控车床、数控铣床和数控磨床，其相应的数控装置称为轮廓控制装置。图 8-14 所示是轮廓控制数控铣床加工凸轮的示意图。

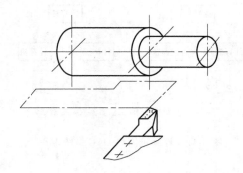

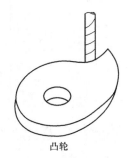

凸轮

图 8-13　数控车床车削阶梯轴的示意图　　　　图 8-14　数控铣床加工凸轮的示意图

8.3.3　按伺服系统的控制方式分类

1. 开环控制数控机床

开环控制系统框图如图 8-15 所示，这种数控机床既没有工作台位移检测装置，又没有位置反馈和校正控制装置，计算机数控装置发出信号的流程是单向的，所以不存在系统稳定性问题。也正是由于信号的单向流程，它对数控机床移动部件的实际位置不作检测，所以数控机床的加工精度不高，其精度主要取决于伺服系统的性能。

其工作过程是：输入的数据经过计算机数控装置运算分配出指令脉冲，通过伺服机构（主要伺服元件常为步进电动机）使被控制的工作台移动。这种数控机床的工作比较稳定、反应迅速、调试方便、维修简单，但其控制精度受到限制。开环控制系统只用于一般要求的中、小型数控机床。

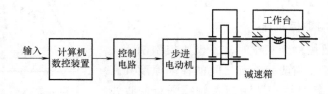

图 8-15　开环控制系统框图

2. 闭环控制数控机床

闭环控制数控机床的工作原理是：当计算机数控装置发出位移指令脉冲时，由伺服电动机和机械传动装置使工作台移动。这时，安装在工作台上的位移检测装置把机械位移变成电量，反馈到输入端与输入信号相比较，得到的差值经过放大和转换，最后驱动工作台向减少

186

误差的方向移动。如果输入信号不断地产生，那么工作台就不断地跟随输入信号运动。只有在差值为零时，工作台才停止，即工作台的实际位移量与指令位移量相等时，伺服电动机停止转动，工作台停止移动。由于闭环控制系统有位置反馈，可以补偿机械传动装置中的各种误差、间隙和干扰的影响，因而可以达到很高的定位精度，同时还能得到较高的速度，因此在数控机床上广泛应用，特别是精度要求高的大型数控机床和精密数控机床。

图 8-16 所示是采用宽调速直流伺服电动机驱动的闭环控制系统框图。由图可知，闭环控制系统主要由计算机数控装置、控制电路、伺服电动机、机械传动装置、位置检测元件和速度检测元件等组成。其中，伺服电动机可采用宽调速直流伺服电动机或宽调速交流伺服电动机，位置检测元件可采用感应同步器或光栅等直线测量元件，速度检测元件常用测速发电机。

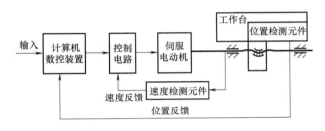

图 8-16　闭环控制系统框图

3. 半闭环控制数控机床

半闭环控制系统框图如图 8-17 所示，这种控制方式对工作台的实际位置不进行检查测量，而是用安装在进给丝杠轴端或电动机轴端的角位移测量元件（如旋转变压器、脉冲编码器、圆光栅等），来代替安装在工作台上的直线测量元件，用测量丝杠或电动机轴旋转的角位移来代替测量工作台的直线位移。因为这种系统没有将丝杠副、齿轮副等传动装置包含在闭环反馈系统中，不能补偿该部分装置的传动误差，所以半闭环控制系统的加工精度一般低于闭环控制系统的加工精度。但半闭环控制系统将惯性质量大的工作台安排在闭环之外，使这种系统调试较容易，稳定性也较好。

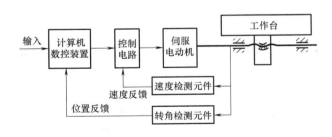

图 8-17　半闭环控制系统框图

4. 开环补偿型数控机床

图 8-18 所示为开环补偿型控制系统框图。其特点是：基本控制选用步进电动机的开环伺服机构，附加一个位置校正电路，通过安装在工作台上的直线位移测量元件的反馈信号来

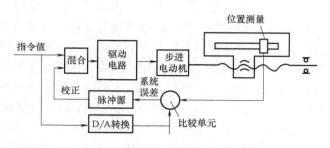

图 8-18　开环补偿型控制系统框图

校正机械传动误差。

5. 半闭环补偿型数控机床

图 8-19 所示为半闭环补偿型控制系统框图。其特点是：用半闭环进行基本驱动以取得稳定的高速响应特性，再用安装在工作台上的直线位移测量元件实现全闭环，然后用全闭环和半闭环的差值进行控制，以获得高精度。其中 A 是速度测量元件（测速发电机），B 是角度测量元件，C 是直线位移测量元件。

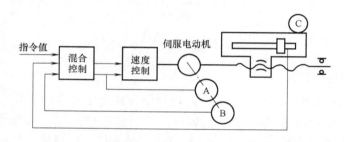

图 8-19　半闭环补偿型控制系统框图

8.4　数控机床坐标系和运动方向的规定

8.4.1　标准的坐标系和运动方向

统一规定数控机床坐标轴的名称及其运动的正、负方向，可以使编制的程序简便，并使所编制的程序对同类型数控机床具有互换性。目前，国际上已采用统一的标准坐标系。

在数控机床中，为了完成一个零件的加工，往往需要控制几个方向上的运动，这就需要建立坐标系，以便分别进行控制。一台数控机床，有几个运动方向可以进行数值控制就称为几坐标数控机床。例如，三坐标数控机床，就是指该数控机床有三个坐标方向采用了数值控制；五坐标数控机床，就是指有五个坐标方向采用了数值控制。

标准的坐标系采用右手直角笛卡儿坐标系，如图 8-20 所示。它规定直角坐标 X、Y、Z 三者的关系及其正方向用右手定则判定；围绕 X、Y、Z 各轴的回转运动及其正方向 $+A$、$+B$、$+C$ 分别用右螺旋法则判定；与 $+X$、$+Y$、$\cdots$、$+C$ 相反的方向应用带"'"的 $+X'$、$+Y'$、$\cdots$、$+C'$ 表示。

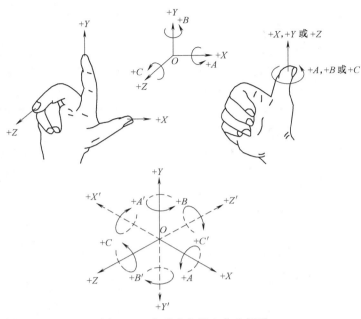

图 8-20　右手直角笛卡儿坐标系

图 8-21~图 8-24 所示分别为数控车床、数控立式铣床、数控卧式镗铣床以及数控卧式升降台铣床的标准坐标系。其坐标和运动方向是根据以下规则确定的。

1）数控机床的运动可以是刀具相对于工件的运动，也可以是工件相对于刀具的运动，因而统一规定在图 8-20 中字母不带"′"的坐标系表示工件固定、刀具运动的坐标系，即图 8-21~图 8-24 旁边所示的坐标系；带"′"的坐标系则表示刀具固定、工件运动的坐标系。规定增大工件与刀具之间距离（即增大工件尺寸）的方向为正方向。

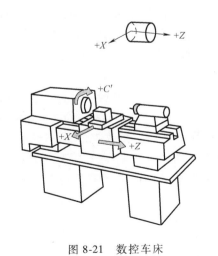

图 8-21　数控车床

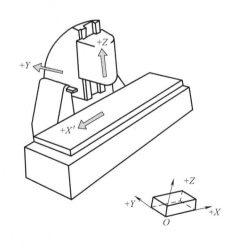

图 8-22　数控立式铣床

2）数控机床 X、Y、Z 坐标的确定。规定平行于数控机床主轴（传递切削动力）的刀具运动坐标为 Z 轴，取刀具远离工件的方向为正方向（+Z）。当数控机床有几个主轴时，则选一个垂直于工件装夹面的主轴为 Z 轴（如数控龙门铣床）。

X 轴为水平方向，且垂直于 Z 轴并平行于工件的装夹面。对于工件旋转运动的数控机床（数控车床、数控磨床），取平行于横向滑座的方向（工件径向）为刀具运动的 X 坐标，同样取刀具远离工件的方向为 X 的正方向；对于刀具旋转运动的数控机床（如数控铣床、数控镗床），当 Z 轴为水平主轴时，沿安装刀具的主轴后端向工件方向看，向右方向为 X 的正方向，如图 8-24 所示；当 Z 轴为立式主轴时，对单立柱数控机床，面对刀具主轴向立柱方向看，向右方向为 X 轴的正方向（图 8-22）。

Y 轴垂直于 X 轴及 Z 轴。当 +Z、+X 方向确定以后，按右手定则，即可以确定 +Y 方向。

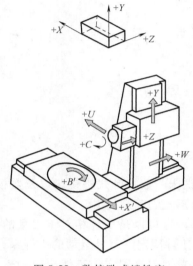

图 8-23　数控卧式镗铣床

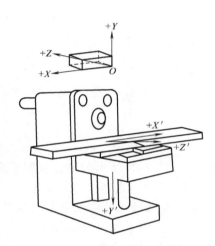

图 8-24　数控卧式升降台铣床

3）程序编制坐标的选择。正由于工件与刀具是一对相对运动，+X' 与 +X、+Y' 与 +Y、+Z' 与 +Z 是等效的，所以在数控机床的程序编制中，为使编制程序方便，一律假定工件固定不动，全部用刀具运动的坐标系编制程序，即用标准坐标系 X、Y、Z、A、B、C 在图样上进行编程。这样，即使编程人员在不知道是刀具移近工件还是工件移近刀具的情况下，也能编制出正确的程序。

4）附加运动坐标的规定。对于直线运动，X、Y、Z 为主坐标系或第一坐标系。若有第二组坐标和第三组坐标平行于 X、Y、Z，则分别指定为 U、V、W 和 P、Q、R。所谓第一坐标系，是指靠近主轴的直线运动，稍远的为第二坐标系。例如，在数控卧式镗铣床（图 8-23）中，镗杆运动为 Z 轴，立柱运动为 W 轴，而镗头径向刀架运动是平行于 X 轴的，故称为 U 轴。对于旋转运动，如在第一组旋转运动 A、B 和 C 的同时，还有平行或不平行于 A、B 和 C 的第二组旋转运动，可指定为 D、E 和 F。

8.4.2　绝对坐标系与增量（相对）坐标系

刀具（或数控机床）运动位置的坐标值是相对于固定的坐标原点给出的，即称为绝对坐标，该坐标系称为绝对坐标系。也就是说，绝对坐标系是所有坐标点均以某一固定原点计量的坐标系，用代码表中的第一坐标系 X、Y、Z 表示，如图 8-25 所示中 $X_A = 30$、$Z_A = 35$、

$X_B = 12$、$Z_B = 15$。

刀具（或数控机床）运动位置的坐标值是相对于前一位置的坐标点给出的，则称为增量（相对）坐标，该坐标系则称为增量（相对）坐标系。也就是说，增量（相对）坐标系是运动轨迹的终点坐标以其起点坐标计量的坐标系，常用代码表中的第二坐标系 U、V、W 表示。图 8-25 所示中，点 B 是以起点 A 为原点建立的 U、W 坐标系，终点 B 的增量（相对）坐标为 $U_B = -18$、$W_B = -20$。

编制程序时，根据数控装置的坐标功能，从编制程序方便（即按图样的尺寸标注）及加工精度等要求出发选用坐标系。数控车床可以选用绝对坐标系或增量（相对）坐标系，有时也可以两者混合使用；而数控铣床及数控线切割机床则常采用增量（相对）坐标系。

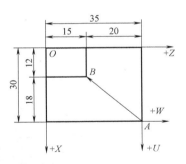

图 8-25 绝对坐标系与增量（相对）坐标系

8.4.3 坐标系的原点

数控机床的坐标系是数控机床固有的坐标系，在确定了数控机床各坐标轴及方向后，还应确定坐标系原点的位置。

1. 机床原点

机床原点是指在数控机床上设置的一个固定的点，即机床坐标系的原点，也称为机床零位。它在数控机床装配、调试时就已确定下来了，是数控机床进行加工运动的基准参考点。在数控车床上，机床原点一般取在卡盘端面与主轴中心线的交点处，如图 8-26 所示。在数控铣床上，机床原点一般取在 X、Y、Z 三个直线坐标轴正方向的极限位置上。如图 8-27 所示，图中的 O_1 即为立式数控铣床的机床原点。

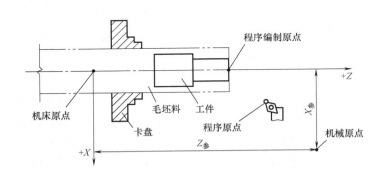

图 8-26 数控车床的机床原点

2. 机械原点（机械零点）

机械原点又称为机床固定原点或机床参考点，机械原点设置在数控机床的固定位置。例如，在数控车床上，通常设置在 X 轴和 Z 轴的正向最大行程处（图 8-26）。机械原点至机床原点在其进给轴方向上的距离在机床出厂时已经准确确定，利用数控系统所指定的自动返回机械原点指令（G28），可以使指令的轴自动返回机械原点。全自动或高档型的数控车床都

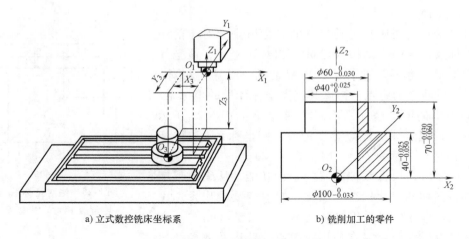

a) 立式数控铣床坐标系　　　　　b) 铣削加工的零件

图 8-27　立式数控铣床的机床原点

设置有机械原点，但一般的经济型或改造的数控车床上没有设置机械原点。

数控车床上设置机械原点的目的有：需要时便于将刀具或刀架自动返回机械原点；若程序加工起点与机械原点一致，便可执行自动返回程序加工起点；若程序加工起点与机械原点不一致，可以通过快速定位指令返回程序起点方式回到程序加工起点；还可以作为进给位置反馈的测量基准点。

3. 程序编制原点

在工件坐标系中，程序编制原点是指根据零件图选定的编制零件程序的原点，即程序编制坐标系的原点。它属于一个浮动坐标系，以它为原点建立一个直角坐标系来进行数值的换算。例如，在数控车床上，一般将程序编制原点设置在零件的轴心线和零件两边端面的交点上（如图 8-26 和图 8-27 中的 O_2）。程序编制原点的位置在给定的图样上应为已知，应尽量选择在零件的设计基准或工艺基准上，各几何要素的关系应简洁明了，便于坐标值的确定，并考虑到程序编制的方便。程序编制坐标系中各轴的方向应该与所使用的数控机床相应的坐标轴方向一致，且便于程序原点的设定。

4. 程序原点

程序原点也称为加工原点，指刀具在加工程序执行时的起点，又称为程序起点。也就是说，程序原点是指工件被装夹好后，相应的程序编制原点在机床原点坐标系中的位置（如图 8-26 和图 8-27 中的 O_3）。在加工过程中，数控机床是按照工件装夹好后的加工原点及程序要求进行自动加工的。一般情况下，一个零件加工完毕，刀具返回程序原点位置，等候指令执行下一个零件的加工。在图 8-27 中，加工坐标系原点与机床坐标系原点在 X、Y、Z 方向的距离 X_3、Y_3、Z_3 分别称为 X、Y、Z 方向的原点设定值。

因此，程序编制人员在编制程序时，只要根据零件图就可以选定程序编制原点，建立程序编制坐标系，计算坐标数值，而不必考虑工件毛坯装夹的实际位置。对加工人员来说，则应在装夹工件、调试程序时，确定加工原点（程序原点）的位置，并在数控系统中给予设定（即给出原点设定值），这样数控机床才能按照准确的加工坐标系位置开始加工。

8.5 数控机床的典型机械结构

8.5.1 滚珠丝杠副结构

在数控机床上将回转运动转换为直线运动，一般采用滚珠丝杠副结构。滚珠丝杠副结构的特点是：传动效率高，一般为 $\eta = 0.92 \sim 0.96$；传动灵敏，不易产生爬行；使用寿命长，不易磨损；具有可逆性，不仅可以将旋转运动转变为直线运动，还可将直线运动变成旋转运动；施加预紧力后，可消除轴向间隙，反向时无空行程；成本高，价格昂贵；不能自锁，垂直安装时需要有平衡装置。

1. 滚珠丝杠副的结构和工作原理

滚珠丝杠副的结构有内循环和外循环两种方式。图 8-28 所示为外循环方式的滚珠丝杠副结构，由丝杠 1、滚珠 2、回珠管 3 和螺母 4 组成。在丝杠 1 和螺母 4 上各加工有圆弧形螺旋槽，将它们套装起来便形成了螺旋形滚道，在滚道内装满滚珠 2。当丝杠相对于螺母旋转时，丝杠的旋转面经滚珠推动螺母轴向移动，同时滚珠沿螺旋形滚道滚动，使丝杠和螺母之间的滑动摩擦转变为滚珠与丝杠、螺母之间的滚动摩擦。螺母螺旋槽的两端用回珠管 3 连接起来，使滚珠能够从一端重新回到另一端，构成一个闭合的循环回路。

图 8-29 所示为内循环方式的滚珠丝杠副结构。在螺母的侧孔中装有圆柱凸轮式反向器，反向器上铣削有 S 形回珠槽，将相邻两螺纹滚道连接起来。滚珠从螺纹滚道进入反向器，借助反向器迫使滚珠越过丝杠牙顶进入相邻滚道，实现循环。

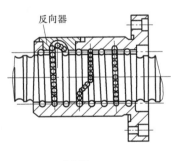

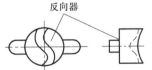

图 8-29 内循环滚珠丝杠副

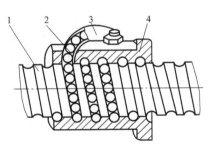

图 8-28 外循环滚珠丝杠副

1—丝杠 2—滚珠 3—回珠管 4—螺母

2. 滚珠丝杠副间隙的调整方法

为了保证滚珠丝杠副的反向传动精度和轴向刚度，必须消除轴向间隙。常采用双螺母施加预紧力的办法消除轴向间隙，但必须注意预紧力不能太大，预紧力过大会造成传动效率降低、摩擦力增大，磨损增大，使用寿命降低。常用的双螺母消除间隙的方法有如下几种。

1）垫片调整间隙法。如图8-30所示，调整垫片4的厚度，使左右两螺母1、2产生轴向位移，从而消除滚珠丝杠副的间隙和产生预紧力。这种方法简单、可靠，但调整费时，适用于一般精度的传动。

2）齿差调整间隙法。如图8-31所示，两个螺母1、2的凸缘为圆柱外齿轮，齿数差为1，两个内齿轮3、4用螺钉、定位销紧固在螺母座上。调整时先将内齿轮卸下，根据

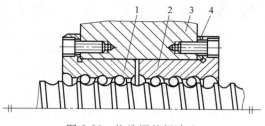

图8-30　垫片调整间隙法
1、2—螺母　3—螺母座　4—垫片

间隙大小使两个螺母分别向相同方向转过1个齿或几个齿，然后再插入内齿轮，使螺母在轴向相互移动了相应的距离，从而消除两个螺母的轴向间隙。这种方法的结构复杂，尺寸较大，适用于高精度的传动。

3）螺纹调整间隙法。如图8-32所示，右螺母2外圆上有普通螺纹，并用两螺母4、5固定。当调整圆螺母4时，即可调整轴向间隙，然后用锁紧螺母5锁紧。这种方法结构紧凑，工作可靠，滚道磨损后可随时调整，但预紧力不准确。

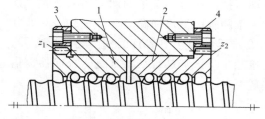

图8-31　齿差调整间隙法
1、2—螺母　3、4—内齿轮

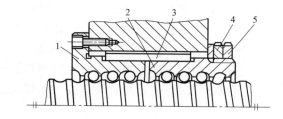

图8-32　螺纹调整间隙法
1、2—螺母　3—平键　4—圆螺母　5—锁紧螺母

3. 滚珠丝杠副的支承

数控机床的进给系统要获得较高的传动刚度，除了加强滚珠丝杠副本身的刚度外，滚珠丝杠副的正确安装及支承结构的刚度也是不可忽视的因素。例如，为减少受力后的变形，螺母座应有加强肋，增大螺母座与机床的接触面积，并且要连接可靠。同时，也可以采用高刚度的推力轴承来提高滚珠丝杠的轴向承载能力。

图8-33所示是一端安装推力轴承的方式。这种安装方式适用于行程小的短丝杠，其承载能力小，轴向刚度低，一般用于数控机床的调整环节或升降台式数控铣床的垂直进给传动结构。

图8-34所示为一端安装推力轴承，另一端安装深沟球轴承的方式。这种方式用于丝杠较长的情况，当热变形造成丝杠伸长时，其一端固定，另一端能做微量的轴向移动。为减少丝杠热变形的影响，安装时应使电动机热源和丝杠工作时的常用段远离止推端。

图8-35所示为两端安装推力轴承的方式。把推力轴承安装在滚珠丝杠的两端，并施加预紧力，可以提高轴向刚度，但这种安装方式对丝杠的热变形较为敏感。

图8-36所示为两端安装推力轴承和深沟球轴承的方式。它的两端均采用双重支承并施

加预紧力,使丝杠具有较大的刚度。这种方式还可使丝杠的温度变形转化为推力轴承的预紧力,但设计时要求提高推力轴承的承载能力和支架的刚度。

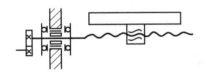

图 8-33 仅一端安装推力轴承

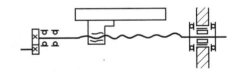

图 8-34 一端安装推力轴承,另一端
安装深沟球轴承

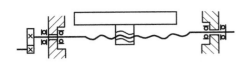

图 8-35 两端安装推力轴承

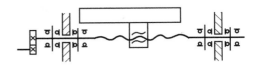

图 8-36 两端安装推力轴承和深沟球轴承

4. 滚珠丝杠副的保护

滚珠丝杠副也可用润滑剂来提高耐磨性能及传动效率,润滑剂可分为润滑油和润滑脂两大类。润滑油一般为机械油或 90~180 号透平油或 140 号主轴油;润滑脂可采用锂基润滑脂。润滑脂一般加在螺纹滚道和安装螺母的壳体空隙内,而润滑油则经过壳体上的油孔注入螺母的空隙内。

滚珠丝杠副和其他滚动摩擦的传动元件一样,应避免灰尘或切屑污物进入滚道,因此必须有防护装置。如果滚珠丝杠副在机床上外露,应采用封闭的防护罩,如采用螺旋弹簧钢带套管、伸缩套管及折叠式套管等。安装时将防护罩的一端连接在滚珠螺母的端面,另一端固定在滚珠丝杠的支承座上。若滚珠丝杠副在机床上处于隐蔽的位置,则可采用密封圈防护,密封圈安装在滚珠螺母的两端。接触式的弹性密封圈用耐油橡胶或尼龙制成,其内孔做成与丝杠螺纹滚道相吻合的形状。接触式密封圈的防尘效果好,但因有接触压力,使摩擦力矩略有增加。非接触式的密封圈又称迷宫式密封圈,是用硬质塑料制成,其内孔做成与丝杠螺纹滚道相配合的形状,并稍有间隙,这样可避免摩擦力矩,但防尘效果差一些。

5. 滚珠丝杠副的自动平衡装置

因为滚珠丝杠副无自锁作用,在一般情况下,垂直放置的滚珠丝杠副会因为部件的自重作用而自动下降,所以必须有阻尼或锁紧机构。图 8-37 所示是滚珠丝杠副的自动平衡装置结构,由摩擦离合器和单向超越离合器构成。其工作原理是:当锥齿轮 1 转动时,通过锥销带动单向超越离合器的星轮 2。升降台上升时,星轮 2 的转向是使滚子 3 和超越离合器的外壳 4 脱开的方向,外壳 4 不转动,摩擦片不起作用。当升降台下降时,星轮 2 的转向使滚子 3 楔在星轮 2 和超越离合器的外壳 4 之间,由于摩擦力的作用,外壳 4 随着锥齿轮 1 一起转动。经过花键与外壳 4 连在一起的内摩擦片和固定的外摩擦片之间产生相对运动,由于内、外摩擦片之间由弹簧压紧,有一定摩擦阻力,所以起到了阻尼作用,上升与下降的力得以平衡。阻尼力的大小,即摩擦离合器的松紧,可由螺母 5 调整,调整前应先松开螺母 5 的锁紧螺钉6。

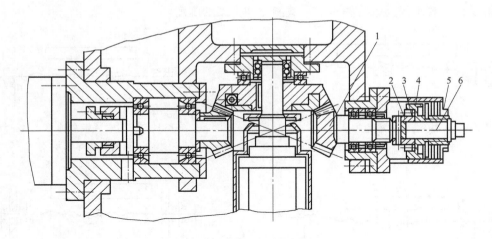

图 8-37 滚珠丝杠副的自动平衡装置
1—锥齿轮 2—星轮 3—滚子 4—外壳 5—螺母 6—锁紧螺钉

8.5.2 齿轮传动间隙消除结构

在数控机床上，齿侧间隙会造成进给运动反向时丢失指令脉冲，并产生反向死区，影响加工精度，因此在齿轮传动中必须消除间隙。

1. 直齿圆柱齿轮传动间隙的消除

直齿圆柱齿轮传动间隙的消除方法主要有轴向垫片调整法、偏心套调整法和双片薄齿轮错齿调整法等。

1）轴向垫片调整法。如图 8-38 所示，两个齿轮沿齿宽方向制造成稍有锥度，当齿轮 1 不动时，调整轴向垫片 3 的厚度，使齿轮 2 做轴向位移从而减小啮合间隙。这种方法的结构简单，传动刚性好，但调整后的间隙不能自动补偿。

2）偏心套调整法。如图 8-39 所示，电动机通过偏心套 2 安装在壳体上。转动偏心套 2

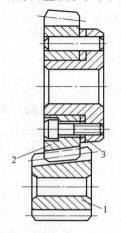

图 8-38 轴向垫片调整法
1、2—齿轮 3—垫片

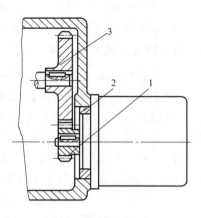

图 8-39 偏心套调整法
1、3—齿轮 2—偏心套

就能调整两圆柱齿轮的中心距，从而减小齿轮的侧隙。这种方法同样是结构简单，传动刚性好，调整后的间隙也不能自动补偿。

3）双片薄齿轮错齿调整法。如图 8-40 所示，相互啮合的一对齿轮中的一个做成两个薄片齿轮 7 和 8，两薄片齿轮套装在一起，彼此可做相对转动。两个薄片齿轮的端面上，分别装有螺纹凸耳 5 和螺纹凸耳 6，拉簧 1 的一端钩在螺纹凸耳 5 上，另一端钩在穿过螺纹凸耳 6 的调节螺钉 4 上。在拉簧的拉力作用下，两个薄片齿轮的轮齿相互错位，分别贴紧在与之啮合的齿轮（图中未画出）左、右齿廓面上，消除了它们之间的齿侧间隙。拉簧 1 的拉力大小，可由调整螺母 2 调整，螺母 3 为锁紧螺母。这种方法能自动补偿间隙，但结构复杂，且传动刚性差，能传递的转矩较小。

2. 斜齿圆柱齿轮传动间隙的消除

斜齿圆柱齿轮传动间隙的消除方法主要有垫片调整法、轴向压簧调整法等。

1）垫片调整法。如图 8-41 所示，在两个薄片斜齿轮 3 和 4 中间，加一个垫片 2，垫片 2 使薄片斜齿轮 3 和 4 的螺旋线错位，从而消除齿侧间隙。

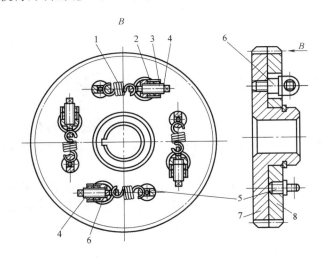

图 8-40　双片薄齿轮错齿调整法
1—拉簧　2—调整螺母　3—锁紧螺母　4—调节螺钉
5、6—螺纹凸耳　7、8—薄片齿轮

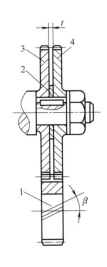

图 8-41　斜齿轮垫片
调整间隙法
1—宽齿轮　2—垫片
3、4—薄片斜齿轮

2）轴向压簧调整法。如图 8-42 所示，两个薄片斜齿轮 1 和 2 用滑键套在轴 5 上，螺母 4 可调整弹簧 3 对薄片斜齿轮 2 的轴向压力，使薄片斜齿轮 1 和 2 的齿侧分别贴紧宽齿轮 6 的齿槽两侧面以消除间隙。

3. 锥齿轮传动间隙的消除

锥齿轮传动间隙可以采用轴向压簧法消除。如图 8-43 所示，锥齿轮 1 和 2 相啮合，在装锥齿轮 1 的轴 5 上装有压簧 3，螺母 4 用来调整压簧 3 的弹力，锥齿轮 1 在弹簧力作用下稍有轴向移动，就能消除锥齿轮 1 和 2 的间隙。

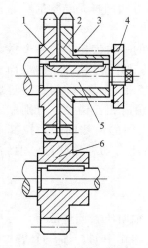

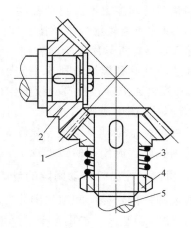

图 8-42　斜齿轮压簧调整间隙法

1、2—薄片斜齿轮　3—弹簧　4—螺母

5—轴　6—宽齿轮

图 8-43　锥齿轮齿侧间隙的消除

1、2—锥齿轮　3—压簧　4—螺母　5—轴

4. 键连接间隙的消除

数控机床进给传动装置中，齿轮等传动件与轴键的配合间隙，如同齿侧间隙一样，也会影响零件的加工精度，需要将其消除。

图 8-44 所示为消除键连接间隙的两种方法。图 8-44a 所示为双键连接结构，用紧定螺钉压紧以消除间隙。图 8-44b 所示为楔形销连接结构，用螺母拉紧楔形销以消除间隙。

图 8-45 所示为一种可获得无间隙传动的无键连接结构。零件 5 和 6 是一对相互配研接触良好的弹性锥形胀套，拧紧螺钉 2，通过圆环 3 和 4 将它们压紧时，内锥形胀套 5 的内孔缩小，外锥形胀套 6 的外圆胀大，依靠摩擦力将传动件 7 和轴 1 连接在一起。锥形胀套的对数，根据所需要传递转矩的大小，可以是一对或者几对。

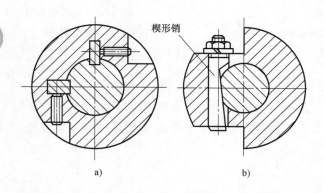

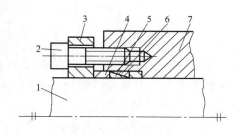

图 8-44　键连接间隙消除方法

图 8-45　无键连接结构

1—轴　2—螺钉　3、4—圆环

5—内锥形胀套　6—外锥形胀套　7—传动件

8.5.3　机床导轨

导轨主要用来支承和引导运动部件沿一定的轨道运动。在导轨副中，运动的一方称为运动导轨，不运动的一方称为支承导轨。运动导轨相对于支承导轨的运动，通常是直线运动或回转运动。目前，数控机床上的导轨形式主要有滑动导轨、滚动导轨和液体静压导轨。

1. 导轨的要求

1）导向精度高。导向精度是指机床的运动部件沿导轨移动时的直线性和与有关基准面之间的相互位置的准确性。无论在空载或切削状态下导轨都应有足够的导向精度。影响导轨导向精度的主要原因除制造精度外，还有导轨的结构形式、装配质量、导轨及其支承件的刚度和热变形等。

2）耐磨性好。导轨的耐磨性是指导轨在长期使用过程中能否保持一定的导向精度。因导轨在工作过程中有磨损，故应力求减少磨损量，并在磨损后能自动补偿或便于调整。

3）足够的刚度。导轨受力变形会影响部件之间的导向精度和相对位置，故要求导轨应有足够的刚度。为了减轻或平衡外力的影响，数控机床常采用加大导轨面的尺寸来提高刚度。

4）低速运动平稳性。应使导轨的摩擦阻力小，运动轻便，低速运动时无爬行现象。

5）结构简单、工艺性好。所设计的导轨应使制造和维修方便，在使用时便于调整和维护。

2. 滑动导轨

滑动导轨具有结构简单、制造方便、刚度好、抗振性高等优点，在数控机床上应用广泛。但对于金属对金属形式的导轨，静摩擦因数大，动摩擦因数随速度变化而变化，在低速时容易产生爬行现象。可通过选用合适的导轨材料、热处理方法，提高导轨的耐磨性，改善摩擦特性。例如，可采用优质铸铁、耐磨铸铁或镶淬火钢导轨，采用导轨表面滚压强化、表面淬硬、镀铬、镀钼等方法提高导轨的耐磨性能。

目前多数使用金属对塑料形式的导轨，称为贴塑导轨。贴塑导轨的塑料化学成分稳定、摩擦因数小、耐磨性好、耐蚀性强、吸振性好、密度小、加工成形简单，能在任何液体或无润滑条件下工作。其缺点是耐热性差、热导率低、线胀系数比金属大、在外力作用下容易产生变形、刚性差、吸湿性大、影响尺寸的稳定性。目前，国内外应用较多的塑料导轨有以下几种。

1）以聚四氟乙烯为基体，添加合金粉和氧化物等构成的高分子复合材料。聚四氟乙烯的摩擦因数很小（为 0.04），则不耐磨，因而需要添加青铜粉、石墨、MoS_2、铅粉等填充料增加耐磨性。这种材料具有良好的耐磨、吸振性能，适用工作温度范围广（$-200 \sim 280$℃），动、静摩擦因数小且相差不大，防爬行性能好，可在干摩擦下使用，能吸收外界进入导轨面的硬粒，使配对金属导轨不至于拉伤和磨损。这种材料可制成塑料软带的形式，目前我国已有 TSF、F4S 等标准软带产品，产品厚度有 0.8mm、1.1mm、1.4mm、1.7mm、2mm 等几种，宽度有 150mm、300mm 两种，长度有 500mm 以上几种规格。

2）以环氧树脂为基体，加入 MoS_2、胶体石墨、TiO_2 等制成的抗磨涂层材料，这种涂料附着力强，可用涂敷工艺或压注成形工艺涂到预先加工成锯齿形状的导轨上，涂层厚度

199

1.5~2.5mm。我国已生产有环氧树脂耐磨涂料（HNT），它在铸铁的导轨副中，摩擦因数为0.1~0.12，在无润滑油的情况下仍有较好的润滑和防爬行性能。

贴塑导轨主要用于大型及重型数控机床上，塑料导轨副的塑料软带一般贴在短的动导轨上，不受导轨形式的限制，各种组合形式的滑动导轨均可粘贴。图 8-46 所示为几种贴塑导轨的结构。

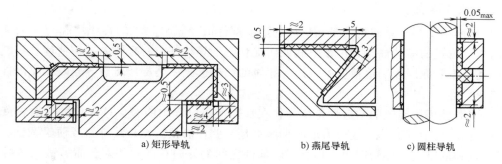

a) 矩形导轨　　　b) 燕尾导轨　　　c) 圆柱导轨

图 8-46　贴塑导轨的结构

3. 滚动导轨

滚动导轨是在导轨面之间放置滚珠、滚柱或滚针等滚动体，使导轨面之间为滚动摩擦而不是滑动摩擦。滚动导轨的灵敏度高，摩擦因数小，且其动、静摩擦因数相差很小，因而运动均匀。尤其是在低速移动时，不易出现爬行现象；定位精度高，重复定位精度可达 $0.2\mu m$；牵引力小，移动轻便；磨损小，精度保持性好，使用寿命长。但滚动导轨的抗振性差，对防护要求高，结构复杂，制造困难，成本较高。根据滚动体的种类，可以分为下列几种类型。

1）滚珠导轨。这种导轨的承载能力小，刚度低。为了防止在导轨面上产生压坑，导轨面一般采用淬火钢制成。滚珠导轨适用于运动部件重量轻、切削力不大的数控机床，如图 8-47 所示。

2）滚柱导轨。这种导轨的承载能力和刚度都比滚珠导轨大，适用于载荷较大的数控机床。但对于安装的偏斜反应大，支承的轴线与导轨的平行度误差不大时也会引起偏移和侧向滑动，从而使导轨磨损加快，精度降低。小滚柱（小于 $\phi 10mm$）比大滚柱（大于 $\phi 25mm$）对导轨面不平行敏感些，但小滚柱的抗振性高，如图 8-48 所示。

3）滚针导轨。滚针导轨的滚针比滚柱的长径比大，滚针导轨的特点是尺寸小，结构紧凑，主要适用于导轨尺寸受限制的数控机床。

4）直线滚动导轨（简称为直线导轨）。图

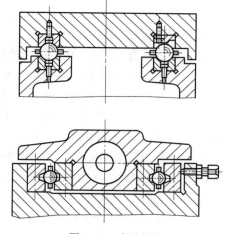

图 8-47　滚珠导轨

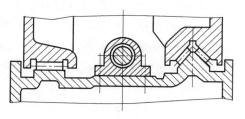

图 8-48　滚柱导轨

8-49 所示是直线滚动导轨副的外形图。直线滚动导轨由一根长导轨（导轨条）和一个或几个滑块组成。图 8-50 所示是直线滚动导轨副的结构图，当滑块 10 相对于导轨条 9 移动时，每一组滚珠（滚柱）都在各自的滚道内循环运动，其所受的载荷形式与滚动轴承类似。

直线滚动导轨的特点是摩擦因数小，精度高，安装和维修都很方便。由于直线滚动导轨是一个独立的部件，对机床支承导轨部分的要求不高，既不需要淬硬也不需要磨削或刮研，只需精铣或精刨。因为这种导轨可以预紧，所以其刚度高。

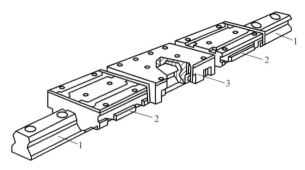

图 8-49　直线滚动导轨副的外形
1—导轨条　2—循环滚柱滑座　3—抗振阻尼滑座

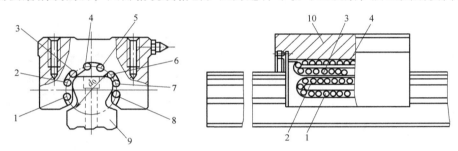

图 8-50　直线滚动导轨副的结构
1、4、5、8—回珠（回柱）　2、3、6、7—负载滚珠（滚柱）　9—导轨条　10—滑块

直线滚动导轨通常两条成对使用，可以水平安装，也可以竖直或倾斜安装。当长度不够时可以多根接长安装。为保证两条或多条导轨平行，通常把一条导轨作为基准导轨，安装在床身的基准面上，其底面和侧面都有定位面。另一条导轨为非基准导轨，床身上没有侧面定位面。这种安装形式称为单导轨定位，如图 8-51 所示。单导轨定位容易安装，便于保证平行，对床身没有侧面定位面的平行要求。

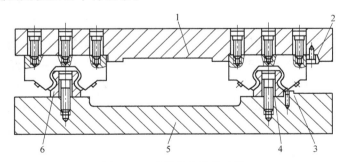

图 8-51　单导轨定位的安装
1—工作台　2、3—楔块　4—基准导轨　5—床身　6—非定位导轨

当振动和冲击较大、精度要求较高时，两条导轨的侧面都要定位，称为双导轨定位。双导轨定位要求定位面平行度高，如图 8-52 所示。

201

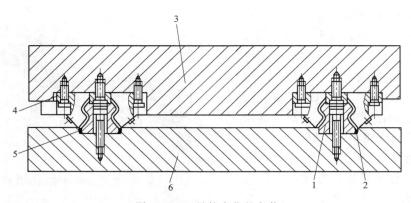

图 8-52 双导轨定位的安装

1—基准导轨 2、4、5—调整垫 3—工作台 6—床身

4. 静压导轨

液体静压导轨是将具有一定压力的油液，经节流器输送到导轨面上的油腔中，形成承载油膜，将相互接触的导轨表面隔开，实现液体摩擦。这种导轨的摩擦因数小（一般为 $0.0005 \sim 0.001$），机械效率高，能长期保持导轨的导向精度。承载油膜有良好的吸振性，低速下不容易产生爬行。这种导轨的缺点是结构复杂，且需一套液压系统，成本高，油膜厚度难以保持恒定不变。

静压导轨可以分为开式和闭式两种。图 8-53 所示为开式静压导轨的工作原理图。来自液压泵的液压油（压力 p_0）经节流阀 4，压力降至 p_1，进入导轨面，借助压力将动导轨浮起，使导轨面间以一层厚度为 h_0 的油膜隔开，油腔中的油不断地经过各封油间隙流回油箱。当动导轨受到外负荷 F 的作用时，使动导轨向下产生一个位移，导轨间隙由 h_0 减小至 h，使油腔回油阻力增大，油压增大，以平衡负载，使导轨仍在纯液体摩擦下工作。

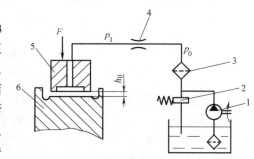

图 8-53 开式静压导轨工作原理

1—液压泵 2—溢流阀 3—过滤器
4—节流阀 5—动导轨 6—床身导轨

图 8-54 所示为闭式静压导轨的工作原理图。闭式静压导轨的各个方向的导轨面上均加工有油腔，所以闭式静压导轨具有承受各方向载荷的能力。设油腔各处的压力分别为 p_1、p_2、p_3、p_4、p_5、p_6，当受到力矩 M 时，p_1、p_6 处间隙变小，则 p_1、p_6 处压力增大，p_3、p_4 处间隙变大，则 p_3、p_4 处压力变小，这样形成一个与力矩 M 反向的力矩（平衡力矩），从而使导轨保持平衡。

8.5.4 数控机床常用的辅助装置

为了扩大数控机床的工艺范围，数控机床除了沿 X、Y、Z 三个坐标轴做直线进给外，往往还需要有绕 X、Y 或 Z 轴的圆周进给运动，数控机床的圆周进给运动一般由回转工作台来实现。回转工作台除了用于进行各种圆弧加工与曲面加工外，还可以实现精确的自动分度。对于加工中心，回转工作台已成为一个不可缺少的部件，数控机床中常用的回转工作台有分度工作台和数控回转工作台。

1. 分度工作台

分度工作台只能完成分度运动，不能实现圆周进给，它是按照数控系统的指令，在需要分度时将工作台连同零件回转一定的角度（分度工作台一般只能回转规定的角度，如90°、60°和45°等）。分度时也可以采用手动分度。数控机床中，分度工作台按定位机构的不同，分为定位销式分度工作台和鼠牙盘式分度工作台。

1）定位销式分度工作台。图 8-55 所示为某型加工中心的分度工作台，这种分度工作台依靠定位销实现分度。分度工作台 2 的两侧有长方形工作台 11，当不单独使用分度工作台时，可以作为整体工作台使用。分度工作台 2 的底部均匀分布着八个定位销 8，在底座 12 上有一个定位衬套 7 及供定位销移动的环形槽。因为定位销之间的分布角度为 45°，因此工作台只能作二、四、八等分的分度（定位销式分度工作台的定位精度取决于定位销和定位孔的精度，最高可达 ±5″）。

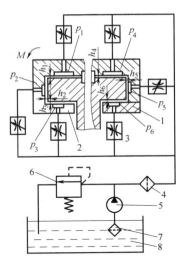

图 8-54　闭式静压导轨工作原理

1、2—导轨　3—节流阀　4、7—过滤器

5—液压泵　6—溢流阀　8—油箱

分度时，由数控系统发出指令，由电气控制的液压阀使六个均布的锁紧液压缸 9 中的液压油经环形槽流回油箱，活塞 22 被弹簧 21 顶起，工作台处于松开状态。同时，消除间隙液压缸 6 卸荷，液压缸中的液压油流回油箱。油管 15 中的液压油进入中央液压缸 16 使活塞 17 上升，并通过螺柱 18、支座 5 把推力轴承 13 向上抬起 15mm。固定在工作台面上的定位销 8 从定位衬套 7 中拔出，完成了分度前的准备工作。

然后，再由数控系统发出指令，使液压马达驱动减速齿轮（图中未表示出），带动固定在分度工作台 2 下面的大齿轮 10 转动进行分度。分度时，工作台的旋转速度由液压马达和液压系统中的单向阀调节，分度初始时做快速转动，在将要到达规定位置前减速，减速信号由大齿轮 10 上的挡块 1（共八个，周向均布）碰撞限位开关发出。当挡块 1 碰撞第二个限位开关时，分度工作台停止转动，同时另一个定位销 8 正好对准定位衬套 7 的孔。

分度完毕后，数控系统发出指令使中央液压缸 16 卸荷。液压油经油管 15 流回油箱，分度工作台 2 靠自重下降，定位销 8 进入定位衬套 7 的孔中，完成定位工作。定位完毕后，消除间隙液压缸 6 的活塞顶住分度工作台 2，使可能出现的径向间隙消除，然后再进行锁紧。液压油进入锁紧液压缸 9，推动活塞 22 下降，通过活塞 22 上的 T 形头压紧工作台。

2）鼠牙盘式分度工作台。鼠牙盘式分度工作台是目前应用较多的一种精密的分度定位机构，鼠牙盘式分度工作台主要由分度工作台、底座、夹紧液压缸、分度液压缸及鼠牙盘等零件组成，如图 8-56 所示。

机床需要分度时，数控装置就发出分度指令，由电磁铁控制液压阀（图中未表示出），使液压油经管道 23 至分度工作台 7 中央的夹紧液压缸下腔 10，推动活塞 6 上移，经推力轴承 5 使分度工作台 7 抬起，上鼠牙盘 4 和下鼠牙盘 3 脱离啮合。分度工作台上移的同时带动内齿圈 12 上移并与齿轮 11 啮合，完成了分度前的准备工作。

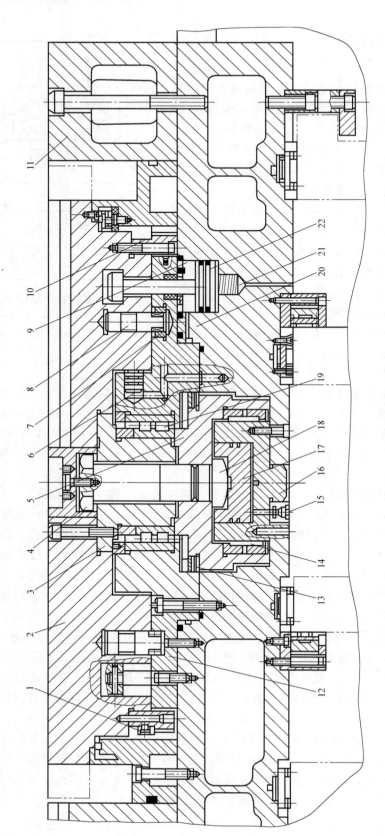

图 8-55　定位销式分度工作台

1—挡块　2—分度工作台　3—锥套　4—螺钉　5—支座　6—消除间隙油压缸　7—定位衬套　8—定位销
9—锁紧液压缸　10—大齿轮　11—长方形工作台　12—底座　13、14、19—轴承　15—油管
16—中央液压缸　17—活塞　18—螺柱　20—下底座　21—弹簧　22—活塞

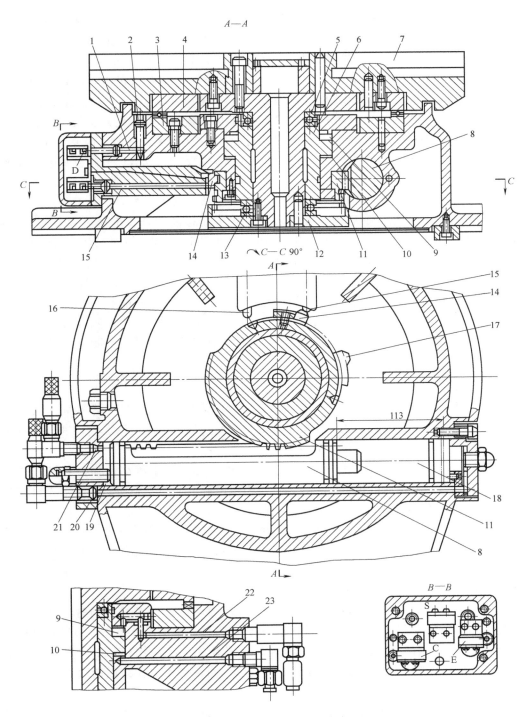

图 8-56　鼠牙盘式分度工作台

1、2、15、16—推杆　3—下鼠牙盘　4—上鼠牙盘　5、13—推力轴承　6—活塞　7—分度工作台
8—活塞齿条　9—夹紧液压缸上腔　10—夹紧液压缸下腔　11—齿轮　12—内齿圈
14、17—挡块　18—分度液压缸右腔　19—分度液压缸左腔
20、21—分度液压缸进回油管道　22、23—升降液压缸进回油管道

当分度工作台 7 向上抬起时，推杆 2 在弹簧作用下向上移动，使推杆 1 在弹簧的作用下右移。松开微动开关 S 的触头，控制电磁阀（图中未表示出）使液压油从管道 21 进入分度液压缸的左腔 19 内，推动活塞齿条 8 右移，与它相啮合的齿轮 11 做逆时针方向转动。根据设计要求，当活塞齿条 8 移动 113mm 时，齿轮 11 回转 90°，因这时内齿圈 12 已与齿轮 11 啮合，故分度工作台 7 也转动了 90°。分度运动的速度，由节流阀来控制活塞齿条 8 的运动速度来实现。

当齿轮 11 转过 90°时，它上面的挡块 17 压推杆 16，微动开关 E 的触头被压紧。通过电磁铁控制液压阀（图中未表示出），使液压油经管道 22 流入夹紧液压缸上腔 9，活塞 6 向下移动，分度工作台 7 下降，于是上鼠牙盘 4 及下鼠牙盘 3 又重新啮合，并定位夹紧，分度工作完毕。

当分度工作台 7 下降时，推杆 2 被压下，推杆 1 左移，微动开关 D 的触头被压下，通过电磁铁控制液压阀，使液压油从管道 20 进入分度液压缸的右腔 18，推动活塞齿条 8 左移，使齿轮 11 顺时针方向旋转。它上面的挡块 17 离开推杆 16，微动开关 E 的触头被放松。因工作台下降，夹紧后齿轮 11 已与内齿圈 12 脱开，故分度工作台不转动。当活塞齿条 8 向左移动 113mm 时，齿轮 11 就顺时针方向转动 90°，齿轮 11 上的挡块 14 压下推杆 15，微动开关 C 的触头又被压紧，齿轮 11 停止在原始位置，为下一次分度做好准备。

鼠牙盘式分度工作台的优点是分度精度高，可达 ±(0.5″~3″)，定位刚性好，只要分度数能除尽鼠牙盘齿数，都能分度。其缺点是鼠牙盘的制造比较困难，不能进行任意角度的分度。

2. 数控回转工作台

数控回转工作台外观上与分度工作台相似，但内部结构和功能两者大不相同。数控回转工作台的主要作用是根据数控装置发出的指令脉冲信号，完成圆周进给运动，进行各种圆弧加工或曲面加工。另外，也可以进行分度工作。

图 8-57 所示为某型加工中心用的数控回转工作台，它主要由传动系统、间隙消除装置和蜗轮夹紧装置等部分组成。该数控回转工作台由电液脉冲马达 1 驱动，经齿轮 2 和 4 带动蜗杆 9，通过蜗轮 10 使工作台回转。

为了消除传动间隙，齿轮 2 和 4 相啮合的侧隙，是靠调整偏心环 3 来消除。齿轮 4 与蜗杆 9 靠楔形拉紧圆柱销 5 来连接，这种连接方式能消除轴与套的配合间隙。蜗杆 9 是双导程渐厚蜗杆，这种蜗杆左右两侧面具有不同的导程，因此蜗杆齿厚从一端向另一端逐渐增厚，可用轴向移动蜗杆的方法来消除蜗轮副的传动间隙。

调整时，先松开螺母 7 上的锁紧螺钉 8，使压块 6 与调整套 11 松开，同时将楔形拉紧圆柱销 5 松开，然后转动调整套 11，带动蜗杆 9 做轴向移动。根据设计要求，蜗杆有 10mm 的轴向移动调整量，这时蜗轮副的侧隙可调整 0.2mm。调整后锁紧调整套 11 和楔形拉紧圆柱销 5，蜗杆的左右两端都有双列滚针轴承支承。左端为自由端可以伸缩以消除温度变化的影响，右端装有双列推力轴承，能轴向定位。

数控回转工作台用沿其圆周方向分布的八个夹紧液压缸 14 进行夹紧。当数控回转工作台不回转时，夹紧液压缸 14 的上腔进入液压油，使活塞 15 向下运动，通过钢球 17、夹紧块 13 及 12 将蜗轮夹紧。当数控回转工作台需要回转时，数控系统发出指令，使夹紧液压缸 14 上腔的液压油流回油箱。由于弹簧 16 的作用将钢球 17 向上抬起，夹紧块 12 及 13 松开蜗轮，然后由电液脉冲马达 1 通过传动装置，使蜗轮和数控回转工作台按控制系统的指令做回转运动。

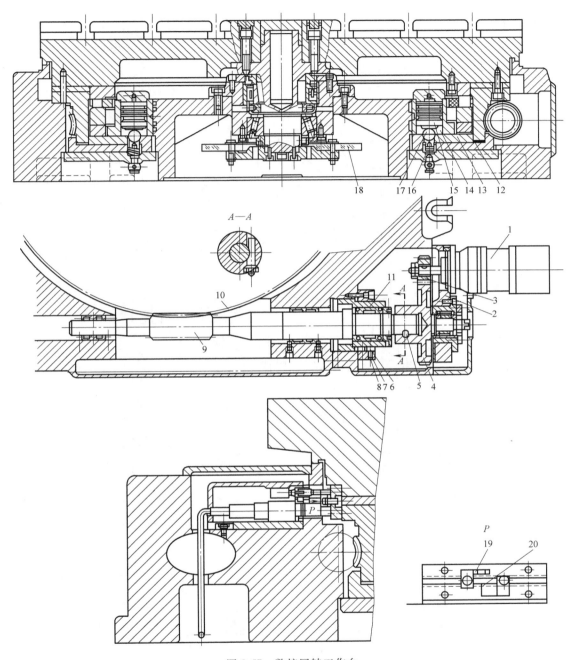

图 8-57 数控回转工作台

1—电液脉冲马达 2、4—齿轮 3—偏心环 5—楔形拉紧圆柱销 6—压块 7—螺母 8—锁紧螺钉 9—蜗杆 10—蜗轮
11—调整套 12、13—夹紧块 14—夹紧液压缸 15—活塞 16—弹簧 17—钢球 18—圆光栅 19—撞块 20—感应块

数控回转工作台设置有零点，返回零点时分两步完成：首先由安装在蜗轮上的撞块 19 撞击行程开关减速；再通过感应块 20 和无触点开关准确地停止在零点位置上。

该数控回转工作台可做任意角度回转和分度，可利用圆光栅 18 进行读数，圆光栅 18 在圆周上有 21600 条刻线，通过 6 倍频电路，使刻度分辨率为 10″，故分度精度可达 ±10″。

3. 数控分度头

图 8-58 所示是 FKNQ160 型数控气动等分分度头的结构图。其工作原理是：滑动端齿盘

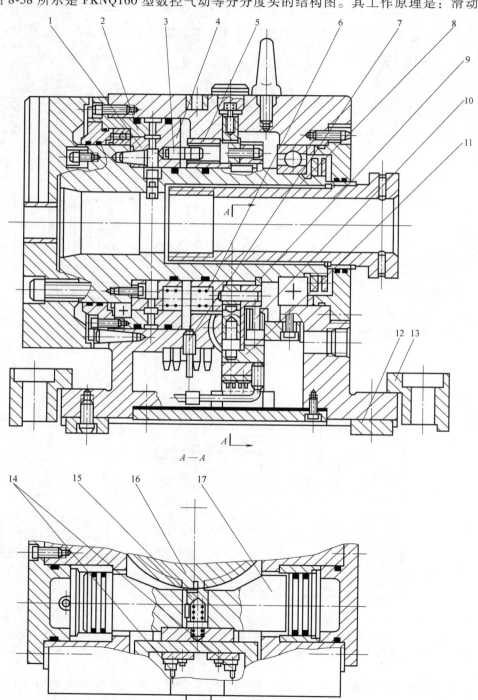

图 8-58　FKNQ160 型数控气动等分分度头结构图

1—转动端齿盘　2—定位端齿盘　3—滑动销轴　4—滑动端齿盘　5—镶装套　6—弹簧　7—无触点传感器　8—主轴
9—定位轮　10—驱动销　11—凸块　12—定位键　13—压板　14—传感器　15—棘爪　16—棘轮　17—分度活塞

4 的左腔通入压缩空气后，借助弹簧 6 和滑动销轴 3 在镶装套 5 内平稳地沿轴向右移。滑动端齿盘 4 完全松开后，无触点传感器 7 发信号给控制装置，这时分度活塞 17 开始运动，使棘爪 15 带动棘轮 16 进行分度，每次分度角度为 5°。在分度活塞 17 的下方有两个传感器 14，用于检测分度活塞 17 的到位位置和返回位置，并发出分度信号。当分度信号与控制装置的预置信号重合时，分度头刹紧，这时滑动端齿盘 4 的右腔通入压缩空气，滑动端齿盘 4 与转动端齿盘 1 和定位端齿盘 2 啮合，分度过程结束。为了防止棘爪返回时主轴 8 反转，在分度活塞 17 上安装凸块 11，使驱动销 10 在返回过程中插入定位轮 9 的槽中，以防转过位。

4. 高速动力卡盘

在数控机床中，高速动力卡盘一般只用于数控车床。在金属切削加工中，为提高数控车床的生产率，对其主轴转速提出越来越高的要求，以实现高速、甚至超高速切削。现在数控车床的最高转速已由 1000 ~ 2000r/min，提高到每分钟数千转，有的数控车床甚至达到 10000r/min。对于这样高的转速，一般的卡盘已不适用，而必须采用高速动力卡盘才能保证安全可靠地进行加工。图 8-59 所示为中空式高速动力卡盘结构图。图 8-59a 所示为 KEF250 型卡盘，图 8-59b 所示为 P24160A 型液压缸。

这种卡盘的工作原理是：当液压缸 21 的右腔进入液压油使活塞 22 向左移动时，通过与连接螺母 5 相连接的中空拉杆 26，使滑动体 6 随连接螺母 5 一起向左移动，滑动体 6 上有三组斜槽分别与三个卡爪座 10 相啮合，借助 10°的斜槽，卡爪座 10 带着卡爪 1 向内移动夹紧

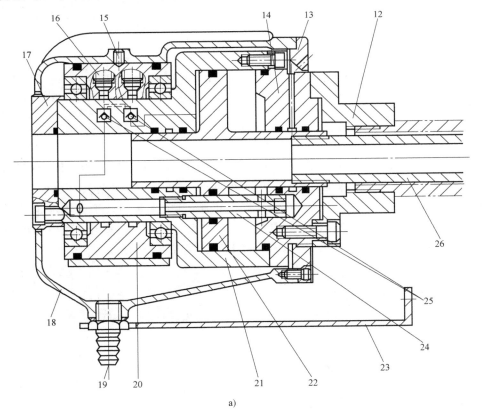

a)

图 8-59　KEF250 型中空式高速动力卡盘结构图

金属切削机床 第3版

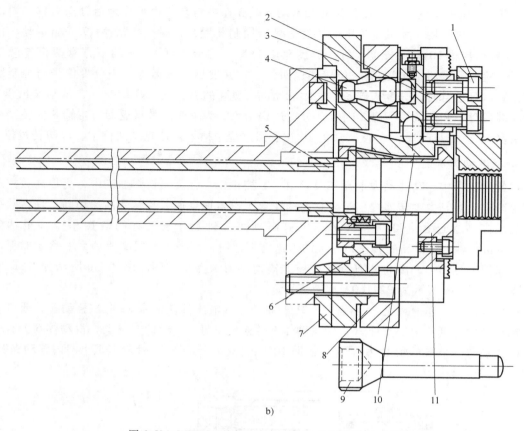

图 8-59 KEF250 型中空式高速动力卡盘结构图（续）

1—卡爪 2—T形块 3—平衡块 4—杠杆 5—连接螺母 6—滑动体 7、12—法兰盘 8—盘体 9—扳手 10—卡爪座
11—防护盖 13—前盖 14—油缸盖 15—紧定螺钉 16—压力管接头 17—后盖 18—罩壳 19—漏油管接头
20—导油套 21—液压缸 22—活塞 23—防转支架 24—导向杆 25—溢流阀 26—中空拉杆

工件。反之，当液压缸 21 的左腔进入液压油使活塞 22 向右移动时，卡爪座 10 带着卡爪 1
向外移动松开工件。当卡盘高速回转时，卡爪组件产生的离心力使夹紧力减小。与此同时，
平衡块 3 产生的离心力，通过杠杆 4 变成压向卡爪座 10 的夹紧力，平衡块 3 越重，其补偿
作用越大。为了实现卡爪的快速调整和更换，卡爪 1 和卡爪座 10 采用端面梳形齿的活爪连
接，只要拧松卡爪 1 上的螺钉，即可迅速调整卡爪位置或更换卡爪。

8.6 几种典型数控机床

8.6.1 CK7815 型数控车床

1. CK7815 型数控车床的组成

CK7815 型数控车床的外形，如图 8-60 所示。该机床为机、电、液、气四位一体的结构，配有 FANUC-6T CNC 系统，为两坐标联动半闭环控制。按照人机工程学宜人化进行布局设计，全封闭防护，操作简便，维修方便。用于加工圆柱形、圆锥形和各种成型回转表面，可车削各种螺纹，以及对盘形零件进行钻、扩、铰和镗孔加工。

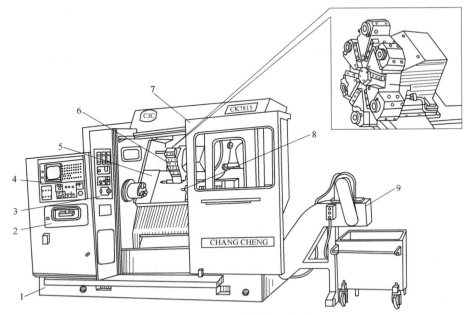

图 8-60　CK7815 型数控车床外形图

1—床体　2—光电阅读机　3—机床操纵台　4—数控系统操作面板
5—导轨　6—刀盘　7—防护门　8—尾座　9—排屑装置

在机床床体 1 上的导轨 5 为 60° 倾斜布置，以利于排屑。导轨截面为矩形，刚性很好。床体 1 左端是主轴箱，主轴由直流或交流调速电动机驱动，因此箱体内部结构十分简单，可以无级调速和进行恒线速度切削，有利于提高端面加工时的表面质量，也便于选取最能发挥刀具切削性能的切削速度。为了快速装夹工件，主轴尾端带有液压夹紧液压缸。

机床床身的右边是尾座 8，床身上的床鞍溜板导轨与床身导轨横向平行，也为 60° 布置，上面装有横向进给伺服驱动装置和转塔刀架（转塔刀架见右上角放大图）。刀盘 6 有 8 位、12 位小刀盘和 12 位大刀盘，可以选样订货。

纵向进给伺服驱动装置安装在纵向床身导轨之间，纵、横向进给伺服驱动系统采用直流伺服电动机带动滚珠丝杠，使刀架做进给运动。光电阅读机 2 放置在床身左边的中部位置，数控系统操作面板置于床身左边的上方，机床操纵台 3 在床身的左前方，防护门 7 可以手动或液动开闭。液压泵及操纵板，位于该数控车床后面的油箱上。该数控车床具有良好的功能扩展性，配备有排屑装置 9 和封闭式防护罩；若再配置有上、下料的工业机器人，就可以形成一个柔性制造单元（FMC）或柔性制造系统（FMS）。

该数控车床还配有自动对刀仪，通过接触式传感器，可以快而准地测出刀具安装调整时的偏差值，并将测得的数据存储在计算机中，在加工中自动进行补偿。自动对刀仪也可以用于检测刀具的磨损与破损，并给予自动补偿或及时报警。

2. CK7815 型数控车床的传动系统

CK7815 型数控车床的传动系统，如图 8-61 所示。从图中可以看出：

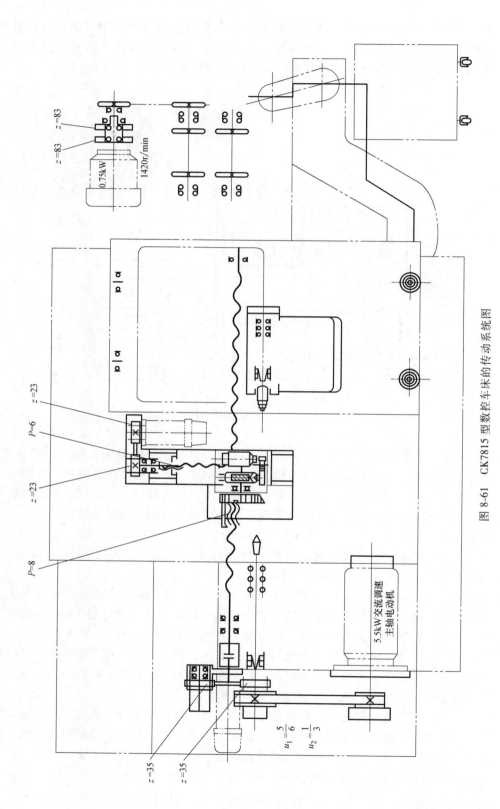

图 8-61　CK7815 型数控车床的传动系统图

1）主轴由主轴伺服电动机通过两级塔形带轮传动，两级塔形带轮分别形成两个传动比：$u_1 = 5/6$，$u_2 = 1/3$，使主轴可工作在高、低两种转速范围内。在各转速范围内，主轴实现电气无级变速。由于传动链中没有齿轮，故而噪声很小。主轴的转动还可以通过一对齿数为 35 的齿轮副传到编码器，再由编码器将主轴转动状况形成电信号反馈到数控装置，由数控装置实现螺纹切削的控制。

2）纵向 Z 轴的进给，由伺服电动机经联轴器传动纵向滚珠丝杠副，驱动纵向床鞍，带动刀架实现纵向进给运动。

3）横向 X 轴的进给，由伺服电动机经同步带传动横向滚珠丝杠副，驱动横向滑板，带动刀架实现横向进给运动。

3. 数控车床主轴部件的结构

某型数控车床主轴部件的结构，如图 8-62 所示。因主轴在切削时承受较大的切削力，所以其轴径较大，刚性好。前轴承为三个一组结构，均为角接触球轴承，前面两个轴承 4、5 的大口朝向主轴前端，以承受轴向切削力，后面一个轴承 3 大口朝里。主轴前轴承 4、5 的内、外圈轴向由轴肩和箱体孔的台阶固定，以承受轴向载荷。后轴承 1、2 也由一对背对背的角接触球轴承组成，只承受径向载荷，并由后压套进行预紧。轴承预紧量预先配好，直接装配，不需修磨。

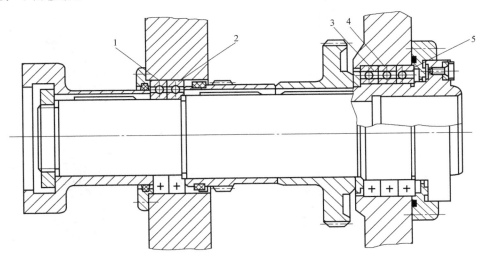

图 8-62　某型数控车床主轴结构图
1、2—后轴承　3—轴承　4、5—前轴承

4. 盘形自动回转刀架

CK7815 型数控车床采用的 BA200L 盘形自动回转刀架的结构，如图 8-63 所示。这种刀架可配置 12 位（A 型或者 B 型）、8 位（C 型）刀盘，A、B 型回转刀盘的外切刀可使用 25mm×150mm 的标准刀具，以及刀杆截面为 25mm×25mm 的可调工具；C 型回转刀盘可用镗杆的直径最大为 32mm，并可用尺寸为 20mm×20mm×125mm 的标准刀具。

刀架转位为机械传动，端面齿盘定位。转位开始时，电磁制动器断电，电动机 11 通电转动，通过齿轮 8、9、10 带动蜗杆 7 旋转，使蜗轮 5 转动。端面齿盘 3 被固定在刀架箱体上，轴 6 固定连接在端面齿盘 2 上。当端面齿盘 2、3 处于啮合状态时，因为蜗轮 5 的内孔有螺纹与轴 6 上的螺纹配合，所以当蜗轮 5 转动时，使得轴 6、端面齿盘 2 和刀架 1 同时向左移动，直到端面齿盘 2、3 脱离啮合。

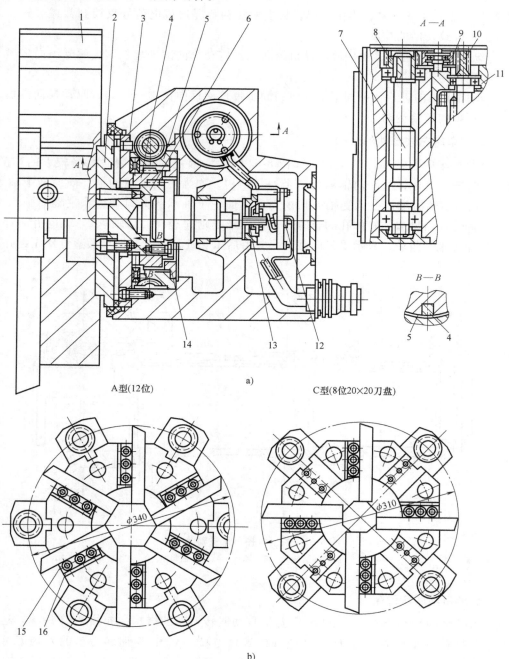

图 8-63　BA200L 盘形自动回转刀架结构图

1—刀架　2、3—端面齿盘　4—滑块　5—蜗轮　6—轴　7—蜗杆　8、9、10—齿轮
11—电动机　12—微动开关　13—小轴　14—圆环　15—压板　16—调节楔铁

蜗轮 5 的右侧固定连接圆环 14，圆环 14 左侧端面上设有凸块，所以蜗轮 5 和圆环 14 同时旋转。轴 6 的外圆柱面上有两个对称槽，槽内装有滑块 4。当端面齿盘 2、3 脱开后，与蜗轮 5 固定在一起的圆环 14 上的凸块正好碰到滑块 4，蜗轮 5 继续转动，通过圆环 14 上的凸块带动滑块 4 连同轴 6、刀盘一起进行转位。

　　到达要求位置后，电刷选择器发出信号，使电动机 11 反转，这时蜗轮 5 及圆环 14 反向旋转，圆环 14 上的凸块与滑块 4 脱离，不再带动轴 6 转动；同时，蜗轮 5 与轴 6 上的旋合螺纹使轴 6 右移，端面齿盘 2、3 啮合并定位。压紧端面齿盘的同时，轴 6 右端的小轴 13 压下微动开关 12，发出转位结束信号，电动机断电，电磁制动器通电，维持电动机轴上的反转力矩，以保持端面齿盘之间有一定的压紧力。

　　刀具在刀盘上由压板 15 及调节楔铁 16（图 8-63b）来夹紧，更换和对刀十分方便。刀位选择由电刷选择器进行，松开、夹紧位置检测由微动开关 12 控制。整个刀架控制是一个电气系统，结构简单。

5. 尾座

　　CK7815 型数控车床尾座的结构，如图 8-64 所示。当手动移动尾座到所需位置后，先用螺栓 16 进行预定位，拧紧螺栓 16 时，使两楔块 15 上的斜面顶出销轴 14，使得尾座紧贴在矩形导轨的两内侧面上，然后用螺母 3、螺栓 4 和压板 5 将尾座紧固。这种结构，可以保证尾座的定位精度。

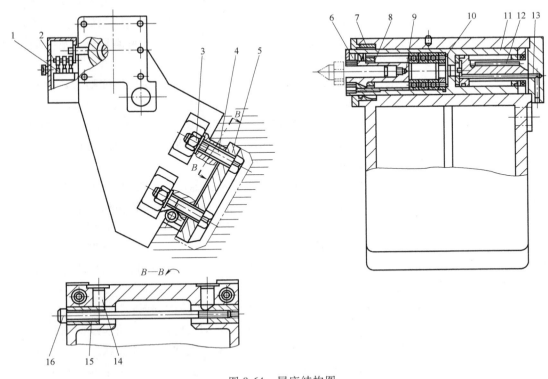

图 8-64　尾座结构图

1—行程开关　2—挡铁　3、6、8、10—螺母　4、16—螺栓　5—压板　7—锥套
9—轴　11—尾座套筒　12、13—油孔　14—销轴　15—楔块

尾座套筒 11 内的轴 9 上装有顶尖，因套筒内的轴 9 能在尾座套筒内的轴承上转动，故顶尖是回转顶尖。为了使顶尖保证高的回转精度，前轴承选用 NN3000K 双列短圆柱滚子轴承，轴承径向间隙用螺母 8 和螺母 6 调整；后轴承为三个角接触球轴承，由防松螺母 10 来固定。

尾座套筒 11 与尾座孔的配合间隙，用内外锥套 7 来做微量调整。当向内压外锥套 7 时，使得内锥套内孔缩小，即可使配合间隙减小；反之变大，压紧力用端盖来调整。尾座套筒 11 用液压油驱动，若在油孔 13 内通入液压油，则尾座套筒 11 向前运动，若在油孔 12 内通入液压油，尾座套筒 11 就向后运动。移动的最大行程为 90mm，预紧力的大小用液压系统的压力来调整。在系统压力为 $(5 \sim 15) \times 10^5$ Pa 时，液压缸的推力为 1500 ~ 5000N。

尾座套筒 11 的行程大小，可以用安装在尾座套筒 11 上的挡铁 2 通过行程开关 1 来控制，尾座套筒 11 的进退由操作面板上的按钮来操纵。在电路上尾座套筒 11 的动作与主轴互锁，即在主轴转动时，按动尾座套筒 11 退出按钮，尾座套筒 11 并不动作，只有在主轴停止状态下，尾座套筒 11 才能退出，以保证安全。在主轴转速达 5000r/min 高速度时，尾座套筒 11 不能用最大顶紧力。

6. 排屑装置

数控机床的出现和发展，使机械加工的效率大大提高。也就是说，在单位时间内数控机床的金属切削量大大高于普通机床，而工件上的多余金属在变成切屑后所占的空间将成倍加大。这些切屑堆占加工区域，如果不及时排除，必然会覆盖或缠绕在工件和刀具上，使自动加工无法继续进行。此外，炽热的切屑向机床或工件散发的热量，会使机床或工件产生变形，影响加工的精度。因此，迅速、有效地排除切屑对数控机床加工来说是十分重要的，而排屑装置正是完成这项工作的一种数控机床必备的附属装置。

排屑装置作为一种具有独立功能的附件，它的工作可靠性和自动化程度随着数控机床技术的发展而不断提高。排屑装置的种类繁多，其安装位置一般都尽可能靠近刀具切削区域，其中数控机床常用的几种如图 8-65 所示。数控车床的排屑装置，安装在回转工件的下方，以利于简化机床或排屑装置结构，减小机床占地面积，提高排屑效率。排出的切屑一般都落入切屑收集箱或小车中，有的则直接排入车间排屑系统。

1）平板链式排屑装置（图 8-65a）。这种装置以滚动链轮牵引钢质平板链带在封闭箱中运转，加工中的切屑落到链带上被带出机床。该装置能排除各种形状的切屑，适应性强，各类数控机床都能采用。在数控车床上使用时多与机床切削液箱合为一体，以简化机床结构。

2）刮板式排屑装置（图 8-65b）。这种装置的传动原理与平板链式排屑装置的传动原理基本相同，只是链板不同，它带有刮板链板。该装置常用于输送各种材料的短小切屑，排屑能力较强，因负载大，故需采用较大功率的驱动电动机。

3）螺旋式排屑装置（图 8-65c）。这种装置是采用电动机经减速装置驱动安装在沟槽中的一根长螺旋杆进行驱动。螺旋杆转动时，沟槽中的切屑即由螺旋杆推动连续向前运动，最终排入切屑收集箱。螺旋杆有两种形式：一种是用扁形钢条卷成螺旋弹簧状；另一种是在轴上焊上螺旋形钢板。该装置占据空间小，适于安装在机床与立柱间空隙狭小的位置上。螺旋式排屑装置结构简单，排屑性能良好，但只适于沿水平或小角度倾斜直线方向排屑，不能大角度倾斜、提升或转向排屑。

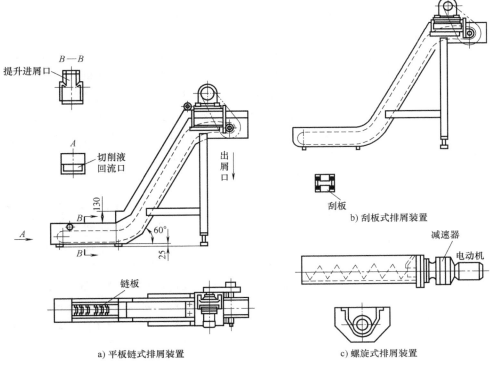

图 8-65　排屑装置

8.6.2　XKA5750 型数控立式铣床

1. XKA5750 型数控立式铣床的组成

XKA5750 型数控立式铣床是带有万能铣头的立卧两用数控铣床，为机电一体化结构，三坐标联动，可以铣削具有复杂曲线轮廓的零件，如凸轮、模具、样板、叶片、弧形槽等零件。机床的外形如图 8-66 所示，有底座 1 和床身 5，工作台 13 由伺服电动机 15 带动在升降滑座 16 上做纵向（X 轴）左右移动，伺服电动机 2 带动升降滑座 16 做垂直（Z 轴）上下移动，滑枕 8 做横向（Y 轴）进给运动。用滑枕实现横向进给运动，可获得较大的行程。机床的主运动由交流无级变速电动机驱动，万能铣头 9 不仅可以将铣头主轴调整到立式和卧式位置，还可以在前半球面内使主轴中心线处于任意空间角度。纵向行程限位挡

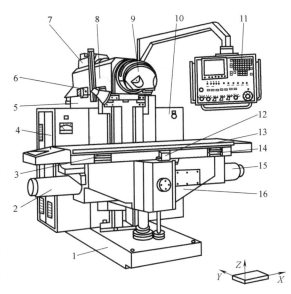

图 8-66　XKA5750 型数控立式铣床

1—底座　2—伺服电动机　3、14—纵向行程限位挡铁
4—强电柜　5—床身　6—横向限位开关　7—后壳体　8—滑枕
9—万能铣头　10—数控柜　11—按钮站　12—纵向限位开关
13—工作台　15—伺服电动机　16—升降滑座

217

铁3、14起限位保护作用。6为横向限位开关，12为纵向限位开关，4为强电柜，10为数控柜。按钮站11上集中了机床的全部操作键和控制键与开关。

机床的数控系统采用的是AUTOCON TECH公司的DELTA40MCNC系统，可以附加坐标轴增至四轴联动，程序输入/输出可通过软驱和RS232C接口连接。主轴驱动和进给采用AUTOCON公司主轴伺服驱动装置和进给伺服驱动装置及交流伺服电动机，其电动机机械特性硬，连续工作范围大，加减速能力强，可以使机床获得稳定的切削过程。检测装置为脉冲编码器，与伺服电动机装成一体，半闭环控制，主轴有锁定功能（机床有学习模式和绘图模式）。电气控制采用可编程序控制器和分立电气元件相结合的控制方式，使电动机系统由可编程序控制器软件控制，结构件简单，提高了控制能力和运行可靠性。

2. XKA5750型数控立式铣床的传动系统

XKA5750型数控立式铣床的传动系统图，如图8-67所示。从图中可以看出：

1）主传动系统。主运动是机床主轴的旋转运动，由装在滑枕后部的交流主轴伺服电动机驱动，电动机的运动通过速比为1:2.4的一对弧齿同步带轮传到滑枕的水平轴I上，再经过万能铣头的两对弧齿锥齿轮副（33/34、26/25）将运动传到主轴IV。转速范围为50～2500r/min（电动机转速范围为120～600r/min）。当主轴转速在625r/min（电动机转速在1500r/min）以下是恒转矩输出；主轴转速在625～1875r/min内为恒功率输出；超过1875r/min后输出功率下降，转速到2500r/min时，输出功率下降到额定功率的1/3。

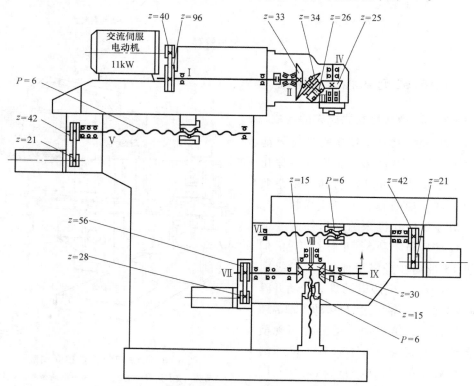

图8-67　XKA5750型数控立式铣床的传动系统图

2）进给传动系统。工作台的纵向进给和滑枕的横向进给传动系统是由交流伺服电动机通过速比为 1∶2 的一对同步圆环齿形带轮，将运动传动至螺距为 6mm 的滚珠丝杠。

　　工作台纵向传动结构如图 8-68 所示，交流伺服电动机 20 的轴上装有同步带轮 19，通过同步带 14 和装在丝杠右端的同步带轮 11 带动丝杠 2 旋转，使底部装有螺母 1 的工作台 4 移动。装在伺服电动机中的编码器将检测到的位移量反馈回数控装置，形成半闭环控制。同步带轮与电动机轴，以及与丝杠之间的连接采用锥环无键式连接，这种连接方法不需要开键槽，而且配合无间隙，对中性好。滚珠丝杠两端采用角接触球轴承支承，右端支承采用三个 7602030TN/P4TFTA 轴承，精度等级 P4，径向载荷由三个轴承分担。两个开口向右的轴承 6 和 7 承受向左的轴向载荷，向左开口的轴承 8，承受向右的轴向载荷。轴承的预紧力，由两个轴承 7 和 8 的内、外圈轴向尺寸差实现，当用螺母 10 通过隔套将轴承内圈压紧时，外圈因为比内圈轴向尺寸稍短，仍有微量间隙，用螺钉 9 通过法兰盘 12 压紧轴承外圈时，就会产生预紧力。调整时修磨垫片 13 的厚度尺寸即可。丝杠左端的角接触球轴承（7602025TN/P4），除承受径向载荷外，还通过螺母 3 的调整，使丝杠 2 产生预拉伸，以提高丝杠的刚度和减小丝杠的热变形。限位行程挡铁 5 用于工作台纵向移动时的限位。

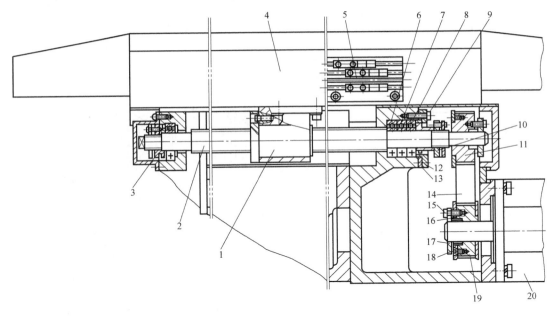

图 8-68　工作台纵向传动结构

1、3、10—螺母　2—丝杠　4—工作台　5—限位行程挡铁　6、7、8—轴承　9、15—螺钉　11、19—同步带轮
12—法兰盘　13—垫片　14—同步带　16—外锥环　17—内锥环　18—端盖　20—交流伺服电动机

　　3）垂直方向进给运动。升降台的垂直进给运动为交流伺服电动机通过速比为 1∶2 的一对同步带轮将运动传到轴Ⅶ，再经过一对弧齿锥齿轮传到垂直滚珠丝杠上，带动升降台运动。垂直滚珠丝杠上的弧齿锥齿轮还带动轴Ⅸ上的锥齿轮，经单向超越离合器与自锁器相连，防止升降台因自重而下滑。

　　升降台升降传动结构如图 8-69 所示，交流伺服电动机 1 经一对齿形带轮 2 和 3 将运动传到传动轴Ⅶ，轴Ⅶ右端的弧齿锥齿轮 7 带动锥齿轮 8 使垂直滚珠丝杠Ⅷ旋转，升降台上升和下降。传动轴Ⅶ有左、中、右三点支承，轴向定位由中间支承的一对角接触球轴承来保证，由螺母 4 锁定轴承与传动轴的轴向位置，并对轴承预紧，预紧量用修磨两轴承的内、外圈之间的隔套 5 和 6 的厚度来保证，传动轴Ⅶ的轴向定位间隙由螺钉 25 进行调节。垂直滚珠丝杠副的螺母 24 由支承套 23 固定在机床底座上，滚珠丝杠通过锥齿轮 8 与升降台连接，其支承由深沟球轴承 9 和角接触球轴承 10 承受径向载荷；由 D 级精度的推力圆柱滚子轴承 11 承受轴向载荷。图中轴Ⅸ的实际安装位置是在水平面内，与轴Ⅶ的轴线呈 90°相交（图中为展开画法）。

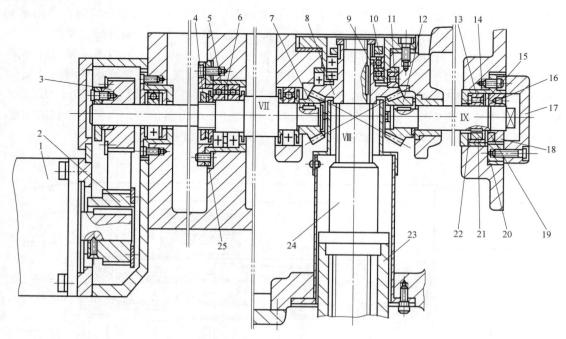

图 8-69　升降台升降传动结构

1—交流伺服电动机　2、3—齿形带轮　4、18、24—螺母　5、6—隔套　7—弧齿锥齿轮　8、12—锥齿轮
9—深沟球轴承　10—角接触球轴承　11—推力圆柱滚子轴承　13—滚子　14—外环　15、22—摩擦环
16、25—螺钉　17—端盖　19—碟形弹簧　20—防转销　21—星轮　23—支承套

因滚珠丝杠副无自锁能力，当垂直放置时，在部件的自重作用下，移动部件会自动下降。因此，该机床除升降台驱动电动机带有制动器外，还在升降传动机构中装有自动平衡机构，一方面防止升降台因自重下落，另一方面可以平衡上升、下降时的驱动力。

该机床的升降台自动平衡机构由单向超越离合器和自锁器组成，其工作原理是（图 8-69）：滚珠丝杠旋转的同时，通过锥齿轮 12 和轴Ⅸ带动单向超越离合器的星轮 21 转动。当升降台上升时，星轮 21 的转向使滚子 13 与单向超越离合器的外环 14 脱开，外环 14 不随星轮 21 转动，自锁器不起作用；当升降台下降时，星轮 21 的转向使滚子 13 楔在星轮 21 与外环 14 之间，因而使外环 14 随轴一起转动，外环 14 与两端固定不动的摩擦环 15、22（由防转销 20 固定）形成相对运动，在碟形弹簧 19 的作用下，产生摩擦力，增加升降台下降时的阻力，起自锁作用，并使上、下运动的力量平衡。调整时，先拆下端盖 17，松开螺钉 16，适当旋紧螺母 18，压紧碟形弹簧 19，即可增大自锁力。调整前，需用辅助装置支承升降台。

3. 万能铣头部件结构

万能铣头部件的结构如图 8-70 所示，主要由前、后壳体 12、5，法兰 3，传动轴 Ⅱ、Ⅲ，主轴 Ⅳ 及两对弧齿锥齿轮组成。万能铣头用螺柱和定位销安装在滑枕前端，铣削主运动由滑枕上的传动轴 Ⅰ（图 8-70）的端面键与连接盘 2 的径向槽相配合，再经连接盘 2 与轴 Ⅱ 之间的两个平键 1 将运动传递到轴 Ⅱ。轴 Ⅱ 的右端为弧齿锥齿轮，经与弧齿锥齿轮 22 啮合将运动传递到轴 Ⅲ，再经弧齿锥齿轮 21 和用花键连接方式装在主轴 Ⅳ 上的弧齿锥齿轮 27 啮合，将运动传到主轴 Ⅳ 上。主轴为空心轴，前端有 7∶24 的内锥孔，用于刀具或刀具心轴的定心；通孔用于安装拉紧刀具的拉杆通过。主轴端面有径向槽，并装有两个端面键 18，用于主轴向刀具传递转矩。

万能铣头能通过两个互成 45° 的回转面 A 和 B 调节主轴 Ⅳ 的方位，在法兰 3 的回转面 A 上开有 T 形圆环槽 a，松开 T 形螺柱 4 和 24，可使铣头绕水平轴 Ⅱ 转动，调整到要求位置将 T 形螺柱拧紧即可；在万能铣头后壳体 5 的回转面 B 内，也开有 T 形圆环槽 b，松开 T 形螺柱 6 和 23，可使铣头主轴绕与水平轴线呈 45° 夹角的轴 Ⅲ 转动。绕两个轴线转动组合起来，可使主轴轴线处于前半球面的任意角度。

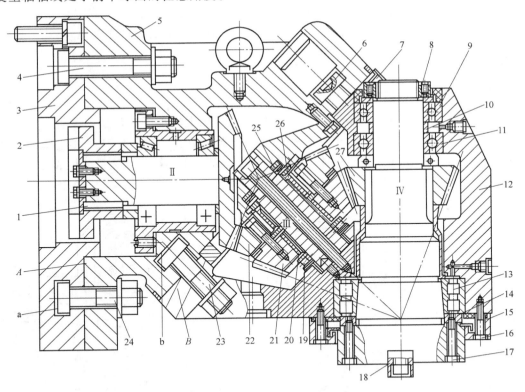

图 8-70　万能铣头部件的结构

1—平键　2—连接盘　3—法兰　4、6、23、24—T 形螺柱　5—后壳体　7—锁紧螺钉　8—螺母　9、11—角接触球轴承　10—隔套　12—前壳体　13—双列圆柱滚子轴承　14—半圆环垫片　15—法兰　16、17—螺钉　18—端面键　19、25—推力圆柱滚子轴承　20、26—向心滚针轴承　21、22、27—弧齿锥齿轮

万能铣头作为直接带动刀具的运动部件，不仅要能传递较大的功率，更要具有足够的旋

转精度、刚度和抗振性。万能铣头除在零件结构、制造和装配精度要求较高外，还要选用承载力和旋转精度都较高的轴承。两个传动轴Ⅱ和Ⅲ都选用了 D 级精度的轴承，轴Ⅱ上为一对 D7029 型圆锥滚子轴承，轴Ⅲ上为一对 D6354906 向心滚针轴承 20、26，用来承受径向载荷，轴向载荷由两个型号分别为 D9107 和 D9106 的推力圆柱滚子轴承 19 和 25 承受。

主轴上的前后支承均为 C 级精度的轴承，前支承是 C3182117 型双列圆柱滚子轴承 13，只承受径向载荷；后支承为两个 C36210 型角接触球轴承 9 和 11，既承受径向载荷，又承受轴向载荷。为了保证旋转精度，主轴轴承不但要消除间隙，而且要有预紧力，轴承磨损后也要进行间隙调整。

主轴前轴承消除间隙和预紧的调整是靠改变轴承内圈在锥形轴径上的位置，使内圈外胀实现的。调整时，先拧下四个螺钉 16，卸下法兰 15，再松开螺母 8 上的锁紧螺钉 7，拧松螺母 8 将主轴Ⅳ向上（后）推动 2mm 左右；然后拧下两个螺钉 17，将半圆环垫片 14 取出，根据间隙大小磨薄垫片，最后按序重新装好被拆下的零件。

主轴后支承的两个角接触球轴承开口向背（角接触球轴承 9 开口朝上，角接触球轴承 11 开口朝下），做消除间隙和预紧调整时，用两轴承外圈不动，内圈的端面距离相对减小的办法实现（通过控制两轴承内圈隔套 10 的尺寸）。调整时取下隔套 10，修磨到合适的尺寸，重新装好后，用螺母 8 顶紧轴承内圈及隔套即可，最后要拧紧锁紧螺钉 7。

8.6.3 加工中心

1. 加工中心的结构组成

1958 年美国的卡尼·特雷克公司在一台数控镗铣床上增加了自动换刀装置，世界上第一台加工中心便问世了。随后，出现了各种类型的加工中心，如图 8-71 所示。虽然，加工中心的外形结构不尽相同，但从总体上看，加工中心基本上由以下几大部分组成。

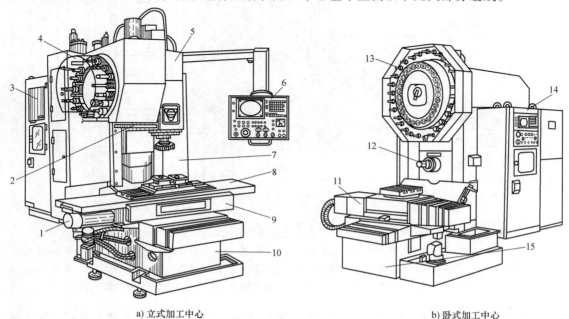

a) 立式加工中心　　　　　　　　　　b) 卧式加工中心

图 8-71　加工中心

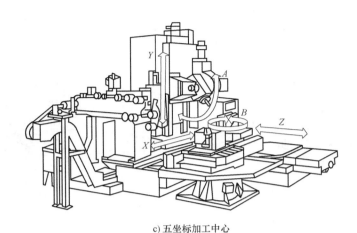

c) 五坐标加工中心

图 8-71　加工中心（续）

1—X 轴伺服电动机　2—机械手　3、14—数控柜　4、13—刀库　5—主轴箱　6—操作面板
7—电气柜　8、11—工作台　9—滑座　10、15—床身　12—主轴

1) 基础部件。主要由床身、立柱和工作台等大件组成，它们是加工中心的基础结构，要承受加工中心的静载荷以及在加工时的切削负载，因此必须是刚度很高的部件。这些大件可以是铸铁件，也可以是焊接的钢结构件，是加工中心中重量和体积最大的部件。

2) 主轴系统。主要由主轴箱、主轴伺服电动机、主轴和主轴轴承等零部件组成。主轴的起动、停止和变速等动作均由数控系统控制，并通过装在主轴上的刀具参与切削运动，是切削加工的功率输出部件。主轴系统是加工中心的关键部件，其结构的好坏，对加工中心的性能有很大的影响。

3) 数控系统。主要由 CNC 装置、可编程序控制器、伺服驱动装置及电动机等部分组成。它们是加工中心执行顺序控制动作和完成加工过程的控制中心。

4) 自动换刀系统。主要由刀库、自动换刀装置等部件组成。刀库是存放加工过程所要使用的全部刀具的装置。当需要换刀时，根据数控系统的指令，由机械手（或通过别的方式）将刀具从刀库取出装入主轴孔中。刀库有盘式、链式和鼓式等多种形式，容量从几把到几百把。机械手的结构根据刀库与主轴的相对位置及结构的不同也有多种形式，如单臂式、双臂式、回转式和轨道式等。有的加工中心还利用主轴箱或刀库的移动来实现换刀。

5) 辅助系统。包括润滑、冷却、排屑、防护、液压和随机检测系统等部分。辅助系统虽不直接参与切削运动，但对加工中心的加工效率、加工精度和可靠性起到保障作用，因此也是加工中心中不可缺少的部分。

另外，为进一步缩短非切削时间，有的加工中心还配备了自动托盘交换系统。例如，配有两个自动交换工件托盘的加工中心，一个安装工件在工作台上加工，另一个则位于工作台外进行工件的装卸。当完成一个托盘上工件的加工后，便自动交换托盘，进行新零件的加工，这样可以减少辅助时间，提高加工效率。

2. 加工中心的布局

1) 立式加工中心。立式加工中心通常采用固定立柱形式，立柱中空，常采用方形截面框架结构，米字形或井字形肋板。主轴箱吊在立柱一侧，其平衡重锤放置在立柱中。工作台为十字滑台，可以实现平面上 X、Y 两个坐标轴的移动，主轴箱沿立柱导轨运动实现 Z 坐标移动。立式加工中心的几种布局形式，如图 8-72 所示。

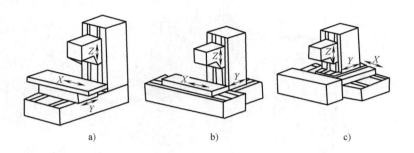

图 8-72 立式加工中心的布局形式

2）卧式加工中心。卧式加工中心通常采用移动立柱形式，T 形床身。一体式 T 形床身的刚度和精度保持性较好，但其铸造和加工工艺性差。分离式 T 形床身的铸造和加工工艺性较好，但是必须在连接部位用大螺柱紧固，以保证其刚度和精度。卧式加工中心的几种布局形式，如图 8-73 所示。

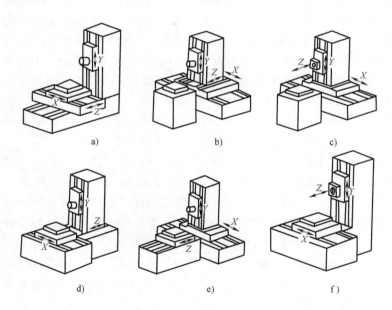

图 8-73 卧式加工中心的布局形式

3）五坐标加工中心。常见的五坐标加工中心有两种结构形式，如图 8-74 所示。其中，一种是主轴可以 90°旋转，可以按照立式和卧式加工中心两种方式进行切削加工（图 8-74a）；另一种是工作台可以带着工件做 90°旋转来完成五坐标切削加工（图 8-74b）。

3. 主轴传动系统

为了适应不同的加工需要，加工中心的主轴传动系统大致可以分为三类，如图 8-75 所示。一是由电动机直接带动主轴旋转，其结构紧凑，占用空间少，但主轴转速的变化及转矩的输出和电动机的输出特性完全一致，因而在使用上受到一定的限制（图 8-75a）。二是电动机的转动经过一级变速传给主轴，这种形式的主轴传动一般用带传动来完成，其结构简单，安装调试方便，且在一定程度上能满足转速有转矩的输出要求，但其调速范围仍与电动机一样（图 8-75b）。三是经过二级以上的变速，电动机的转动传给主轴，目前多采用齿轮来完成，能够满足各种切削运动的转矩输出，且具有大范围的速度变化能力；但由于结构复杂，需增加润滑及温度控制系统，成本较高，此外制造与维修也较困难（图 8-75c）。

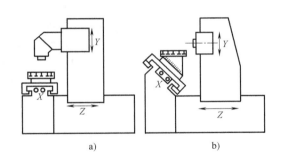

图 8-74 五坐标加工中心的布局形式

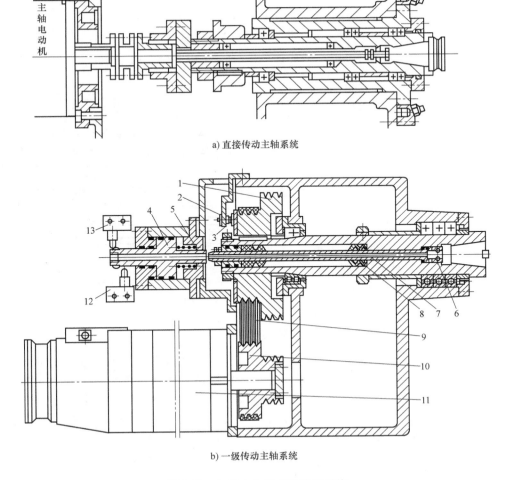

a) 直接传动主轴系统

b) 一级传动主轴系统

图 8-75 加工中心的主轴传动系统

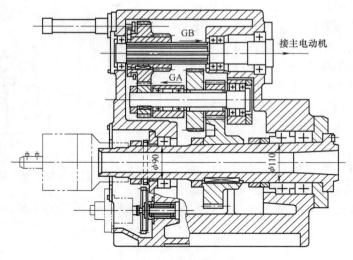

c) 二级传动主轴系统

图 8-75　加工中心的主轴传动系统（续）

1、10—带轮　2—磁传动器　3—磁铁　4—活塞　5—弹簧　6—钢球　7—拉杆

8—碟形弹簧　9—带　11—电动机　12、13—限位开关

　　近年来，又出现了一种新式的内装电动机主轴，主轴与电动机转子合为一体。其优点是主轴部件的结构紧凑，重量轻，惯量小，可提高起动、停止的响应特性，并利于控制振动和噪声。缺点是电动机运转产生的热量易使主轴产生热变形，因此温度的控制和冷却是使用内装电动机主轴的关键问题。图 8-76 所示是某种立式加工中心的主轴部件，其内装电动机最高转速可达 20000r/min。

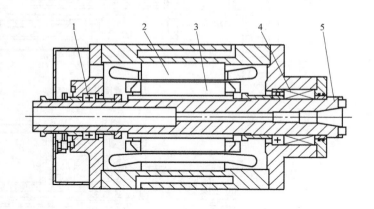

图 8-76　内装电动机主轴

1、4—轴承　2—定子绕组　3—转子绕组　5—主轴

4. JCS-018A 型立式加工中心主轴部件结构

　　（1）主轴轴承的配置　图 8-77 所示是 JCS-018A 型立式加工中心主轴部件的结构图。图中零件 1 为主轴，主轴的前支承配置了三个高精度的角接触球轴承 4，用以承受径向载荷和轴向载荷，前两个角接触球轴承大口朝下，后面的一个角接触球轴承大口朝上，前支承按预加载荷计算的预紧量由螺母 5 来调整。后支承配置了一对小口相对的角接触球轴承 6，它们只承受径向载荷，因此其外圈不需要定位。该主轴选择的轴承类型和配置形式，能满足主轴高转速和承受较大轴向载荷的要求，主轴受热变形向后伸长，不影响加工精度。

（2）刀具自动装卸机构　图中的主轴内部和后端安装的是刀具自动装卸机构，它的主要零件有：主轴 1、拉钉 2、钢球 3、拉杆 7、碟形弹簧 8、弹簧 9、活塞 10、液压缸 11 等。加工用的刀具通过各种标准刀夹（刀杆、刀柄、接杆等）安装在主轴上，刀夹以锥度为7：24的锥柄在主轴 1 前端的锥孔中定位，并通过拧在锥柄尾部的拉钉 2 拉紧在锥孔中。机床主轴在换刀过程时要经过以下三个步骤。

1）刀具的松开。当换刀需要松开刀具时，液压油进入液压缸的上腔，活塞 10 推动拉杆 7 向下移动，碟形弹簧 8 被压缩，这时钢球 3 随拉杆 7 一起下移进入主轴孔径较大处，拉杆 7 前端将刀具顶松，刀具松开，可以被机械手取出。

2）自动清除切屑。自动清除主轴孔中的切屑和灰尘是换刀操作中的一个不容忽视的问题。如果主轴锥孔中掉进了切屑或其他污物，在拉紧刀杆时，主轴锥孔表面和刀杆的锥柄就会被划伤，并使刀杆发生偏斜。为此，在刀具被机械手取下的同时，压缩空气通过活塞杆和拉杆 7 的中心孔把主轴锥孔吹净，使刀柄锥面和主轴锥孔能够紧密贴合，保证刀具的正确定位。

3）刀具的夹紧。当夹紧刀具时，液压缸 11 上腔接通回油，弹簧 9 推动活塞 10 上移，拉杆 7 在碟形弹簧 8 的作用下向上移动；由于这时装在拉杆 7 前端径向孔中的四个钢球 3 进入主轴孔直径较小处，被迫收拢，这时刀具被拉杆 7 拉紧，刀具锥柄的外锥面与主轴锥孔的内锥面相互压紧，这样刀具就被定位夹紧在主轴上了。

（3）主轴定向装置　主轴定向功能又称主轴准停功能，即控制主轴停于固定的位置。这是自动换刀所必需的功能，在加工中心上，切削转矩通常通过端面

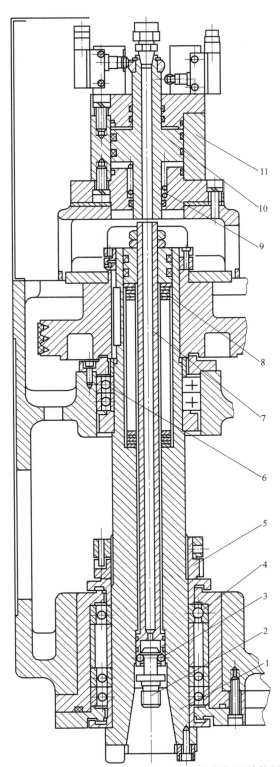

图 8-77　JCS-018A 型立式加工中心主轴部件的结构图
1—主轴　2—拉钉　3—钢球　4、6—角接触球轴承　5—螺母
7—拉杆　8—碟形弹簧　9—弹簧　10—活塞　11—液压缸

键来传递，这就要求主轴具有准确定位于圆周上特定角度的功能。此外，在通过前壁小孔镗削内壁同轴大孔或进行反倒角等加工时，要求主轴实现准停，使刀尖停在一个固定的方位上，以便主轴偏移一定尺寸后大切削刃能通过前壁小孔进入箱体对大孔进行镗削。目前主轴定向装置很多，主要分为机械方式和电气方式两种。

5. 刀库

（1）刀库的形式　根据刀库所需要的容量和取刀方式，可以将刀库设计成多种形式，如图 8-78 所示。其中，应用最为广泛的是单盘式刀库（图 8-78a～d），为适应机床主轴的布局，刀库的刀具轴线可以按不同的方向配置。图 8-78d 所示是刀具可做 90°翻转的圆盘刀库，采用这种结构能够简化取刀动作。单盘式刀库的结构简单，取刀也较为方便，应用广泛。但由于圆盘尺寸受限制，刀库的容量较小（一般装 15～30 把刀）。

还可以将刀库设计为既能充分利用机床周围的有效空间，又能存放更多数量的刀具，且刀库的外形尺寸又不致过于庞大（图 8-78e～h）。图 8-78e 所示是鼓筒弹夹式刀库，其结构十分紧凑，在相同的空间内，它的刀库容量较大，但选刀和取刀的动作较复杂。图 8-78f 所示是链式刀库，其结构有较大的灵活性，存放刀具的数量也较多，选刀和取刀动作十分简单；当链条较长时，可以增加支承链轮的数目，使链条折叠回绕，提高了空间利用率。图 8-78g 和图 8-78h 所示分别为多盘式和格子式刀库，它们虽然也具有结构紧凑的特点，但选刀和取刀动作复杂，较少应用。

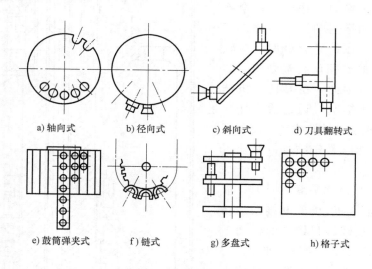

a）轴向式　　b）径向式　　c）斜向式　　d）刀具翻转式

e）鼓筒弹夹式　　f）链式　　g）多盘式　　h）格子式

图 8-78　刀库的形式

（2）刀库的类型　加工中心上普遍采用的刀库是盘式刀库和链式刀库。密集型的鼓筒式刀库和格子式刀库虽然占地面积小，但是由于结构的限制，已很少用于单机加工中心。密集型的固定刀库目前多用于柔性制造系统（FMS）中的集中供刀系统。

1）盘式刀库。盘式刀库结构简单，应用较多，如图 8-79 所示。由于刀具环形排列，空间利用率低，因此出现了将刀具在盘中采用双环或多环排列，以增加空间的利用率。但这样一来使刀库的外径过大，转动惯量也很大，选刀时间也较长。因此，盘式刀库一般用于刀具容量较少的刀库。

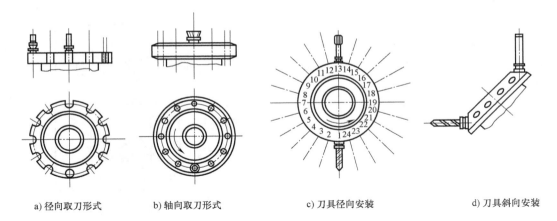

a) 径向取刀形式　　b) 轴向取刀形式　　c) 刀具径向安装　　d) 刀具斜向安装

图 8-79　盘式刀库的形式

2) 链式刀库。链式刀库的结构紧凑，刀库容量较大，链环的形状可以根据机床的布局配置成各种形状，也可以将换刀位突出以利于换刀，如图 8-80 所示。当链式刀库需增加刀具容量时，只需增加链条的长度和支承链轮的数目，在一定范围内，无须变更线速度及惯量。这些特点也为系列刀库的设计与制造带来了很大的方便，可以满足不同的使用条件。一般刀具数量在 30~120 把时，多采用链式刀库。

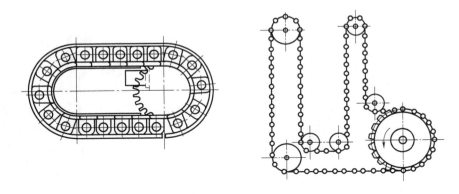

图 8-80　链式刀库的形式

（3）刀库结构　刀库的结构组成及传动过程，以某立式加工中心为例（图 8-71a）一一介绍如下。

1) 换刀过程。刀库位于立柱左侧，其中刀具的安装方向与主轴轴线垂直，换刀前应改变在换刀位置的刀具轴线方向，使之与主轴轴线平行。某工序加工完毕，主轴定向后，可由自动换刀装置换刀，如图 8-81 所示。

① 刀套下翻。换刀前，刀库 2 转动，将待换刀具 5 送到换刀位置。换刀时，带有刀具 5 的刀套 4 下翻 90°，使刀具轴线与主轴轴线平行。

② 机械手抓刀。机械手 1 从原始位置顺时针方向旋转 75°（K 向观察），两手爪分别抓住刀库 2 上和主轴 3 上的刀具 5。

③ 刀具松开。主轴 3 内的刀具自动夹紧机构松开刀具 5。

④ 机械手拔刀。机械手 1 下降，同时拔出两把刀具 5。

⑤ 刀具位置交换。机械手 1 带着两把刀具 5 逆时针方向旋转 180°（K 向观察），交换两把刀具 5 的位置。

⑥ 机械手插刀。机械手 1 上升，分别把刀具 5 插入主轴 3 的锥孔和刀套 4 中。

⑦ 刀具夹紧。主轴内的刀具自动夹紧机构夹紧刀具 5。

⑧ 液压缸活塞复位。驱动机械手 1 逆时针方向旋转 180°的液压缸活塞复位（机械手 1 无动作）。

⑨ 机械手松刀。机械手 1 逆时针方向旋转 75°（K 向观察），松开刀具 5 回到原始位置。

⑩ 刀套上翻。刀套 4 带着刀具 5 上翻 90°。

2）刀库的结构组成。盘式刀库的结构组成如图 8-82 所示，主要由直流伺服电动机 1、十字联轴器 2、蜗轮 3、蜗杆 4、气缸 5、活塞杆 6、拨叉 7、挡标 8、行程开关 9 和 10、滚子 11、销轴 12、刀套 13、刀盘 14 等构件组成。

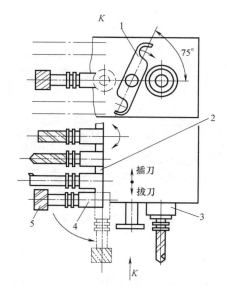

图 8-81 换刀过程示意图

1—机械手 2—刀库 3—主轴
4—刀套 5—刀具

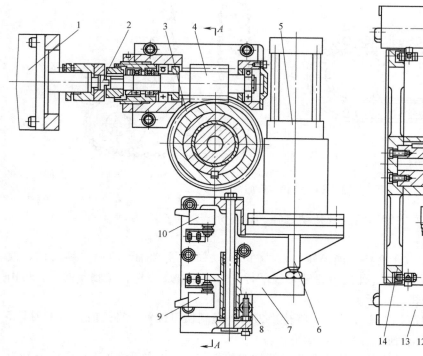

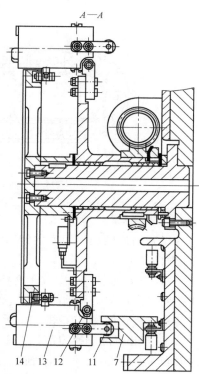

图 8-82 盘式刀库结构图

1—直流伺服电动机 2—十字联轴器 3—蜗轮 4—蜗杆 5—气缸 6—活塞杆 7—拨叉 8—挡标
9、10—行程开关 11—滚子 12—销轴 13—刀套 14—刀盘

3）刀库的选刀过程。根据数控系统发出的选刀指令，直流伺服电动机 1 经十字联轴器 2 和蜗杆 4、蜗轮 3 带动刀盘 14 以及安装其上的刀套 13（十六个刀套）旋转相应的角度，完成选刀的过程。

　　4）刀套翻转过程。待换刀具转到换刀位置时，刀套尾部的滚子 11 转入拨叉 7 的槽内。这时，气缸 5 的下腔通入压缩空气，活塞带动拨叉 7 上升，同时松开行程开关 10，用以断开相应电路，防止刀库、主轴等出现误动作。拨叉 7 上升，带动刀套 13 下翻 90°，使刀具轴线与主轴轴线平行，同时压下行程开关 9，发出信号使机械手抓刀。反之，拨叉 7 下降，带动刀套上翻 90°。

　　5）刀套的结构组成。盘式刀库刀套的结构如图 8-83 所示，刀套体 4 的锥孔尾部有两个球头销 3，在螺纹套 2 与球头销 3 之间装有弹簧 1，当刀具装入刀套体 4 时，在弹簧力的作用下刀具被夹紧。

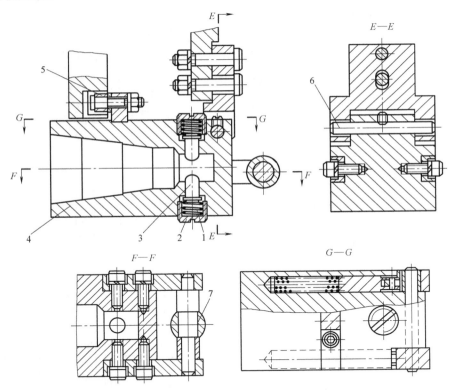

图 8-83　刀套结构图

1—弹簧　2—螺纹套　3—球头销　4—刀套体　5—滚套　6—销轴　7—滚子

6. 刀具交换装置

　　加工中心中用以实现刀库与主轴之间传递和装卸刀具的装置称为刀具交换装置。它的作用是将刀库上预先存放的刀具，按照工序的要求，依次地更换到主轴上去工作。刀具交换装置由于刀库和刀具交换方式的不同而有多种形式。

　　（1）刀具交换装置的形式　通常采用的几种刀具交换装置形式，如图 8-84 所示。其中的图 8-84a、b、c 所示为机械手交换形式，由机械手从刀库取刀，再传送到机床的主轴上去。当距主轴位置较远时，还可通过中间搬运装置传送到主轴上去。图8-84d、e所示为无机械手交换形式，刀库本身即起到交换装置的作用。

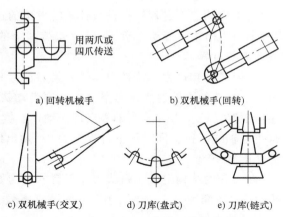

a) 回转机械手　　　　　b) 双机械手(回转)

c) 双机械手(交叉)　　d) 刀库(盘式)　　e) 刀库(链式)

图 8-84　刀具交换装置的形式

双臂回转机械手形式能有效缩短换刀的时间，因为在这种情况下，机械手能同时抓住和传送位于主轴和刀库（或搬运装置）里的刀具。这时要完成的一些运动，如图8-85所示：a）机械手从原来的位置转到工作位置，同时抓住主轴及刀库里的刀具；b）随即主轴夹紧装置松开刀具，机械手同时把刀具从主轴及刀库（或搬运装置）中取出；c）机械手转过180°（新旧刀具进行交换）；d）把新刀具装入主轴，而旧刀具装入刀库（或搬运装置），随即主轴夹紧装置夹紧刀具；e）机械手转动到原来的位置。

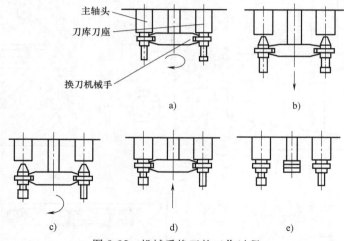

图 8-85　机械手换刀的工作过程

无机械手换刀的工作过程，是刀库本身即起到了交换装置的作用。其工作过程如图8-86所示：a）主轴准停定位，主轴箱上升；b）主轴箱上升到顶部换刀位置，刀具进入刀库的交换位置（空位）。这时，刀具被刀库上的固定钩固定，主轴上的刀具自动夹紧装置松开；c）刀库前移，把刀具从主轴孔中取出；d）刀库转位，根据指令将新刀具转到换刀位置。同时，主轴孔被吹屑装置清洁干净；e）刀库后退，把新刀具装入主轴孔，

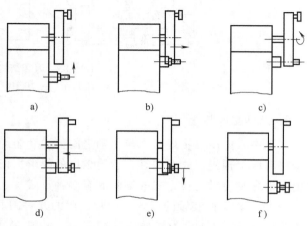

图 8-86　无机械手换刀的工作过程

主轴上的刀具自动夹紧装置动作，夹紧主轴中的刀具；f) 主轴箱下降到工作位置。

（2）刀具的夹持　在刀具自动交换装置上，机械手抓刀具的方法大体上可以分为柄式夹持和法兰盘式夹持两类。图 8-87 所示为标准刀具夹头的柄部（锥柄和直柄）示意图。由图可见，刀柄圆柱部分的 V 形槽是供机械手夹持之用的。带 V 形槽圆柱部分的右端，按所安装的刀具（例如钻头、铣刀、铰刀及镗杆等）不同，根据标准可以设计成不同的形式。

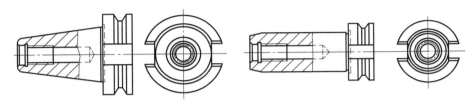

图 8-87　标准刀具夹头柄部示意图

图 8-88 所示为法兰盘式夹持，也称为碟形夹持。其所用的刀具夹头前端，有供机械手夹持使用的法兰（图 8-88a）；机械手夹持法兰盘式刀夹的方法是：上面图为松开状态，下面图为夹持状态（图 8-88b）；当应用中间搬运装置时，采用法兰盘式（碟形）夹持，可以很方便地将刀具夹头从一个机械手过渡到另一个辅助机械手上（图 8-88c）。

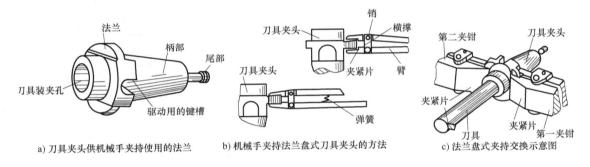

a) 刀具夹头供机械手夹持使用的法兰　　　b) 机械手夹持法兰盘式刀具夹头的方法　　　c) 法兰盘式夹持交换示意图

图 8-88　法兰盘式夹持示意图

（3）刀具交换装置的结构　某立式加工中心（图 8-71a）刀具交换装置（机械手）的结构组成及动作过程，如图 8-89 所示。该机床上使用的换刀机械手为回转式单臂双机械手，在自动换刀过程中，机械手要完成抓刀、拔刀、换刀、插刀、复位等动作。

1）机械手抓刀。刀套向下翻转 90°后，压下上行程开关，发出机械手抓刀信号。这时，机械手 21 处在图 8-89a 中所示的位置，液压缸 18 右腔通入液压油，活塞杆推着齿条 17 向左移动，使得齿轮 11 转动。

在图 8-89b 中，零件 22 为液压缸 15 的活塞杆，连接盘 23 与齿轮 11 用螺钉连接，它们空套在机械手臂轴 16 上，传动盘 10 带动机械手臂轴 16 转动，使机械手回转 75°实现抓刀动作。

2）机械手拔刀。抓刀动作结束时，齿条 17 上的挡环 12 压下位置开关 14，发出拔刀信号，液压缸 15 的上腔通入液压油，活塞杆 22 推动机械手臂轴 16 下降实现拔刀动作。

在机械手臂轴 16 下降时，传动盘 10 随之下降，其下端的销 8 插入连接盘 5 的销孔中，连接盘 5 和其下面的齿轮 4 也是用螺钉联接的，它们空套在机械手臂轴 16 上。

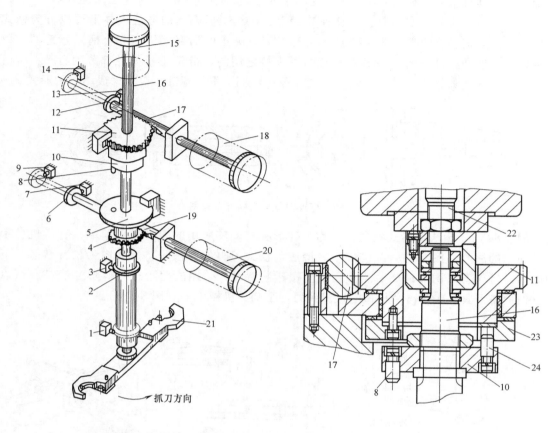

a) 机械手结构组成示意图

b) 机械手局部结构图

图 8-89　机械手的结构组成

1、3、7、9、13、14—位置开关（行程开关）　2、6、12—挡环　4、11—齿轮　5、23—连接盘　8、24—销
10—传动盘　15、18、20—液压缸　16—机械手臂轴　17、19—齿条　21—机械手　22—活塞杆

3）机械手换刀。当拔刀动作完成后，机械手臂轴 16 上的挡环 2 压下位置开关 1，发出换刀信号。这时，液压缸 20 的右腔通入液压油，活塞杆推着齿条 19 向左移动，使齿轮 4 和连接盘 5 转动，通过销 8，由传动盘 10 带动机械手 21 转动 180°，交换两刀具位置，完成换刀动作。

4）机械手插刀。换刀动作完成后，齿条 19 上的挡环 6 压下位置开关 9，发出插刀信号，使液压缸 15 的下腔通入液压油，活塞杆 22 带动机械手臂轴 16 上升实现插刀动作。同时，传动盘 10 下面的销 8 从连接盘 5 的销孔中移出。

5）机械手复位。插刀动作完成后，机械手臂轴 16 上的挡环 2 压下位置开关 3，使液压缸 20 的左腔通入液压油，活塞杆带着齿条 19 向右移动复位，而齿轮 4 空转，机械手无动作。

齿条 19 复位后，其上的挡环 6 压下位置开关 7，使液压缸 18 的左腔通入液压油，活塞杆带着齿条 17 向右移动，通过齿轮 11、传动盘 10 及机械手臂轴 16 使机械手反转 75°复位。

机械手复位后，齿条 17 上的挡环 12 压下位置开关 13，发出换刀完成信号，使刀套向上翻转 90°，为下次选刀做好准备。

7. 工件交换系统

为了减少工件安装、调整等辅助时间，提高自动化生产水平，在有些加工中心上已经采用了多工位托盘自动交换机构，如图 8-90 所示。目前较多地采用双工作台形式，当其中一个托盘工作台进入加工中心内进行自动循环加工时，对于另一个在机床外的托盘工作台，就可以进行工件的装卸调整（图 8-90a）。这样，工件的装卸调整时间与机床加工时间重合，节省了加工辅助时间。另外，还发展了具有托盘自动交换系统的柔性加工单元（图 8-90b），托盘（图中是 10 工位托盘）支撑在圆柱环形导轨上，由内侧的环链拖动而实现回转，链轮由电动机驱动。

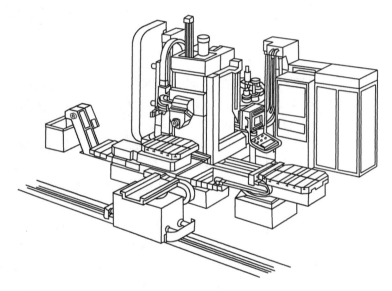

a) 配备双工作台的加工中心

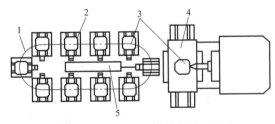

b) 具有托盘自动交换系统的柔性加工单元

图 8-90　配备有工件交换系统的加工中心

1—环形交换工作台　2—托盘座　3—托盘　4—加工中心　5—托盘交换装置

235

第9章 机床的安装验收及维护

9.1 机床的安装及验收

9.1.1 机床的地基

机床的自重、工件的重量、切削力等，都将通过机床的支承部件而最后传给地基。所以地基的质量直接关系到机床的加工精度、运动平稳性、机床的变形、磨损及机床的使用寿命。因此，机床在安装之前，首要的工作是打好基础。

机床地基一般分为混凝土地坪式（即车间水泥地面）和单独块状式两大类。单独块状式地基如图9-1所示。切削过程会产生振动的机床的单独块状式地基需采取适当的防振措施，如插齿机、滚齿机等的地基。对于高精度机床，也需采用防振地基，以防止外界振源对机床加工精度的影响。

单独块状式地基的平面尺寸应比机床底座的轮廓尺寸大一些。地基的厚度则取决于车间土壤的性质，但其最小厚度应保证能把地脚螺栓固结。一般可在机床说明书中查得地基尺寸。

用混凝土浇灌机床地基时，常留出地脚螺栓的安装孔（图9-1），待将机床装到地基上并初步找好水平后，再浇灌地脚螺栓。常用的地脚螺栓如图9-2所示。

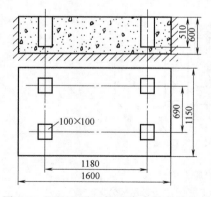

图9-1 X6132型万能升降台铣床的地基

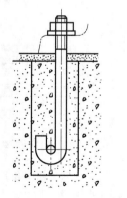

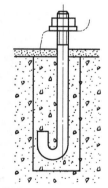

图9-2 常用的地脚螺栓形式

9.1.2 机床的安装

机床的安装通常有两种方法：一种是在混凝土地坪上直接安装机床，并用图9-3所示的调整垫铁调整水平后，在床脚周围浇灌混凝土固定机床（这种方法适用于小型和振动轻微的机床）；另一种是用地脚螺栓将机床固定在块状式地基上，这是一种常用的方法。安装机床时，先将机床吊放在已凝固的地基上，然后在地基的螺栓孔内装上地脚螺栓并用螺母将其联接在床脚上，待机床用调整垫铁调整水平后，用混凝土浇灌进地基方孔。混凝土凝固后，再次对机床调整水平并均匀地拧紧地脚螺栓。

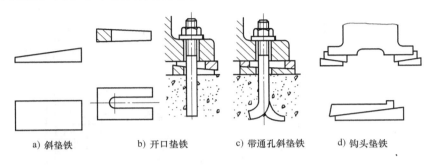

a) 斜垫铁　　　　b) 开口垫铁　　　　c) 带通孔斜垫铁　　　　d) 钩头垫铁

图 9-3　机床常用垫铁

9.1.3　机床的验收试验

机床的验收试验是指对刚装配好的和经过大修的机床进行试验，以检查机床的制造或维修质量是否符合质量标准。机床的验收试验指按 GB/T 9061—2006 标准进行空运转试验、负荷试验和 GB/T 4020—1997 进行几何精度检验。

1. 机床的空运转试验

机床空运转试验的目的是检查机床各机构在空载时的工作情况，对于主运动，应从低速到高速依次逐级进行空运转，每级速度的运转时间不得少于 2min，最高速度的运转时间不得少于 30min，运转后要检查轴承的温度和温升是否在标准规定范围内；对进给运动，应进行低、中、高进给速度试验。

在空运转试验的各级速度下，同时检查机床的起动、变速、停止、制动、自动动作的灵活性和可靠性；各种操纵机构的可靠性；重复定位、分度、转位的准确性；以及自动测量装置、电气、液压系统的可靠性等。

2. 机床的负荷试验

机床负荷试验在于检验机床各机构的强度，以及在负荷下机床各机构的工作情况。其内容包括：机床主传动系统最大转矩试验，短时间超过最大转矩 25% 的试验；机床最大切削主分力试验，短时间超过最大切削主分力 25% 的试验以及机床传动系统达到最大功率的试验。

负荷试验一般在机床上用切削试件的方法或用仪器加载的方法进行。

3. 机床的精度检验

使用机床加工工件时，工件会产生各种加工误差。例如在车床上车削外圆，会产生圆度误差和圆柱度误差；车削端面时，会产生平面度误差和平面相对主轴回转轴线的垂直度误差等。这些误差的产生，与车床本身的精度有很大关系。因此，对车床的几何精度进行检验，使车床的几何精度保持在一定的范围内，对保证机床的加工精度是十分必要的。国家对各类通用机床都规定了精度检验标准，标准中规定了精度检验项目、检验方法及公差等。表 9-1 列出了卧式车床的精度检验标准。

（1）床身导轨的精度检验　床身导轨的精度检验包括导轨在垂直平面内[⊖]的直线度和导轨应在同一平面内两个项目（表 9-1G1）。

1）床身导轨在垂直平面内的直线度。将水平仪纵向放置在溜板上靠近前导轨处（图 9-4 位置Ⅰ），从刀架靠近主轴箱一端的极限位置开始，从左向右每隔 250mm 测量一次读数，将测量所得的所有读数用适当的比例绘制在直角坐标系中，所得的曲线就是导轨在垂直平面内的直线度曲线。然后根据图上的曲线计算出导轨在全长上的直线度误差和局部误差。

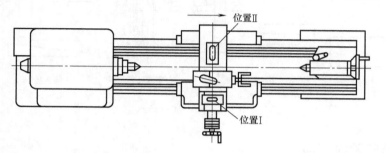

图 9-4　床身导轨在垂直平面内的直线度和在同一平面内的检验

表 9-1　卧式车床精度标准

序号	检　验　项　目	公　差/mm
G1	A——床身 a）纵向：导轨在垂直平面内的直线度 b）横向：导轨应在同一平面内	a）0.02（只许凸起）任意 250 长度上局部公差^①为：0.0075 b）0.04/1000
G2	B——溜板 溜板移动在水平面内的直线度	0.02
G3	尾座移动对溜板移动平行度 a）在垂直平面内 b）在水平面内	a）和 b）0.03，任意 500 长度上局部公差为：0.02
G4	C——主轴 a）主轴的轴向窜动 b）主轴轴肩支承面的轴向圆跳动	a）0.01 b）0.02
G5	主轴定心轴颈的径向圆跳动	0.01
G6	主轴轴线的径向圆跳动 a）靠近主轴端面 b）距主轴端面（Da）/2 或不超过 300	a）0.01 b）在 300 测量长度上为 0.02
G7	主轴轴线对溜板移动的平行度 a）在垂直平面内 b）在水平面内	a）0.02/300（只许向上偏） b）0.015/300（只许向前偏）
G8	顶尖的跳动	0.015

⊖　即铅垂面。

（续）

序号	检　验　项　目	公　差/mm
G9	*D*——尾座 尾座套筒轴线对溜板移动的平行度 a) 在垂直平面内 b) 在水平面内	a) 0.015/100（只许向上偏） b) 0.01/100（只许向前偏）
G10	尾座套筒锥孔轴线对溜板移动的平行度 a) 在垂直平面内 b) 在水平面内	a) 0.03/300（只许向上偏） b) 0.03/300（只许向前偏）
G11	*E*——两顶尖 床头和尾座两顶尖的等高度	0.04（只许尾座高）
G12	*F*——小刀架 小刀架移动对主轴轴线的平行度	0.04/300
G13	*G*——横刀架 横刀架横向移动对主轴轴线的垂直度	0.02/300（偏差方向 $\alpha \geqslant 90°$）
G14	*H*——丝杠 丝杠的轴向窜动	0.015
G15	从主轴到丝杠间传动链的精度	a) 任意 300 测量长度上为 0.04 b) 任意 60 测量长度上为 0.015
P1	精度外圆 a) 圆度 b) 圆柱度	在 300 长度上为： a) 0.01 b) 0.03（锥度只能大直径靠近床头端）
P2	精车端面的平面度	300 直径上为 0.02（只许凹）
P3	精车螺纹的螺距误差	a) 300 测量长度上为 0.04 b) 任意 50 测量长度上为 0.015

① 在导轨两端 1/4 测量长度上的局部公差可以加倍。

例　车床的最大车削长度为 1000mm，溜板每移动 250mm 测量一次，水平仪刻度值为 0.02/1000。水平仪测量结果依次为：+1.1、+1.5、0、-1.0、-1.1 格，根据这些读数绘出折线图，如图 9-5 所示。由图可以求出导轨在全长上的直线度误差 $\delta_{全}$ 为

$$\delta_{全} = bb' \times (0.02/1000) \times 250$$
$$= (2.6 - 0.2) \times (0.02/1000) \times 250 \text{mm}$$
$$= 0.012 \text{mm}$$

导轨直线度的局部误差 $\delta_{局}$ 为

$$\delta_{局} = (bb' - aa') \times (0.02/1000) \times 250$$
$$= (2.4 - 1.0) \times (0.02/1000) \times 250 \text{mm}$$
$$= 0.007 \text{mm}$$

2）床身导轨在同一平面内的误差。水平仪横向放置在溜板上（图 9-4 位置Ⅱ），纵向等距离移动溜板（与测量导轨在垂直平面内的直线度同时进行）。记录溜板在每一位置时的水平仪的读数。水平仪在全部测量长度上的最大代数差值，即导轨在同一平面内的误差。

纵向车削外圆时，床身导轨在垂直平面内的直线度误差会导致刀尖高度位置发生变化，

使工件产生圆柱度误差；床身导轨应在同一平面内的误差会导致刀尖径向摆动，同样使工件产生圆柱度误差。

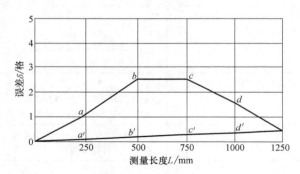

图 9-5 导轨在垂直平面内的直线度曲线

（2）主轴的精度检验 包括主轴的轴向窜动，轴肩支承面的轴向圆跳动；主轴定心轴颈的径向圆跳动；主轴轴线的径向圆跳动；主轴轴线对溜板移动的平行度。

1）主轴的轴向窜动，轴肩支承面的端面圆跳动（表 9-1G4）。

① 主轴的轴向窜动。在主轴中心孔内插入一短检验棒，检验棒端部中心孔内置一钢球，千分表的平测头顶在钢球上（图 9-6c），对主轴施加一轴向力，旋转主轴进行检验。千分表读数的最大差值就是主轴的轴向窜动误差值。

② 主轴轴肩支承面的轴向圆跳动。将千分表测头顶在主轴轴肩支承面靠近边缘处，对主轴施加一轴向力，分别在相隔90°的四个位置上进行检验（图 9-6d），四次测量结果的最大差值就是主轴轴肩支承面的轴向圆跳动误差值。

在机床加工工件时，主轴的轴向窜动误差会引起工件端面的平面度、螺纹的螺距误差和工件的外圆表面粗糙；主轴轴肩支承面的轴向圆跳动误差会引起加工面与基准面的同轴度、端面与内、外圆轴线的垂直度误差。

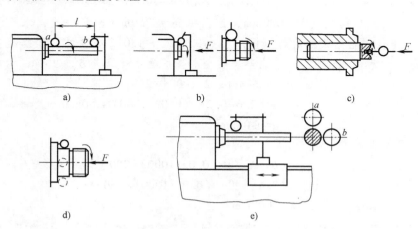

图 9-6 主轴的几何精度检验

2）主轴定心轴颈的径向圆跳动（表 9-1G5）。将千分表测头垂直顶在定心轴颈表面上，对主轴施加一轴向力 F，旋转主轴进行检验（图 9-6b）。千分表读数的最大差值就是主轴定心轴颈的径向圆跳动误差值。

用卡盘加工工件时，主轴定心轴径的径向圆跳动误差会引起圆度误差、加工面与基准面的同轴度误差；钻、扩、铰孔时会使孔径扩大。

3）主轴轴线的径向圆跳动（表 9-1G6）。在主轴锥孔中插入一检验棒，将千分表测头顶在检验棒外圆柱表面上。旋转主轴，分别在靠近主轴端部的 a 处和距离主轴端面不超过 300mm 的 b 处进行检验（图 9-6a），千分表读数的最大差值就是径向圆跳动误差值。为了消除检验棒的误差影响，可将检验棒相对主轴每转 90°插入测量一次，取四次测量结果的平均值作为径向圆跳动的误差值。a、b 两处的误差分别计算。

用两顶尖车削外圆时，主轴锥孔轴线的径向圆跳动会引起工件的圆度误差、外圆与顶尖孔的同轴度误差。

4）主轴轴线对溜板移动的平行度（表 9-1G7）。在主轴锥孔中插入 300mm 长检验棒，两个千分表固定在刀架溜板上，测头分别顶在检验棒的上素线 a 和侧素线 b 处（图 9-6e）。移动溜板，千分表的最大读数差值即测量结果。为消除检验棒误差的影响，将主轴回转 180°再检验一次，两次测量结果的代数平均值即平行度误差值。a、b 两处误差应分别计算。

用卡盘车削工件时，主轴轴线对溜板移动在垂直平面内的平行度误差会引起圆柱度误差，在水平面内的平行度误差会使工件产生锥度误差。

（3）机床工作精度的检验　工作精度检验的方法是：在规定的试件材料、尺寸和装夹方法以及刀具材料、切削规范等条件下，在机床上对试件进行精加工，然后按精度标准检验其有关精度项目。

9.2　机床的日常维护及保养

9.2.1　机床的日常维护

机床的日常维护是提高工作效率，保持较长的机床使用寿命的必要条件。机床的日常维护主要是对机床的及时清洁和定期润滑。

1）机床的日常清洁。在机床开动之前，用抹布清除机床上的灰尘污物；工作完毕后，清除切屑，并把导轨上的切削液、切屑等污物清扫干净，在导轨上涂上润滑油。

2）机床的润滑。机床的润滑分分散润滑和集中润滑两种。分散润滑是在机床的各个润滑点分别用独立、分散的润滑装置进行。这种润滑方式一般都是由操作者在机床开动之前进行的定期的手动润滑。具体要求可查阅机床使用说明书。集中润滑是由润滑系统来完成的。操作者只要按说明书的要求定期添油和换油即可。

9.2.2　机床的保养及维修

1. 机床的保养

机床的保养分例行保养（日保养）、一级保养（月保养）和二级保养（年保养）。

1）例行保养。由机床操作者每天独立进行。保养的内容除上述的日常维护外，还要在开车前检查机床，周末对机床进行大清洗工作等。

2）一级保养。机床运转 1~2 个月（两班制），应以操作工人为主，维修工人配合，进行一次。保养的内容是对机床的外露部件和易磨损部分进行拆卸、清洗、检查，调整和紧固等。例如对传动部分的离合器、制动器、丝杠螺母间隙的调整以及对润滑、冷却系统的检修等。

3）二级保养。机床每运转一年，以维修工人为主，操作工人参加，进行一次包括修理内容的保养。除一级保养的内容以外，二级保养内容还有：修复、更换磨损零件，导轨等部位间隙调整，镶条等的刮研维修，润滑油、切削液的更换，电气系统的检修，机床精度的检验及调整等。

2. 机床的计划维修

机床的计划维修分小修、中修（又称项修）和大修三种。这三种计划维修是根据设备动力部门编制的年维修计划进行的。

1）小修。一般情况下，小修可以以二级保养代替。小修时，以维修工人为主，对机床进行检修、调整，并更换个别磨损严重的零件，对导轨的划痕进行修磨等。

2）中修。中修前应进行预检，以确定中修项目，制订中修预检单，并预先准备好外购件和磨损件。

除进行二级保养工作外，中修应根据预检情况对机床的局部进行有针对性的维修，以维修工人为主进行。修理时，拆卸、分解需要修理的部件，清洗已分解的各部分并进一步检定所有零部件，修复或更换不能维持到下一次维修期的零部件，修研导轨面和工作台台面；对机床外观进行修复、涂漆；对修复的机床按机床标准进行验收试验，个别难以达到标准的部分，留待大修时修复。

3）大修。大修前，须对机床进行全面预检，必要时，对磨损件进行测绘，制定大修预检单，做好各种配件的预购或制造工作。

大修工作以维修工人为主进行。维修时，拆卸整台机床，对所有零件进行检查；更换或修复不合格的零件，修复大型的关键件；修刮全部刮研表面，恢复机床原有精度并达到出厂标准；对机床的非重要部分都应按出厂标准修复。然后，按机床验收标准检验，如有不合格项目，须进一步修复，直至全部符合国家标准。

9.3 通用机床常见故障及排除

机床在使用过程中会发生各种故障，从而降低机床的加工精度、生产效率，影响机床的正常使用。及时排除机床出现的故障不但对恢复机床的正常性能，延长机床的使用寿命具有重要意义，而且对维持正常生产过程也是一个相当重要的环节。各种机床的常见故障类型极多，而且产生故障的原因也往往十分复杂，这里介绍的只是在机械加工中常用通用机床发生故障的主要形式，以及产生原因和最常用的故障排除方法。

9.3.1 通用机床常见故障及其产生的主要原因

机床在长期使用过程中，由于磨损和损坏，会使机床部件之间的相对准确位置、相对运动关系发生改变。另外，机床控制系统如电气控制电路，包括所使用的电器，以及液压油路及元件等也会出现各种非正常情况。上述这些现象均会使机床产生各种故障，影响机床正常运转及加工性能，甚至会使机床无法使用。机床常见的故障可表现在以下几个方面：

1. 加工精度降低

机床的根本任务是在一定工艺范围内，通过刀具与工件的相对运动使被加工对象达到工序所要求的形状、尺寸、相对位置及表面粗糙度。机床在加工过程中，工件达不到指定精度要求的因素颇为复杂，牵涉刀具及其切削用量、工艺系统、工艺装备、润滑条件等各种因素。但机床本身精度及使用性能的降低是其中一个相当重要的因素。加工精度降低主要表现在：

1）被加工零件的几何精度超差。在加工中，由于机床的故障常会使被加工零件达不到所要求的形状精度。例如在加工圆柱表面时产生锥度、椭圆、棱圆等，加工平面时达不到所要求的平面度，产生中凸或中凹等。机床加工时零件形状精度超差主要是由于机床调整时部件间位置精度不够，或是零部件由于磨损或是受力变形而使原有精度降低，从而使机床关键部件间的相对运动关系不准确而引起的。例如在卧式车床上加工圆柱出现锥度的主要原因可能是：①主轴箱主轴中心线对床鞍移动导轨的平行度超差；②床身导轨面严重磨损；③两顶尖不同轴等因素。又如在万能升降台铣床上加工零件时被加工面对安装基面的垂直度及平行度超差的主要原因是：①床身导轨面及升降台导轨面产生不均匀磨损，使两者间产生角度误差；②铣床工作台移动平行度超差；③工作台由于长期磨损，其工作表面的平面度超差等因素引起。

2）被加工零件的表面质量降低。由于机床的使用性能降低，在加工时往往会对零件的表面质量产生影响，具体表现在表面粗糙度增大，表面产生波纹、拉伤、毛刺等。机床上主轴轴承间隙增大或受到磨损，刀架溜板与导轨间滑动表面因磨损而产生的间隙，进给丝杠的变形，主轴传动齿轮齿形缺陷等因素均会降低零件的表面质量。例如，卧式车床主轴滚动轴承的滚道磨损或主轴的轴向间隙较大的话，在精车外圆时圆周表面上会出现不规则的波纹。铣床的主轴轴端跳动时会严重影响零件的表面粗糙度。另外，由于各种原因产生的振动对零件的表面质量也会有直接的影响。

3）加工尺寸超差。对于进行批量生产的自动、半自动机床，如果机床调整不当或是由于使用过程中有关部件间产生间隙，都会影响零件的加工尺寸，严重时甚至超差。精密机床的进给传动链中的传动件产生间隙，或传动件本身精度降低也会影响加工尺寸。

2. 振动及噪声

当机床上的主轴及其他传动轴与支承的轴承间的间隙增大，轴上所安装零件产生松动，传动件特别是齿轮的磨损影响其正常工作时，都会加剧机床的振动，同时使机床产生的噪声增强，造成环境污染。机床的振动会使被加工零件的表面质量降低，达不到所要求的表面粗糙度或是产生各种波纹等表面质量问题。

3. 动作失灵

机床在加工过程中要完成许多动作，以实现表面成形运动及各种辅助运动。机床出现故障时往往会使某些动作失灵，使机床无法正常运转。机床动作失灵可以表现在许多方面，如无法正常起动、停车、换向，手柄或手轮不能正常操作，应当互锁的零件同时动作，夹紧机构松动等。动作失灵从机械部分来看，往往是由于调整不当或是有的零件磨损严重，造成连接松动或是失效而引起的。另外，动作失灵也可能是由于电气控制元件或气、液压控制元件出现故障而引起。

9.3.2 影响机床性能主要零部件的修复

机床在使用过程中由于磨损、调整不当或是使用不当而产生故障或是失效的零部件通常有：轴及其轴承、导轨、齿轮、丝杠副、各种操纵机构及其操纵件、各种液压元件以及电器等。这里主要讨论对机床使用性能影响最大的机械零部件的失效形式及修复方法。

1. 主轴及传动轴的修复

（1）主轴的修复 主轴对机床的加工精度有直接影响，是机床上最关键的零部件之一。影响主轴使用精度的主要原因是主轴的定位表面、锥孔及与其他件有相对滑移表面的磨损以及较大外载或冲击下产生的变形。

对于主轴进行修复之前应对主轴的精度及表面质量进行检测，以确定主轴的磨损部位、磨损程度及变形状况，从而根据检测结果，采取具体措施进行修复。

对主轴进行检测时，可将主轴前后轴颈支承在一倾斜平板上的两等高V形块上。主轴尾端的孔内安装与孔相配并加工有中心孔的堵头。在中心孔上放置一 $\phi6mm$ 的钢球，主轴通过钢球顶在一挡铁上，如图9-7所示。然后，将带磁铁座的百分表放到平板上，并将测头放到所需测试的轴颈、锥孔，并将轴转动，根据百分表的读数就可测出主轴各重要安装面、定位面的精度。

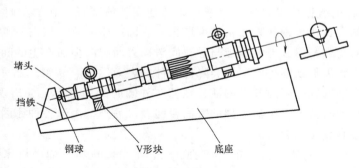

图 9-7 主轴的精度测量

若主轴关键表面精度超差，则应根据超差的程度采取相应的措施进行修复。对于安装滚动轴承的支承轴颈可以采取精磨后进行刷镀的方法修复尺寸。对于安装滑动轴承的轴颈如磨损量不大，可以对轴颈进行精磨，然后配以新的轴承；若磨损量较大，则只能采用刷镀的方法修复尺寸层后，再进行精加工以恢复其尺寸精度。

主轴的锥孔在长期使用过程中磨损后，影响刀具、工件或其他工具的安装精度。对于磨损的锥孔可以采用磨削的方法来恢复其精度，若磨损量过大则要安装镶套，然后再进行精磨达到所需精度。

主轴的变形形式有弯曲变形及扭转变形两种。对于扭转变形，若不影响使用可不予修复。对于弯曲变形，如普通精度机床可使用冷校直的方法进行修复，对于高精度机床的主轴由于精度要求高，很难用校直的方法来恢复其精度，只能更换新的主轴。主轴的键槽、花键等部位产生局部损伤时，可采用局部涂复或焊补的方法修复。

主轴是精度要求很高的零件，进行修复后一定要仔细检验其精度。另外要特别注意在修复过程中，所产生的应力残余及尺寸的变化而引起的刚度及稳定性的变化。在修复后应采取相应措施，避免这些缺陷对主轴使用性能产生不利的影响。

　　（2）传动轴的修复　　传动轴在使用过程中也会产生磨损、弯曲及局部表面的损伤，从而影响其工作性能。

　　传动轴的修复方法基本上与主轴相仿，不过精度要求较主轴低。对于传动轴的变形，一般采用冷校直法，轴颈部位的磨损，可采用刷镀方法，也可用镶套法修复。对于传动轴的局部变形或损伤可采用换位加工或焊补法修复。螺纹的局部变形可用车削加工或手工修锉的方法修复，螺纹的整体变形或螺纹损伤，可采用堆焊后重新车制螺纹的方法修复。轴端的局部塑性变形，可用修磨法修复。

　　上述各种修复方法应根据轴的使用场合、损伤形式及生产现场的工艺情况灵活选定。另外，从经济性、可靠性及修理工期角度考虑，对备件充足且造价不高的轴，多采用更换新件的方法而不是采用修复法。

　　2. 轴承的修复

　　（1）滚动轴承的修复　　对于滚动轴承主要是通过调整间隙来恢复或提高其使用性能，如果轴承磨损严重已无法通过调整的方法来恢复其性能就应当更换同类型、同精度的轴承。更换轴承时要注意以下两点：

　　1）对滚动轴承加以合适的预加载荷。滚动轴承的预加载荷大小与轴承的精度与转速有关，具体数值可从轴承手册上查到。

　　2）进行选配以提高轴承的回转精度。主轴轴颈和轴承内外圈都有一定的制造误差，在装配时适当选择误差偏向，可降低误差的影响，进一步提高主轴部件的回转精度。图 9-8 所示为采用选配方法提高轴承回转精度的示意图。图中 O 为主轴前端定心表面的中心，O_1 为主轴轴颈的中心（与轴承内圈孔中心重合），O_2 为轴承内圈滚道的中心。设主轴定心表面中心 O 与主轴轴颈中心 O_1 之间的偏心距为 Δ_1；轴承内圈滚道中心与内孔中心的偏心距为 Δ_2。从图中可看出当轴颈偏心方向与轴承滚道的偏心方向相同时，定心表面的径向圆跳动量

$$2\delta_1 = 2(\Delta_1 + \Delta_2)$$

当两者偏心方向相反时

$$2\delta_1 = 2(\Delta_1 - \Delta_2)$$

　　可见在装配时应事先测量好主轴轴颈及轴承内圈的跳动量及跳动方向，在装配时尽量使 Δ_1 与 Δ_2 相互抵消从而提高回转精度。

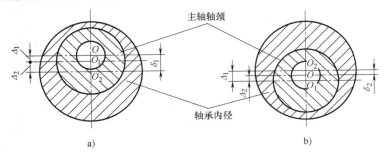

图 9-8　通过选配提高轴承回转精度

（2）滑动轴承的修复　常见的使用滑动轴承的通用机床主要是磨床及精密车床，轴承的形式以活动多油楔轴承为主，M1432A型万能外圆磨床的砂轮架主轴所使用的短三瓦轴承就是一例。滑动轴承的主要失效形式为磨损，如果磨损不严重可以通过刮研、研磨及调整进行修复；如果磨损过于严重就应更换新的轴承。短三瓦轴承的修复工艺如下：

1）拆卸轴瓦。拆卸时要将每块轴瓦与原相配的球头螺钉用线扎在一起，以免装配时调错。

2）研磨球头螺钉及轴瓦。将球头螺钉装夹到车床上，以300r/min的转速和W14刚玉研磨剂对研轴瓦的球面接触部分，要求接触率≥70%。

3）刮研轴瓦。以经修磨的主轴轴颈为基准，粗刮轴瓦至均匀显示接触点，再将刮好的轴瓦安到夹紧在车床上的研磨棒上来回往复移动进行珩磨，珩磨后的轴瓦表面粗糙度应达$Ra0.16\mu m$，与轴颈的接触率不小于80%。

短三瓦活动多油楔轴承的安装调整方法及安装顺序要求极为严格，详细的修理工艺可参阅《机修手册》或其他有关资料。

3. 导轨的修复

导轨是机床中控制运动部件以准确轨迹运行，以保障机床在加工时获得所需表面成形运动的关键部件。导轨失效后将严重影响机床的正常运转，降低机床的加工精度，使被加工工件的表面形状及相对位置精度超差。因此，对经长期使用后精度降低的导轨副必须及时进行修复和调整，以使机床整体精度得以恢复。滑动导轨的主要失效形式为：

1）因磨损而引起的导轨表面形状精度降低以及间隙增大，从而降低本身的导向精度及与其他部件相对位置精度。

2）导轨表面由于润滑或防护措施不当而造成的拉毛、擦伤、研伤等损伤。

对于导轨的局部损伤一般常用焊接、粘结、刨削或刷镀等方法进行修补，然后再进行刮研或磨削。对于导轨整体的修复常用以下的方法：

（1）采用磨削的方法进行修复　利用导轨磨床对机床导轨进行磨削修复是机修车间中常用的方法，如果没有导轨磨床也可在龙门刨床上安装磨头进行磨削。导轨的磨削方法有两种：一种是端面磨削，另一种是周边磨削。周边磨削法的生产效率和精度比较高，表面质量好。但因磨头结构复杂，要求有专用的砂轮修整装置和较好的机床刚度，而且万能性不如端面磨削法，因此使用较少。端面磨削法在磨削过程中，冷却润滑条件较差，生产效率和表面质量也不如周边磨削法，但端面磨削法的磨头结构简单，万能性也强，因此目前在机修车间应用较为广泛。

应用磨削的方法进行导轨修复因其生产效率高，劳动强度低，加工精度高，是目前应用最为广泛的方法，特别对于经淬硬的导轨面则只能用磨削的方法进行修复。

（2）应用刮研方法进行修复　对于磨损、拉毛不严重的导轨可以采用刮研的方法进行修复。由于导轨除了本身应有的几何精度外还需与其他有关部件保持准确的相对位置，如平行度、垂直度等，因此对导轨表面进行刮研时应选择合适的刮研基准。

一般情况下，应选择不需修理或稍加处理的精度较高的零部件安装面（或孔、槽）作为导轨刮研基准面。对于直线移动的一组导轨来说，在垂直平面内和在水平面内应各选一个刮研基准。例如，卧式车床床身导轨的刮研基准，在水平面内，可以选择进给箱安装平面和光杠、丝杠托架安装平面；在垂直平面内，可选主轴箱安装平面和纵向齿条安装平面。

机床上通常不仅只有一组导轨，而是根据机床的运动形式，具有几组有相互关联的导轨。导轨副之间不仅各自有本身所要求的几何精度，还要求相互间的位置精度。因此，在刮研时要有合理的刮研顺序，一般按以下原则确定：

1）先刮研与传动部件有关联的导轨，后刮研无关联的导轨。

2）先刮研形状复杂，控制自由度较多的导轨，后刮研形状简单的导轨。

3）先刮研长的或面积大的导轨，后刮研短的或面积较小的导轨。

4）先刮研施工较困难的导轨，后刮研施工较容易的导轨。

（3）利用精刨的方法进行修复　对于损伤较为严重的导轨，为减轻劳动强度，通常以刨代刮来对导轨进行修复。机床导轨在精刨前一般均要进行预刨，以去除导轨表面的拉毛、刻划、不均匀的磨损量或床身的扭曲变形。预刨前还应以导轨面或与导轨面平行的表面作为基准对床身底面细刨一次，以减少预刨加工量。

精刨一般采用三到四次走刀，总精刨量为 0.08～0.10mm，最后再在无进给下让工作台往复两次。在精刨时要用充分的洁净煤油对刀具进行润滑降温，中途不准停车，以免留下刀痕。

9.3.3　卧式车床及万能升降台铣床的常见故障及其排除

表 9-2、表 9-3 中列出了卧式车床及万能升降台铣床的常见故障及其排除方法，可供参考。

表 9-2　卧式车床常见故障及排除方法

序号	故障内容	产生原因	消除方法
1	圆柱类工件加工后外径发生锥度	（1）主轴箱主轴中心线对床鞍移动导轨的平行度超差 （2）床身导轨倾斜—项精度超差过多，或装配后发生变形 （3）床身导轨面严重磨损，主要三项精度均已超差 （4）两顶尖支持工件时产生锥度 （5）刀具的影响，切削刃不耐磨 （6）由于主轴箱温升过高，引起机床热变形 （7）地脚螺栓松动（或调整垫铁松动）	（1）重新校正主轴箱主轴中心线的安装位置，使工件在公差范围之内 （2）用调整垫铁来重新校正床身导轨的倾斜精度 （3）刮研导轨或磨削床身导轨 （4）调整尾座两侧的横向螺钉 （5）修正刀具，正确选择主轴转速和进给量 （6）当冷态检验（工件时）精度合格而运转数小时后工件即超差时，可按"主轴箱的修理"中的方法降低油温，并定期换油，检查油泵进油管是否堵塞 （7）按调整导轨精度方法调整并紧固地脚螺栓
2	圆柱形工件加工后外径发生椭圆及棱圆	（1）主轴轴承间隙过大 （2）主轴轴颈的圆度过大 （3）主轴轴承磨损 （4）主轴轴承（套）的外径（环）有椭圆，或主轴箱体轴孔有椭圆，或两者的配合间隙过大	（1）调整主轴轴承的间隙 （2）修理后的主轴轴颈没有达到要求，这一情况多数反映在采用滑动轴承的结构上。当滑动轴承尚有足够的调整余量时，可将主轴的轴颈进行修磨，以达到圆度要求之内 （3）刮研轴承，修磨轴颈或更换滚动轴承 （4）主轴箱体的轴孔修整，并保证它与滚动轴承外环的配合精度

（续）

序号	故障内容	产生原因	消除方法
3	精车外径时在圆周表面上每隔一定长度距离上重复出现一次波纹	（1）溜板箱的纵向进给小齿轮与齿条啮合不正确 （2）光杠弯曲，或光杠、丝杠、进给杠等三孔不在同一平面上 （3）溜板箱内某一传动齿轮（或蜗轮）损坏或由于节径振摆而引起的啮合不正确 （4）主轴箱、进给箱中的轴弯曲或齿轮损坏	（1）当波纹之间距离与齿条的齿距相同时，这种波纹是由齿轮与齿条啮合引起的，设法应使齿轮与齿条正常啮合 （2）这种情况下只是重复出现有规律的周期波纹（光杠回转一周与进给量的关系）。消除时，将光杠拆下校直，装配时要保证三孔同轴及在同一平面 （3）检查与校正溜板箱内传动齿轮，遇有齿轮（或蜗轮）已损坏时必须更换 （4）校直转动轴，用手转动各轴，在空转时应无轻重现象
4	精车外径时在圆周表面上与主轴轴线平行或成某一角度重复出现有规律的波纹	（1）主轴上的传动齿轮齿形不良或啮合不良 （2）主轴轴承的间隙太大或太小 （3）主轴箱上的带轮外径（或带槽）振摆过大	（1）出现这种波纹时，如波纹的头数（或条数）与主轴上的传动齿轮齿数相同，就能确定。一般在主轴轴承调整后，齿轮副的啮合间隙不得太大或太小，在正常情况下侧隙保持在0.05mm左右。当啮合间隙太小时可用研磨膏研磨齿轮，然后全部拆卸清洗。对于啮合间隙过大或齿形磨损过度而无法消除该种波纹时，只能更换主轴齿轮 （2）调整主轴轴承的间隙 （3）消除带轮的偏心振摆，调整它的滚动轴承的间隙
5	精车外圆时圆周表面上有混乱的波纹	（1）主轴滚动轴承的滚道磨损 （2）主轴轴向游隙太大 （3）主轴的滚动轴承外环与主轴箱孔有间隙 （4）用卡盘夹持工件切削时，因卡爪呈喇叭孔形状而使工件夹紧不稳 （5）方刀架因夹紧刀具而变形，结果其底面与上刀架底板的表面接触不良 （6）上、下刀架（包括床鞍）的滑动表面之间间隙过大 （7）进给箱、溜板箱、托架的三支承不同轴，转动有卡阻现象 （8）使用尾座支持工件切削时，顶尖套筒不稳定	（1）更换主轴的滚动轴承 （2）调整主轴后端推力球轴承的间隙 （3）修理轴承孔达到要求 （4）产生这种现象时可以改变工件的夹持方法，即用尾座支持住进行切削，如乱纹消失后，即可肯定系由于卡盘法兰的磨损所致，这时可按主轴的定心轴颈及前端螺纹配制新的卡盘法兰。当卡爪呈喇叭孔时，一般加垫铜皮即可解决 （5）在夹紧刀具时用涂色法检查方刀架与小滑板结合面接触精度，应保证方刀架在夹紧刀具时仍保持与它均匀地全面接触，否则用刮研修正 （6）将所有导轨副的塞铁、压板均调整到合适的配合，使移动平稳、轻便。用0.04mm塞尺检查时插入深度应小于或等于10mm，以克服由于床鞍在床身导轨上纵向移动时受齿轮与齿条及切削力的倾覆力矩而沿导轨斜面跳跃一类的缺陷 （7）修复床鞍倾斜下沉 （8）检查尾座顶尖套筒与轴孔及夹紧装置是否配合合适。当轴孔松动过大而夹紧装置又失去作用时，修复尾座顶尖套筒达要求

（续）

序号	故障内容	产生原因	消除方法
6	精车外径时圆周表面上在固定的长度上（固定位置）有一节波纹凸起	（1）床身导轨在固定的长度位置上有碰伤、凸痕等 （2）齿条表面在某处凸出或齿条之间的接缝不良	（1）修去碰伤、凸痕等毛刺 （2）将两齿条的接缝配合仔细校正，遇到齿条上某一齿特粗或特细时，可以修整至与其他单齿的齿厚相同
7	精车外径时圆周表面上出现有规律性的波纹	（1）因为电动机旋转不平稳而引起机床振动 （2）因为带轮等旋转零件的振幅太大而引起机床振动 （3）车间地基引起机床振动 （4）刀具—工件之间引起的振动	（1）校正电动机转子的平衡，有条件时进行动平衡 （2）校正带轮等旋转零件的振摆，对其外径、轮槽进行光整车削 （3）在可能的情况下，将具有强烈振动来源的机器，如砂轮机（磨刀用）等移至离开机床的一定距离，减少振源的影响 （4）设法减少振动，如减少刀杆伸出长度等
8	精车外径时主轴每一转在圆周表面上有一处振痕	（1）主轴的滚动轴承某几粒滚柱（珠）磨损严重 （2）主轴上的传动齿轮节径振摆过大	（1）将主轴滚动轴承拆卸后用千分尺逐粒测量滚柱（珠），如确系某几粒滚柱（珠）磨损严重（或滚柱间的尺寸相差很大）时，须更换轴承 （2）消除主轴齿轮的节径振摆，严重时要更换齿轮副
9	精车后的工件端面中凸	（1）溜板移动对主轴箱主轴中心线的平行度超差，要求主轴中心线向前偏 （2）床鞍的上、下导轨垂直度超差，该项要求是溜板上导轨的外端必须偏向主轴箱	（1）校正主轴箱主轴中心线的位置，在保证工件正确合格的前提下，要求主轴中心线向前偏（偏向刀架） （2）对经过大修理以后的机床出现该项误差时，必须重新刮研床鞍下导轨面 只有尚未经过大修理而床鞍上导轨的直线度精度磨损严重而形成工件中凸时，可刮研床鞍的上导轨面
10	精车螺纹表面有波纹	（1）因机床导轨磨损而使床鞍倾斜下沉，造成丝杠弯曲，与开合螺母的啮合不良（单片啮合） （2）托架支承孔磨损，使丝杠回转中心线不稳定 （3）丝杠的轴向游隙过大 （4）进给箱交换齿轮轴弯曲、扭曲 （5）所有的滑动导轨面（指方刀架中滑板及床鞍）间有间隙 （6）方刀架与小滑板的接触面间接触不良 （7）切削长螺纹工件时，因工件本身弯曲而引起的表面波纹 （8）因电动机、机床本身固有频率（振动区）而引起的振荡	（1）修理机床导轨、床鞍达要求 （2）托架支承孔镗孔镶套 （3）调整丝杠的轴向间隙 （4）更换进给箱的交换齿轮轴 （5）调整导轨间隙及塞铁、床鞍压板等，各滑动面间用 0.03mm 塞尺检查，插入深度应 ≤20mm。固定接合面间应插不进去 （6）修刮小滑板底面与方刀架接触面间接触良好 （7）工件必须加以合适的随刀托架（跟刀架），使工件不因车刀的切入而引起跳动 （8）摸索、掌握该振动区规律

（续）

序号	故障内容	产生原因	消除方法
11	方刀架上的压紧手柄压紧后（或刀具在方刀架上固紧后）小刀架手柄转不动	（1）方刀架的底面不平 （2）方刀架与小滑板底面的接触面不良 （3）刀具夹紧后方刀架产生变形	均用刮研刀架座底面的方法修正
12	用方刀架进给精车锥孔时呈喇叭形或表面质量不高	（1）方刀架的移动燕尾导轨不直 （2）方刀架移动对主轴中心线不平行 （3）主轴径向回转精度不高	（1）（2）参阅"刀架部件的修理"刮研导轨 （3）调整主轴的轴承间隙，按"误差相消法"提高主轴的回转精度
13	用割槽刀割槽时产生"颤动"或外径重切削时产生"颤动"	（1）主轴轴承的径向间隙过大 （2）主轴孔的后轴承端面不垂直 （3）主轴中心线（或与滚动轴承配合的轴颈）的径向振摆过大 （4）主轴的滚动轴承内环与主轴锥度的配合不良 （5）工件夹持中心孔不良	（1）调整主轴轴承的间隙 （2）检查并校正后端面的垂直度要求 （3）设法将主轴的径向振摆调整至最小值。当滚动轴承的振摆无法避免时，可采用角度选配法来减少主轴的振摆 （4）修磨主轴 （5）在校正工件毛坯后，修顶尖中心孔
14	重切削时主轴转速低于标牌上的转速或发生自动停车	（1）摩擦离合器调整过松或磨损 （2）开关杆手柄接头松动 （3）开关摇杆和接合子磨损 （4）摩擦离合器轴上的弹簧垫圈或锁紧螺母松动 （5）主轴箱内集中操纵手柄的销或滑块磨损，手柄定位弹簧过松而使齿轮脱开 （6）电动机传动V带调节过松	（1）调整摩擦离合器，修磨或更换摩擦片 （2）打开配电箱盖，紧固接头上螺钉 （3）修焊或更换摇杆、接合子 （4）调整弹簧垫圈及锁紧螺钉 （5）更换销子、滑块，将弹簧力量加大 （6）调整V带的传动松紧程度
15	停车后主轴有自转现象	（1）摩擦离合器调整过紧，停车后仍未完全脱开 （2）制动器过松没有调整好	（1）调整摩擦离合器 （2）调整制动器的制动带
16	溜板箱自动进给手柄容易脱开	（1）溜板箱内脱落蜗杆的压力弹簧调节过松 （2）蜗杆托架上的控制板与杠杆的倾角磨损 （3）自动进给手柄的定位弹簧松动	（1）调整脱落蜗杆 （2）将控制板焊补，并将挂钩处修锐 （3）调紧弹簧，若定位孔磨损可铆补后重新打孔
17	溜板箱自动进给手柄在碰到定位挡铁后还脱不开	（1）溜板箱内的脱落蜗杆压力弹簧调节过紧 （2）蜗杆的锁紧螺母紧死，迫使进给箱的移动手柄跳开或交换齿轮脱开	（1）调松脱落蜗杆的压力弹簧 （2）松开锁紧螺母，调整间隙
18	光杠、丝杠同时传动	溜板箱内的互锁保险机构的拨叉磨损、失灵	修复互锁保险机构
19	尾座锥孔内钻头、顶尖等顶不出来	尾座丝杠头部磨损	烧焊加长丝杠顶端

（续）

序号	故障内容	产生原因	消除方法
20	主轴箱油窗不注油	（1）过滤器、油管堵塞 （2）液压泵活塞磨损、压力过小或油量过小 （3）进油管漏压	（1）清洗过滤器,疏通油路 （2）修复或更换活塞 （3）拧紧管接头

表 9-3　万能升降台铣床常见故障及消除方法

序号	故障内容	产生原因	消除方法
1	主轴变速箱操纵手柄自动脱落	操纵手柄内的弹簧松弛	更换弹簧或在弹簧尾端加一垫圈,也可将弹簧拉长重新装入
2	扳动主轴变速手柄时,扳力超过200N或扳不动	（1）竖轴手柄与孔咬死 （2）扇形齿轮与其啮合的齿条卡住 （3）拨叉移动轴弯曲或咬死 （4）齿条轴未对准孔盖上的孔眼	（1）拆下修去毛头,加润滑油 （2）调整啮合间隙至 0.15mm 左右 （3）校直、修光或换新轴 （4）先变其他各级转速或左右微动变速盘,调整齿条轴的定位器弹簧,使其定位可靠
3	主轴变速时开不出冲动动作	主轴电动机的冲动电路接触点失灵	检查电路,调整冲动小轴的尾端调整螺钉,达到冲动接触的要求
4	主轴变速操纵手柄轴端漏油	轴套与体孔间隙过大,密封性差	更换轴套,控制与体孔间隙在 0.01~0.02mm
5	主轴轴端漏油（对立铣头而言）	（1）主轴端部的封油圈磨损间隙过大 （2）封油圈的安装位置偏心	（1）更新封油圈 （2）调整封油圈装配位置,消除偏心
6	进给箱:没有进给运动	（1）进给电动机没有接通或损坏 （2）进给电磁离合器不吸合	检查电路及电气元件的故障,做相应的排除方法
7	进给时电磁离合器摩擦片发热冒烟	摩擦片间隙量过小	适当调整摩擦片的总间隙量,保证在 3mm 左右
8	进给箱:正常进给时突然跑快速	（1）摩擦片调整不当,正常进给时处于半合紧状态 （2）快进和工作进给的互锁动作不可靠 （3）摩擦片润滑不良 （4）电磁吸铁安装不正,电磁铁断电后不能松开	（1）适当调整摩擦片间的间隙 （2）检查电路的互锁性是否可靠 （3）改善摩擦片之间的润滑 （4）调整电磁离合器安装位置,使其动作可靠正常
9	进给箱:噪声大	（1）与进给电动机第 I 轴上的悬臂齿轮磨损,轴松动、滚针磨损 （2）Ⅵ轴上的滚针磨损 （3）电磁离合器摩擦片自由状态时没有完全脱开 （4）传动齿轮发生错位或松动	（1）检查 I 轴齿轮及轴、滚针是否磨损、松动,并采用相应的补偿措施 （2）检查滚针是否磨损或漏装 （3）检查摩擦片在自由状态时是否完全脱开,并做相应调整 （4）检查各传动齿轮
10	升降台上摇手感太重	（1）升降台塞铁调整紧 （2）导轨及丝杠副润滑条件超差 （3）丝杠底面对床身导轨的垂直度超差 （4）防升降台自重下滑机构上的碟形弹簧压力过大（升降丝杠副为滚珠丝杠副时） （5）升降丝杠弯曲变形	（1）适当放松塞铁 （2）改善导轨的润滑条件 （3）修正丝杠底座装配面对床身导轨面的垂直度 （4）适当调整碟形弹簧的压力 （5）检查丝杠,若弯曲变形,即做更换

（续）

序号	故障内容	产生原因	消除方法
11	工作台下滑板横向移动手感过重	（1）下滑板塞铁调整过紧 （2）导轨面润滑条件差或拉毛 （3）操作不当使工作台越位导致丝杠弯曲 （4）丝杠、螺母中心同轴度超差 （5）下滑板中央托架上的锥齿轮中心与中央花键轴中心偏移量超差	（1）适当放松塞铁 （2）检查导轨润滑供给是否良好，清除导轨面上的垃圾、切屑等 （3）注意适当操作，不要做过载及损坏性切削 （4）检查丝杠、螺母轴线的同轴度；若超差调整螺母托架位置 （5）检查锥齿轮轴线与中央花键轴轴线的同轴度，若超差，按修理说明进行调整
12	工作台进给时发生窜动	（1）切削力过大或切削力波动过大 （2）丝杠螺母之间的间隙过大（使用普通丝杠副时） （3）丝杠两端上的超越离合器与支架端面间间隙过大（使用滚珠丝杠副）	（1）采用适当的切削用量，更换磨钝刀具，去除切削硬点 （2）调整丝杠与螺母之间的距离 （3）调整丝杠轴向定位间隙
13	左右手摇工作台手感均太重	（1）塞铁调整过紧 （2）丝杠支架轴线与丝杠螺母轴线的同轴度超差 （3）导轨润滑条件差 （4）丝杠弯曲变形	（1）适当放松塞铁 （2）调整丝杠支架轴线与丝杠螺母轴线的同轴度 （3）改善导轨润滑条件 （4）更换丝杠副

参 考 文 献

[1] 李铁尧. 金属切削机床 [M]. 北京：机械工业出版社，1990.

[2] 顾维邦. 金属切削机床 [M]. 北京：机械工业出版社，1984.

[3] 吴圣庄. 金属切削机床概论 [M]. 北京：机械工业出版社，1985.

[4] 邓怀德. 金属切削机床 [M]. 北京：机械工业出版社，1987.

[5] 顾维邦. 金属切削机床概论 [M]. 北京：机械工业出版社，1992.

[6] 黄鹤汀. 金属切削机床设计 [M]. 北京：机械工业出版社，1992.

[7] 华东纺织工学院，哈尔滨工业大学，天津大学. 机床设计图册 [M]. 上海：上海科学技术出版社，1979.

[8] 晏初宏. 金属切削机床 [M]. 北京：机械工业出版社，2007.

[9] 张振国. 数控机床的结构与应用 [M]. 北京：机械工业出版社，1990.

[10] 毕承恩，丁乃建. 现代数控机床 [M]. 北京：机械工业出版社，1991.

[11] 晏初宏. 数控机床与机械结构 [M]. 2版. 北京：机械工业出版社，2015.

[12] 沈阳工业大学. 组合机床设计 [M]. 上海：上海科学技术出版社，1985.

[13] 晏初宏. 机械设备修理工艺学 [M]. 2版. 北京：机械工业出版社，2010.

[14] 王修斌，程良骏. 机械修理大全：第一卷 [M]. 沈阳：辽宁科学技术出版社，1993.